2021 年黄河秋汛洪水防御

《2021 年黄河秋汛洪水防御》编写组　著

黄河水利出版社
·郑州·

内容提要

本书全面系统总结了2021年黄河秋汛洪水防御工作过程,包括黄河洪水与防洪工程体系、2021年秋汛洪水与防御概况、防汛会商部署、水文监测预报预警、水工程调度、巡查防守与险情抢护、技术支撑、新闻宣传、认识与展望等9章。本书旨在总结洪水防御工作体制、机制、措施等方面的经验,为今后洪水防御工作提供管理、技术借鉴,并向社会公众普及黄河洪水防御知识。

本书既可供从事黄河防洪减灾、保护治理、水沙调度等领域工作的管理和研究人员参考,也可供高等院校及水利相关专业人员参阅。

图书在版编目(CIP)数据

2021年黄河秋汛洪水防御/《2021年黄河秋汛洪水防御》编写组著. —郑州:黄河水利出版社,2021.12

ISBN 978-7-5509-3201-2

Ⅰ.①2… Ⅱ.①2… Ⅲ.①黄河-防洪工程 Ⅳ.①TV882.1

中国版本图书馆CIP数据核字(2021)第267889号

出 版 社:黄河水利出版社　　网址:www.yrcp.com

地址:河南省郑州市顺河路黄委会综合楼14层　　邮政编码:450003

发行单位:黄河水利出版社

发行部电话:0371-66026940、66020550、66028024、66022620(传真)

E-mail:hhslcbs@126.com

承印单位:河南瑞之光印刷股份有限公司

开本:787 mm×1 092 mm　1/16

印张:16.5

字数:380千字　　印数:1—2 000

版次:2021年12月第1版　　印次:2021年12月第1次印刷

定价:198.00元

#《2021 年黄河秋汛洪水防御》
编写组

主　　编　汪安南

副 主 编　苏茂林　魏向阳　刘继祥

编写人员

黄委水旱灾害防御局

　　张希玉　祝　杰　蔡　彬　李晓宇　齐　亮　赵　龙
　　董　健　穆　磊　朱信华　张学琴

黄委运行管理局

　　李永亮　周景芍　赵晓珂

黄河勘测规划研究院有限公司

　　罗秋实　李荣容　李保国　王　鹏　刘红珍　王冰洁
　　李阿龙　朱呈浩　张志红　张厚军　谢亚光

黄委水文局

　　刘龙庆　范国庆　李兰涛　王　鹏　张剑亭

新闻宣传出版中心

　　黄　峰　王静琳　毛梦婕

黄河水利科学研究院

　　江恩慧　李小平　夏修杰

黄委信息中心

　　齐予海　陈　亮　杨　阳

河南黄河河务局

王晓东　秦梦飞

山东黄河河务局

王银山　秦宏浩

前 言

九曲黄河,奔腾万里,贯穿古今,滋养生灵万物,是中华民族的母亲河。同时,黄河也是一条以善淤善决善徙、洪水灾害频发闻名于世的忧患之河。中华人民共和国成立70多年来,党和国家高度重视黄河保护和治理工作,投入大量人力、物力和财力,经过坚持不懈的系统治理和建设开发,在黄河中下游基本建成了“上拦下排,两岸分滞”的防洪工程体系。依靠党和国家强大的组织动员能力、逐步完善的防洪工程体系和不断提升的非工程措施,战胜了黄河花园口站十余次超10 000 m^3/s的洪水,确保了黄河伏秋大汛不决口,保证了沿黄地区人民群众的生命财产安全。黄河岁岁安澜,有力支撑了黄河流域及其相关地区的可持续发展,守护了中华民族伟大复兴的进程。

2021年黄河发生新中国成立以来最严重的秋汛。8月下旬至10月上旬,中游发生7次强降水过程,阴雨持续40余天,其中黄河流域泾渭河、北洛河、汾河、三门峡至花园口区间、大汶河累积降雨量较常年同期偏多2~5倍,列有实测资料以来同期第一位。受降雨影响,黄河中下游9 d内连续出现3场编号洪水,潼关站发生1979年以来最大洪水,渭河、伊洛河、沁河发生9月同期最大洪水,汾河、北洛河发生10月同期最大洪水,花园口站以上来水244.5亿m^3。黄河干支流水库全力投入联合防洪运用,小浪底、河口村、故县水库防洪运用水位创历史新高,陆浑水库接近历史最高运用水位,下游出现长历时、大流量洪水过程。

党中央、国务院高度重视防汛工作。秋汛洪水发生前后,习近平总书记对防汛救灾工作做出重要指示,亲临黄河口考察,详细了解黄河防汛情况。李克强总理等国务院领导同志对黄河秋汛洪水防御工作做出批示。国务委员、国家防总总指挥王勇两次深入黄河防汛一线检查指导。国家防总副总指挥、水利部部长李国英多次连线黄河水利委员会(简称黄委)会商洪水防御工作,防汛关键期带队赴河南、山东两省指导黄河秋汛防御工作,确立“系统、统筹、科学、安全”的黄河秋汛洪水防御原则,明确“不伤亡、不漫滩、不跑坝”的防御目标。在国家防总、水利部的坚强领导下,黄委党组坚持人民至上、生命至上,强化预报、预警、预演、预案措施,精确研判、精准调度、精心部署,团结流域各方,克服重重困难,主动防御、全面防守,最大限度减轻了洪水灾害损失,打赢了黄河秋汛洪水防御这场硬仗。

2021年黄河秋汛洪水防御措施突出了“预字当先、精准调度、防住为王”。黄委强化与流域气象中心、有关省区部门的信息共享,滚动发布重要天气预报通报,精细预报降水强度、落区、暴雨面积,连续发布黄河干支流重要站洪水预报,超常规预报潼关站来洪总量,对重点区域、重要站点加密监测报汛,强力支撑防洪决策部署。根据秋汛洪水特点和现状河道工程条件,科学提出防洪保滩洪水处理方案,精准实施干支流水库群联合调度,充分发挥水库、蓄滞洪区和河道调度空间,两次将花园口站超10 000 m^3/s天然洪峰流量削减至4 800 m^3/s左右，避免了下游滩区140万人转移和399万亩[①]耕地受淹，最大程度降低了洪水灾害损失。面对下游长历时、大流量洪水过程，超前预判工程情况，科学实施预加固措施，提前预置抢险力量，避免重大险情发生。黄委领导带队，率工作组分片包干、巡回督导，黄委机关及委属各单位326名干部和5 000多名基层职工驻守一线，技术支撑单位技术人员连续奋战，充分发挥专长辅助防汛决策。河南、山东省委省政府多次组织会商，统筹加强辖区防汛力量，省防指协调各方、强化督导，各成员单位各司其职、团结协作，地方各级行政责任人分片包干，驻守一线坐镇指挥，基层党委和政府逐堤段逐坝段落实巡查责任人，构建了“政府领导、应急统筹、河务支撑、部门协同、联防联控”的黄河防汛抢险新机制。秋汛高峰期，3.3万名党员干部和群众日夜坚守在黄河下游抗洪一线，投入抢险机械设备2 722台套，有效处置下游276处工程3 597次险情。黄委上下勠力同心，沿黄省委、省政府全力以赴，广大军民齐心协力，构筑起共御洪水的“铜墙铁壁”，取得了秋汛洪水防御的全面胜利。

2021年黄河秋汛洪水防御工作得到了水利部的高度评价，认为：此次黄河秋汛洪水防御实现了行政首长负责制从有名向有实有效的转变，防御力量从专业单元向群防群治拓展，防御任务从总体要求到具体细化落实，防御措施从被动抢险到主动前置推进，防御目标从险工险段到全线全面延伸。

为全面真实记录2021年黄河秋汛洪水防御过程，深入系统总结黄河防汛工作经验，提升水旱灾害防御工作科学化、规范化、制度化水平，编著了本书。

本书详细记录了秋汛洪水防御工作实况，深入总结了秋汛洪水防御工作在体制、机制、措施等方面的宝贵经验。同时，立足“防大汛、抗大洪、抢大险、救大灾”的思想，查找弱项短板，针对防汛抗洪暴露出的薄弱环节，提出了进一步提升防洪减灾管理水平的意见，可为今后黄河水旱灾害防御工作提供参考和借鉴。

本书主编汪安南，副主编苏茂林、魏向阳、刘继祥，黄委水旱灾害防御局（以下简称防御局）负责组织，各部门和单位根据职能分别拟定相关内容，设计院负责统稿。全书共分9章。其中，第1章由设计院编写，第2章由设计院、防御局编写，第3章由防御局、宣传中心编写，第4章由水文局编写，第5章由设计院、防御局编写，第6章由运管局、河南局、山东局编写，第7章由设计院、水文局、信息中心、黄科院、运管局、河南局、山东局编写，第8章由宣传中心编写，第9章由防御局、设计院编写。

鉴于黄河洪水防御工作的复杂性，编写时间的紧迫性，分析工作还不够深入，敬请各位专家和广大读者批评指正。

编　者

2021年12月

---

① 1亩=1/15 hm^2≈666.67 m^2。

目　录

第 1 章　黄河洪水与防洪工程体系

黄河洪水泥沙灾害举世闻名，以下游最为严重，洪水涨势猛、含沙量高、洪量大、破坏力强，灾害发生频次高、淹没面积广、经济损失大、影响深远。随着全球气候变化和人类活动加剧，极端、突发水事件影响风险加大，流域洪水威胁进一步加剧。新中国成立后，党和政府高度重视黄河的治理，投入大量人力、物力进行大规模治黄建设，初步形成以三门峡、小浪底、陆浑、故县、河口村水库，堤防及河道整治工程，北金堤滞洪区、东平湖滞洪区工程为主的“上拦下排、两岸分滞”下游防洪工程体系，以龙羊峡、刘家峡水库，干流堤防及河道整治工程，应急分凌区为主的“上控、中分、下排”上游防洪防凌体系，同时加强了水文测报、通信、防洪指挥系统建设和人防体系建设。党的十八大以来，按照习近平总书记防灾减灾救灾新理念，遵循“两个坚持、三个转变”，黄河防洪减灾体系不断完善，保障了黄河防洪安全。

1.1　黄河洪水基本特点

1.1.1　暴雨洪水

历史上素有“百川之首”“四渎之宗”之称的黄河，按照洪水的季节和成因不同，一年共有“四汛”，即伏汛、秋汛、凌汛和桃汛。伏汛洪水由夏季暴雨形成，时间由夏至到处暑；秋汛洪水由秋季暴雨或强连阴雨形成，时间从处暑到霜降。因伏汛和秋汛二汛时间相连，习惯上称为“伏秋大汛”，是黄河的主汛期。

1.1.1.1　伏秋大汛洪水发生时间及峰型

黄河暴雨洪水的开始日期一般是南早北迟、东早西迟。由于流域面积广阔，形成暴雨的天气条件有所不同，上、中、下游的大暴雨与特大暴雨多不同时发生。

黄河上游多为强连阴雨，一般以 7 月、9 月出现概率较大，8 月出现概率较小。降雨特点是面积大、历时长、强度不大。受上游地区降雨特点以及下垫面产汇流条件的影响，上游洪水过程具有历时长、洪峰低、洪量大的特点，如兰州站一次洪水历时平均为 40 d 左右，最短为 22 d，最长为 66 d。较大洪水的洪峰流量，一般为 4 000～6 000 m^3/s。黄河上游的大洪水与中游大洪水不遭遇，对黄河下游威胁不大，但可以与中游的小洪水遭遇，在花园口站形成历时较长、洪峰流量一般不超过 8 000 m^3/s 的洪水，含沙量较小。

黄河中游暴雨频繁，强度大、历时短，洪水过程为高瘦型，具有洪峰高、历时短、陡涨陡落的特点。实测资料统计，中游洪水过程有单峰型，也有连续多峰型。一次洪水的主峰历时，支流一般为 3～5 d，干流一般为 8～15 d。支流连续洪水一般为 10～15 d，干流三门峡、小浪底、花园口等站的连续洪水历时可达 30～40 d，最长达 45 d。

1.1.1.2　伏秋大汛洪水来源及组成

黄河下游的洪水主要来自中游的河口镇至花园口区间。黄河中游河口镇至花园口区间的洪水主要来自河口镇至龙门区间(简称“河龙间”)、龙门至三门峡区间(简称“龙三间”)和三门峡至花园口区间(简称“三花间”)三个地区。

河龙间流域面积 11 万 km^2,河道穿行于山陕峡谷之间,两岸支流较多,流域面积大于 1 000 km^2 的支流有 21 条,呈羽毛状汇入黄河。流域内植被较差,大部分属黄土丘陵沟壑区,土质疏松,水土流失严重,是黄河粗泥沙的主要来源区。区间河段长 724 km,落差 607.3 m,平均比降 8.4‰。区间降雨强度大、历时短,常形成尖瘦的高含沙洪水过程,一次洪水历时一般 1 d 左右,连续洪水可达 5~7 d。区间发生的较大洪水洪峰流量可达 11 000~15 000 m^3/s,实测区间最大洪峰流量为 18 500 m^3/s(1967 年),日平均最大含沙量可达 800~900 kg/m^3。

龙三间流域面积 19 万 km^2,河段长 240.4 km,落差 96.7 m,平均比降 4‰。区间大部分属黄土塬区及黄土丘陵沟壑区,部分为石山区。区间内流域面积大于 1 000 km^2 的支流有 5 条,其中包括黄河第一大支流渭河和第二大支流汾河,黄河干流与泾河、北洛河、渭河、汾河等诸河呈辐射状汇聚于龙门至潼关河段。本区间的暴雨特性与河龙间相似,但暴雨发生的频次较高、历时较长。区间洪水多为矮胖型,大洪水发生时间以 8 月、9 月居多,洪峰流量一般为 7 000~10 000 m^3/s。本区间除马莲河外,为黄河细泥沙的主要来源区。

三花间流域面积 41 615 km^2,大部分为土石山区或石山区,区间河段长 240.9 km,落差 186.4 m,平均比降 7.7‰。流域面积大于 1 000 km^2 的支流有 4 条,其中伊洛河、沁河两大支流的流域面积分别为 18 881 km^2 和 13 532 km^2。本区间大洪水与特大洪水都发生在 7 月中旬至 8 月中旬,与三门峡以上中游地区相比洪水发生时间趋前。区间暴雨历时较龙三间长,强度也大,加上主要产流地区河网密度大,有利于汇流,所以易形成峰高量大、含沙量小的洪水。一次洪水历时约 5 d,连续洪水历时可达 12 d,当伊洛河、沁河与三花间干流洪水遭遇时,可形成花园口的大洪水或特大洪水。实测区间最大洪峰流量为 15 780 m^3/s。

河龙间洪水和龙三间洪水可能遭遇,形成三门峡断面峰高量大的洪水过程,称为“上大洪水”,其特点是洪峰高、洪量大、含沙量高,对黄河下游防洪威胁严重,如 1843 年、1933 年洪水。以三花间干支流来水为主形成的洪水称为“下大洪水”,其特点是洪峰高、涨势猛、预见期短,对黄河下游防洪威胁最为严重,如 1761 年、1954 年、1958 年、1982 年洪水。黄河中游的“上大洪水”和“下大洪水”不遭遇,但龙三间和三花间的较大洪水可能遭遇,形成花园口断面的较大洪水,如 1957 年 7 月洪水。

黄河下游的洪水主要来自中游,是下游的主要致灾洪水。由于上游洪水源远流长,加之河道的调蓄作用和宁夏、内蒙古灌区耗水,洪水传播至黄河下游后形成洪水的基流,历史上花园口站大于 8 000 m^3/s 的洪水以中游来水为主(见表 1.1-1)。黄河下游干流大洪水与大汶河的大洪水不遭遇,但可能和大汶河的中等洪水相遭遇;干流中等洪水也可能和大汶河的大洪水相遭遇。

表 1.1-1　花园口站各类洪水洪峰、洪量组成

单位:流量/(m³/s),洪量/亿 m³

洪水类型	典型年(年)	花园口		三门峡			三花间			三门峡占花园口的比重/%	
		洪峰流量	12 d 洪量	洪峰流量	相应洪水流量	12 d 洪量	洪峰流量	相应洪水流量	12 d 洪量	洪峰流量	12 d 洪量
上大洪水	1843	33 000	136.00	36 000		119.00		2 200	17.00	93.3	87.5
	1933	20 400	100.50	22 000		91.90		1 900	8.60	90.7	91.4
下大洪水	1761	32 000	120.00		6 000	50.00	26 000		70.00	18.8	41.7
	1954	15 000	76.98		4 460	36.12	12 240		40.55	29.7	46.9
	1958	22 300	88.85		6 520	50.79	15 700		37.31	29.2	57.2
	1982	15 300	65.25		4 710	28.01	10 730		37.50	30.8	42.9
上、下较大洪水	1957	13 000	66.30		5 700	43.10		7 300	23.20	43.8	65.0

注:相应洪水流量指组成花园口洪峰流量的相应来水流量,1761 年和 1843 年洪水系调查推算值。

1.1.1.3　伏秋大汛洪水的分期特性

黄河中游洪水的发生时间为 6—10 月,但大洪水的发生时间是相对集中的,河三间为 8 月,三花间为 7 月中旬至 8 月中旬。从整个汛期洪水的量级看,9 月、10 月洪水明显小于 7 月、8 月洪水。潼关、花园口站的统计资料显示,7 月、8 月的洪水峰高量大,9 月、10 月的洪水峰低量大,洪水的分期特性比较明显。比如,花园口站洪峰流量大于 10 000 m³/s 的大洪水有 12 次,10 次发生在 7 月、8 月,占 83%;洪峰流量大于 15 000 m³/s 的 3 次特大洪水,均发生在 7 月、8 月。5 日洪量大于 30 亿 m³ 的洪水有 11 次,其中 5 次发生在 7 月、8 月,6 次发生在 9 月、10 月。因此,峰量对比可知,花园口站峰高量大的大洪水多发生在 7 月、8 月,9 月、10 月峰低量大的洪水也占有相当的比例。

三花间的支流伊洛河、沁河流域,大洪水主要发生在 7 月、8 月,9 月、10 月洪水相对较小。据统计,伊洛河陆浑、故县水库以上洪峰流量大于 3 000 m³/s 的大洪水,东湾站共有 4 次,长水站有 3 次,全部发生在 7 月、8 月。沁河五龙口站洪峰流量大于 2 000 m³/s 的洪水有 2 次,也全部发生在 8 月。

不同时期的洪水,其暴雨类型和气象成因也有差别。7 月、8 月的大洪水,河三间由西南—东北向的斜向型暴雨形成,三花间由经向型暴雨形成。9 月、10 月的大洪水,多是由纬向型暴雨形成。从气象成因方面分析,7 月中旬至 8 月下旬是西太平洋副热带高压脊线位于 25°N 以北的时间,脊线位置的变率大,正是大面积日暴雨及强连阴雨过程发生盛期,形成来势猛、洪峰高、洪量大的伏汛洪水,多发生在中下游地区,对防汛的威胁最大,历史上黄河下游的决口改道大多发生在这一时期。8 月下旬开始西风急流加强、南移，副热带高压南退中又西伸变化，以及东亚低槽位置季节性变动，是 8 月下旬至 9 月多强连阴雨的重要条件，大面积日暴雨过程明显减少。9 月初地面冷空气自华北大举南下，伴随西太平洋副热带高压继续南退西伸，“华西秋雨”进一步发展，形成的洪水洪峰流量一般不大，但是持续时间长、总水量较大，称为秋汛洪水，一般出现在黄河龙门以下地区，其中出现最多的在泾渭河和伊洛河等黄河中下游的南部。由于秋汛处于后汛期，一般对水库蓄水较为有利，但如果秋汛异常严重，来水量过大，反而会对水库调度造成更大的困难，2021 年黄河秋汛即是典型的例子。

1.1.2　历史秋汛洪水

秋汛洪水一般洪峰流量不大，灾害影响相对伏汛较小，因此历史上有明确史料记载的相对较少。新中国成立后，典型的历史秋汛洪水有 1949 年、1964 年、1981 年、2003 年、2005 年、2011 年及 2021 年洪水，其中 2003 年洪水形势与 2021 年洪水相似。

1.1.2.1　1949 年以前秋汛洪水

由于古代堤防质量较差，各个时期黄河治理和管理情况不一，许多记载未记录当时的降雨情况，所以在部分秋季堤防决口成灾的记载中，无法确定是秋汛洪水还是因为其他原因造成的。经查阅资料，统计了唐代至清代期间几次有明确记载的较严重秋汛，原文引述见表 1.1-2。

表 1.1-2　1949 年以前秋汛洪水

时间	灾情记录	文献
唐永淳二年（公元 683 年）	秋七月，己巳，河水溢，坏河阳县城，水面高于城内五尺，北至盐坎，居人庐舍漂没皆尽，南北尽坏	《旧唐书·高宗本纪》
唐开元十四年（公元 726 年）秋	黄河及其支流皆溢“怀、卫、郑、洛、汴、濮民，或巢舟以居，死者千计”	《新唐书·五行至》
明万历三十五年（1607 年）	秋水泛涨，河决单县，“四望弥漫，杨村集以下，陈家楼以上，两岸堤冲决多口，徐属州县汇为巨浸，而萧、砀受害更深”	《明神宗实录》
清顺治元年（1644 年）	伏秋汛发，北岸小宋口、曹家寨堤溃，河水漫曹、单、金乡、鱼台四县，自南阳入运河，田庐尽没	《清史稿·杨方兴传》
清康熙元年（1662 年）	康熙元年夏季，下游已有多处决溢。至秋，曹县石香炉和中牟黄练集大决尚未堵复。八月特大洪水到来时，十七日又决曹县牛市屯，溃北堤东泛灌入鱼台县城，官署、民居尽多倾塌，沿途农田受淹	《清史稿·河渠志》

1.1.2.2　1949 年秋汛洪水

1949 年 9 月上旬至 10 月中旬，受“华西秋雨”天气影响，陕西、山西及河南等省秋雨连绵，其中陕西关中地区降雨量最大。持续的强连阴雨，致使渭河、伊洛河、沁河等支流相继涨水。9 月 14 日，花园口站洪峰流量 12 300 m^3/s，为当年最大洪峰。最大 7 d、最大 15 d 洪量分别为 55.39 亿 m^3 和 101.3 亿 m^3。10 000 m^3/s 以上流量持续时间达 49 h，5 000 m^3/s 以上流量持续时间半个多月。（出自《黄河两次严重秋汛的启示》）

1.1.2.3　1964 年秋汛洪水

1964 年 8 月下旬至 10 月上旬，黄河山陕区间、泾渭河、汾河、伊洛河经历一个多月的连续降雨，渭河华县站 9 月 15 日 4 时洪峰流量为 5 130 m^3/s，9 月和 10 月径流量分别为 43.8 亿 m^3 和 34.3 亿 m^3，分别为多年同期平均径流量的 3.2 倍和 3.3 倍；潼关站 9 月 13 日 16 时洪峰流量 7 050 m^3/s，9 月和 10 月径流量分别为 124.2 亿 m^3 和 108.5 亿 m^3，分别为多年同期平均的 2.4 倍和 2.6 倍；花园口站 9 月 24 日 18 时洪峰流量 8 130 m^3/s，5 000 m^3/s 以上流量持续 34 d，9 月和 10 月径流量分别为 145.7 亿 m^3 和 141.2 亿 m^3，分别为多年同期平均径流量的 2.7 倍和 3 倍。

1.1.2.4　1981 年秋汛洪水

1981 年 8 月中旬至 9 月上旬，渭河中游地区降雨持续 20 d 左右，其中林家村、凤翔、赤沙镇一带降雨量超过 400 mm，相当于该地区多年平均降水量的 2/3。在此期间，渭河共出现 5 次洪水过程，其中有 2 次洪峰流量超 5 000 m^3/s。8 月下旬洪水过程中，渭河临潼站 8 月 22 日洪峰流量 7 610 m^3/s（建站以来最大流量）、华县站 8 月 23 日洪峰流量 5 380 m^3/s，黄河潼关站 8 月 24 日洪峰流量 4 780 m^3/s、花园口站 8 月 25 日洪峰流量 5 720 m^3/s；9 月上旬洪水过程中，渭河临潼站 9 月 8 日洪峰流量 5 050 m^3/s、华县站 9 月 8 日洪峰流量 5 360 m^3/s，黄河潼关站 9 月 8 日洪峰流量 6 540 m^3/s、花园口站 9 月 10 日洪峰流量 8 060 m^3/s。

1.1.2.5　2003 年秋汛洪水

2003 年 8 月下旬至 10 月中旬，受连续强降雨影响，黄河支流渭河相继发生了 6 次洪水过程，华县站出现 5 次大于 2 000 m^3/s 的洪峰，其中 9 月 1 日 11 时的第二次洪水洪峰流量 3 570 m^3/s，相应水位 342.76 m，为该站 2021 年之前的实测最高水位。同期，伊洛河、沁河也产生 5 次洪水过程，其中伊洛河黑石关站最大洪峰流量为 9 月 3 日 2 时的 2 220 m^3/s，沁河武陟站最大洪峰流量为 10 月 12 日 16 时的 900 m^3/s。下游河道局部河段由于长时间相对清水坐弯冲刷，造成控导工程 1 834 道坝垛出现重大险情，蔡集控导工程 34～35 号坝险被冲毁，一旦冲毁，河势将发生重大变化，主流很可能冲决东明黄河大堤。

1.1.2.6　2005 年秋汛洪水

2005 年 9 月下旬至 10 月上旬，渭河、伊洛河受持续秋雨影响，出现了明显的秋汛洪水。渭河临潼站 10 月 2 日洪峰流量 5 270 m^3/s，华县站 10 月 4 日洪峰流量 4 880 m^3/s。渭河咸阳以下河段普遍发生漫滩，特别是临潼以下河段大堤偎水，部分河段发生险情，16 万人被迫转移，大量秋作物被淹，滩区道路、通信设施及水利工程遭到破坏。

同期，伊洛河卢氏站 10 月 2 日洪峰流量 1 430 m^3/s，东湾站 10 月 3 日洪峰流量 680

m^3/s，经陆浑、故县水库调蓄加之水库以下区间来水，黑石关站10月4日最大流量1 870 m^3/s。

1.1.2.7 2011年秋汛洪水

2011年9月，黄河中游出现持续性"华西秋雨"过程，降雨强度大、范围广、时间长，且雨带长时间滞留于泾渭河、三门峡至花园口区间，形成明显秋汛。其间渭河临潼以下河段形成了3次较大洪水过程。其中临潼站9月19日洪峰流量5 410 m^3/s，水位359.02 m，为1961年建站以来最高水位，华县站9月20日洪峰流量5 050 m^3/s，此次洪水在临潼以下河段发生严重漫滩。洪水汇入黄河干流后，潼关站9月21日洪峰流量5 800 m^3/s，形成当年黄河中游1号洪峰。9月3—19日伊洛河也先后发生3次洪水过程，其中洛河白马寺站9月19日洪峰流量2 270 m^3/s，黑石关站9月19日洪峰流量2 560 m^3/s。

1.2 黄河防洪工程体系

新中国成立后，党和国家对黄河保护治理高度重视，把它作为国家大事列入重要议事日程。在党中央的坚强领导下，沿黄军民和黄河建设者开展了大规模的黄河防洪工程建设，上游形成了以龙羊峡、刘家峡水库，干流堤防及河道整治工程，应急分凌区为主的"上控、中分、下排"上游防洪防凌体系；下游初步形成了以干流三门峡、小浪底水库，支流陆浑、故县、河口村水库，黄河干流堤防，北金堤滞洪区、东平湖滞洪区工程为主的"上拦下排、两岸分滞"下游防洪工程体系，黄河防洪减灾体系基本建成（见图1.2-1），保障了伏秋大汛岁岁安澜，确保了人民生命财产安全，取得了举世瞩目的成就。

1.2.1 骨干水库工程

1.2.1.1 龙羊峡水库

龙羊峡水库位于青海省共和县和贵南县交界的黄河干流上（见图1.2-2），坝址位于黄河第一个峡谷区，人称黄河"龙头"水库，控制流域面积13.14万km^2。水库以发电为主，并与刘家峡水库联合运用，承担下游河段的灌溉、防洪和防凌等综合任务。水库设计汛限水位2 594 m（大沽高程），设计洪水位2 602.25 m，校核洪水位2 607 m，总库容272.6亿m^3。龙羊峡水库投入运用以来达到的最高蓄水位为2 600.91 m（2020年10月27日）。

1.2.1.2 刘家峡水库

刘家峡水库位于甘肃省永靖县境内的黄河干流上（见图1.2-3），控制流域面积18.18万km^2，建设于第一个五年计划期间，是由中国自己设计、自己施工、自己建造的大型水电工程。刘家峡水库以发电为主，兼有防洪、灌溉、防凌、养殖、供水等综合任务，为不完全年调节水库。水库设计汛限水位1 726 m（大沽高程），1 000年一遇洪水设计洪水位1 735 m，可能最大洪水校核洪水位1 738 m，总库容44.01亿m^3。水库投入运用以来最高蓄水位为1 735.81 m（1985年10月24日）。

图 1.2-1 黄河流域现状防洪工程布局示意

图 1.2-2　龙羊峡水库

图 1.2-3　刘家峡水库

1.2.1.3　万家寨水库

万家寨水库位于黄河北干流上段托克托至龙口河段峡谷内，控制流域面积 39.5 万 km^2，是黄河中游规划开发的重要梯级水库之一。工程的主要任务是供水结合发电调峰，同时兼有防洪防凌作用。水库千年一遇设计洪水位 974.99 m（黄海高程）、万年一遇校核洪水位 979.10 m。设计最高蓄水位 980 m，总库容 5.61 亿 m^3。汛限水位 966 m，8 月、9 月排沙期运行水位 952~957 m，冲沙水位 948 m。水库历史最高蓄水位为 978.94 m（2021 年 10 月 10 日 15 时）。

1.2.1.4　三门峡水库

三门峡水库于 1960 年建成，是黄河中游干流上修建的第一座大型水利枢纽工程（见图 1.2-4），控制流域面积 68.84 万 km^2。工程的主要任务是防洪、防凌、灌溉、供水和发电。水库防洪运用水位 333.65 m（1985 国家高程），总库容 58.61 亿 m^3；汛限水位 305 m，

10 月 21 日起水库水位可以向非汛期水位 318 m 过渡。水库防洪运用水位 333.65 m 以下有 11.3 万人居住。

图 1.2-4　三门峡水库

1.2.1.5　小浪底水库

小浪底水利枢纽位于黄河中游干流最后一个峡谷的末端(见图 1.2-5),开发任务为以防洪减淤为主,兼顾供水、灌溉、发电,是防治黄河下游水害、开发黄河水利的重大战略措施。坝址以上流域面积 69.42 万 km^2,占全流域(不含内流区)的 92.2%。水库控制了黄河洪水的大部分来源区,控制了全河 91.2%的水量、几乎全部的泥沙,是控制黄河下游洪水、协调水沙关系最为关键的工程,与三门峡、故县、陆浑、河口村水库联合运用,可大幅削减下游洪水,基本解除下游凌汛洪水威胁。可利用死库容拦沙 100 亿 t,减少下游河道淤积 76 亿 t,相当于 20 年的淤积量。水库正常蓄水位 275 m(1985 国家高程),设计总库容 126.5 亿 m^3,其中蓄洪库容 40.5 亿 m^3,拦沙库容 75.5 亿 m^3,调水调沙库容 10.5 亿 m^3。水库可能最大洪水(同万年一遇)校核洪水位 275 m,千年一遇设计洪水位 274 m,设计汛限水位 254 m,最高防洪运用水位 275 m。2021 年水库前汛期(7 月 1 日至 8 月 31 日)汛限水位 235 m,后汛期(9 月 1 日至 10 月 31 日)汛限水位 248 m,8 月 21 日起水库水位可以向后汛期汛限水位过渡;10 月 21 日起可以向正常蓄水位过渡。2021 年秋汛洪水之前水库历史最高蓄水位 270.11 m(2012 年 11 月 20 日),2021 年秋汛洪水水库最高蓄水位 273.5 m(2021 年 10 月 9 日)。

1.2.1.6　陆浑水库

陆浑水库位于黄河支流伊河中游(见图 1.2-6),控制流域面积 3 492 km^2,水库于 1965 年建成,开发任务是以防洪为主,兼顾灌溉、发电、供水等综合利用。万年一遇校核洪水位 331.8 m,总库容 12.45 亿 m^3,水库正常蓄水位 319.5 m(黄海高程),千年一遇设计洪水位 327.5 m,蓄洪限制水位 323 m,移民水位 325 m,征地水位 319.5 m。前汛期汛限水位 317 m,后汛期汛限水位 317.5 m,8 月 21 日起水库水位可以向后汛期汛限水位过渡;10 月 21 日起可以向正常蓄水位过渡。水库设计洪水位以下居住有约 10.2 万人,水

图1.2-5　小浪底水库

库运用水位超过319.5 m将涉及人员紧急转移。多年来，水库通过拦洪削峰，有效地拦蓄了上游洪水，充分显示了大型骨干工程的抗洪控制作用。如2010年7月、2011年9月洪水，是伊河流域近十几年来最大的两场洪水，水库按设计方式运用，控制出库不超1 000 m^3/s运用，削减洪峰77%、60%，下游防洪减灾效益显著。水库历史最高蓄水位320.91 m（2010年7月25日）。2021年秋汛洪水水库最高蓄水位319.36 m（2021年10月26日）。

图1.2-6　陆浑水库

1.2.1.7　故县水库

故县水库位于黄河支流洛河中游（见图1.2-7），控制流域面积5 370 km^2。水库于1992年建成，开发任务是以防洪为主，兼顾灌溉、供水、发电等综合利用。万年一遇校核洪水位551.02 m（大沽高程），水库千年一遇设计洪水位548.55 m，蓄洪限制水位548 m，相应库容9.84亿m^3，正常蓄水位534.8 m，移民水位544.2 m，征地水位534.8 m。前汛期汛限水位527.3 m，后汛期汛限水位534.3 m，8月21日起水库水位可以向后汛期汛限水位过渡；10月21日起可以向正常蓄水位过渡。水库设计洪水位以下居住有约1.57万人,其中534.8~544.2 m无常住人口。水库运用水位超过544.2 m将涉及人员紧急转移。2000年以来,洛河流域在2003年8月、2005年10月先后出现6场较大洪水过程,水库通过拦洪削峰,保障了下游防洪安全,兼顾了洪水资源化。2021年秋汛洪水之前水库历史最高蓄水位为536.57 m(2014年9月20日),2021年秋汛洪水最高蓄水位537.75 m(2021年10月12日)。

图1.2-7 故县水库

1.2.1.8 河口村水库

河口村水库位于沁河的最后一段峡谷出口处(见图1.2-8),控制流域面积9 223 km^2,水库总库容3.3亿m^3,其中蓄洪库容2.3亿m^3。河口村水库于2016年建成,开发任务是以防洪、供水为主,兼顾灌溉、发电、改善河道基流等综合利用,将沁河下游的防洪标准由不足25年一遇提高到100年一遇,并进一步削减黄河下游洪水。水库2 000年一遇校核洪水位、500年一遇设计洪水位和蓄洪限制水位均为285.43 m(1985国家高程),正常蓄水位275 m。前汛期汛限水位238 m,后汛期汛限水位275 m,8月21日起水库水位可以向后汛期汛限水位过渡。2021年秋汛洪水之前水库历史最高蓄水位262.65 m(2016年11月26日),2021年河口村水库在7月、9月、10月连续遭遇建库以来最严峻的洪水,水库持续刷新最高水位纪录,最高值达279.89 m(2021年10月9日)。

1.2.2 河道及防洪工程

1.2.2.1 黄河下游河道

黄河下游河道全长786 km,除南岸东平湖陈山口闸至济南郊区宋庄为低山丘陵外,其余均靠堤防挡水。由于多年的泥沙淤积,目前河床普遍高出两岸地面4~6 m,局部河段达10 m以上,汛期洪水对黄淮海大平原威胁极大。

黄河下游河道上宽下窄,河道纵比降上陡下缓,过洪能力上大下小,花园口、高村、孙口、艾山站的设防流量分别为22 000 m^3/s、20 000 m^3/s、17 500 m^3/s和11 000 m^3/s。20世纪80年代以后,受自然原因及人类活动影响,黄河下游河道演变为“槽高于滩、滩高于

图1.2-8　河口村水库

背河地面”的“二级悬河”局面，河槽萎缩，主流游荡多变。随着1999年10月小浪底水库下闸蓄水运用和连年的调水调沙作用，黄河下游河道发生了持续冲刷，主槽过洪能力也得到一定恢复，2021年汛前下游主槽最小平滩流量在4 600 m^3/s以上。

黄河下游河道内有120多个大小不等的滩地，滩区总面积约3 154 km^2（含封丘倒灌区），占下游河道总面积的65%，涉及河南、山东两省48个县（市、区），耕地447万亩。下游滩区既是行洪滞洪沉沙的场所，又是滩区广大群众赖以生存的家园。滩区特殊的自然条件，导致群众安全缺乏保障，经济发展落后，河南、山东两省滩区居民迁建规划实施后，仍有近百万人生活在洪水威胁中。根据现状地形调查分析，当花园口站发生8 000 m^3/s洪水时，下游滩区绝大部分将受淹。另外，由于历史原因，滩地上还修有大量生产堤，共计882.6 km（其中河南355.8 km，山东526.8 km）。由于生产堤的存在，一方面减少了中小洪水漫滩概率，加重滩唇淤积，加剧“二级悬河”形势；另一方面，一旦生产堤冲决（或溃决），易引发“横河”或“斜河”，危及堤防安全。

1.2.2.2　黄河下游防洪工程

黄河下游防洪工程主要包括堤防、河道整治工程。黄河下游除南岸邙山及东平湖至济南区间为低山丘陵外，其余全靠堤防约束洪水，大堤左岸从孟州市中曹坡起，右岸从孟津县牛庄起。新中国成立以来对下游临黄大堤进行了4次加高培厚，2000年之后开始标准化堤防建设（见图1.2-9），防洪能力不断提高。现状下游大堤共长1 371.1 km，其中左岸长747.0 km，右岸长624.1 km，加上北金堤、沁河堤、大汶河堤、东平湖围堤、河口堤等，黄河下游各类堤防总长2 429.6 km。为减少洪水直冲堤防，控导河势，自下而上开展了河道整治工程建设。在充分利用险工控导河势基础上，建成临黄堤险工147处，坝、垛和护岸5 422道，总长334.3 km；控导护滩工程234处，坝、垛、护岸5 230道，总长494.9 km。险工和控导工程构成的河道整治工程，减少了发生“横河”“斜河”危及堤防安全的概率，同时大幅度减少了滩地、村庄和耕地的塌损，提高引黄涵闸取水保证率。

1.2.2.3　主要支流防洪工程

渭河下游现有干流防洪堤防265.42 km，左岸138.32 km，右岸长127.10 km。其中西安城区段堤防防洪标准为300年一遇；咸阳、渭南城区段堤防防洪标准为100年一遇；其

图1.2-9　黄河下游的标准化堤防和控导工程

余为50年一遇防洪标准，相应设计防洪流量为华县站10 300 m^3/s。

伊洛河已建堤防及护岸总长389.3 km，险工43处，设计防洪标准为20年一遇，县城段的防洪标准为50年一遇，重点城市的城区河段设计防洪标准为100年一遇。伊洛河共建有橡胶坝49座，总库容约为0.85亿m^3。在伊、洛河下游两河交汇处地带由于地势低洼，历史上发生洪水时往往洪水倒灌，形成自然滞洪，是一个天然洪泛区，习惯上称为伊洛夹滩（见图1.2-10）。伊洛夹滩的自然滞洪，客观上削减了进入黄河干流的洪水，近年来，随着夹滩地区堤防工程不断完善，夹滩的滞洪作用逐渐减弱。

图1.2-10　伊洛河夹滩

沁河下游两岸已建堤防161.65 km，险工49处，设计防洪流量为武陟站4 000 m^3/s。当五龙口站发生2 500 m^3/s及以上洪水时，沁北自然滞洪区将自然漫溢进水。河口村水库建成后，超过100年一遇洪水，沁南临时滞洪区将可能滞洪。沁北自然溢洪区面积41.2 km^2，区内涉及人口约5.2万人。沁南临时滞洪区面积约222 km^2，区内涉及人口约21.39万人。

大汶河干流河长239 km，自戴村坝至东平湖老湖河道全长30 km，已建堤防142.262 km，设计防洪流量为戴村坝站7 000 m^3/s。戴村坝以上设计防洪标准20年一遇，戴村坝以下左岸设计防洪标准50年一遇，右岸设计防洪标准20年一遇。

金堤河流域面积5 047 km^2，干流起自安阳市滑县的耿庄，沿途流经濮阳市的濮阳县、范县、台前县和山东聊城市的莘县、阳谷县，于濮阳市台前县东部的张庄汇入黄河，全长 158.6 km。金堤河设计排涝标准 3 年一遇，防洪标准 20 年一遇。

1.2.3　蓄滞洪工程

黄河下游滞洪区包括东平湖和北金堤两处。

东平湖滞洪区位于黄河由相对宽河段转为窄河段过渡段的黄河与大汶河下游冲积平原相接的洼地上，地跨山东省泰安、济宁两市的东平、梁山、汶上三县，是黄河下游防洪工程体系的重要组成部分，保障下游窄河段防洪安全，是黄河流域内经国家确认的唯一一个重点滞洪区。滞洪区承担分滞黄河洪水和调蓄大汶河洪水的双重任务，控制黄河艾山站流量不超过 10 000 m^3/s。滞洪区工程包括围坝、二级湖堤、分洪闸和退水闸等，有效分洪流量 8 500 m^3/s。滞洪区由老湖区和新湖区组成，其中老湖区常年有水，区内有金山坝、昆山堤、山赵堤，以及南金堤、小安山隔堤和司垓东、西导流堤等其他不设防堤防 24.7 km。东平湖滞洪区设计防洪运用水位，老湖区 44.72 m(1985 国家高程)，全湖区 43.72 m，相应总库容 33.8 亿 m^3。汛期 7 月 1 日至 10 月 31 日，老湖区汛限水位 7—8 月为 40.72 m；9—10 月为 41.72 m；警戒水位为 41.72 m。湖区内 44.72 m 高程以下，人口 28.55 万人(老湖区 7.05 万人，其中金山坝以西 41 km^2 内 4 万人；新湖区 21.5 万人)。东平湖滞洪区自 1958 年建成后仅启用分洪一次。1982 年 8 月花园口站发生 15 300 m^3/s 洪水时，为确保济南市、津浦铁路、胜利油田及下游两岸人民生命财产安全，启用东平湖老湖区分洪，蓄洪量 4 亿 m^3，削减洪峰流量 28.6%，2.9 万人临时迁移。东平湖滞洪区运用后艾山下泄最大流量 7 430 m^3/s，下游防洪负担大大减轻。

北金堤滞洪区位于黄河下游高村至陶城铺宽河道转为窄河道过渡段的左岸，为保留滞洪区，是防御黄河下游超标准洪水的重要工程设施之一。渠村分洪闸设计分洪能力 10 000 m^3/s，分滞黄河洪量 20 亿 m^3。张庄退水闸位于滞洪区下端，设计退水能力 1 000 m^3/s，并承担黄河向区内倒灌 1 000 m^3/s 流量的任务。滞洪区涉及河南、山东两省 7 个县(市)，面积 2 316 km^2，人口 209.86 万人，其中河南省 208.3 万人，山东省 1.56 万人。

1.2.4　洪水调度方案

当前黄河防洪工程体系由干支流水库、堤防、蓄滞洪区、应急分洪区组成，上游龙羊峡、刘家峡水库承担兰州市防洪任务，兼顾青海、甘肃、宁夏、内蒙古防洪；中下游万家寨水库兼顾北干流防洪，三门峡、小浪底、陆浑、故县、河口村水库承担黄河下游防洪任务。国务院 2014 年批复了《黄河防御洪水方案》，国家防总 2015 年批复了《黄河洪水调度方案》，用于指导黄河洪水防御及调度工作。

1.2.4.1　黄河上游洪水调度

黄河上游段防洪薄弱环节主要有：一是水文站网密度不足，预报精度有待提高；二是青海部分河段洪水防御标准偏低，甘肃局部河段达不到 10 年一遇设防标准，宁夏、内蒙古堤防未经过大洪水的检验；三是干支流梯级电站责任主体分散，信息化水平低。

采取的洪水应对思路是“拦排结合，相机分洪”。“拦”主要是运用龙羊峡、刘家峡水库(简称龙、刘水库)保证兰州市 100 年一遇防洪安全，兼顾青、甘、宁、蒙重点河段防洪安全，尽量减轻超标洪水灾害损失。“排”是标准内洪水充分利用河道排泄，超标洪水加强重点河段防守抢护，强迫行洪。“分”是必要时运用应急分洪区、引黄设施等，在内蒙古河段应急分洪。上游河段防洪调度控制节点为贵德站、兰州站、下河沿站、石嘴山站、三湖河口站。

标准内洪水，龙、刘水库共同承担各防洪对象的防洪任务，发生超标洪水，充分发挥作用，减轻洪灾损失。龙羊峡水库以库水位和入库流量作为下泄流量的判别标准，龙、刘两库按一定的比例蓄洪，同时拦洪泄流。刘家峡水库以天然入库流量和两库总蓄量作为下泄流量的判别标准，龙、刘两库下泄流量满足下游各防洪对象的防洪要求。

1.2.4.2　黄河中游洪水应对

黄河中游河段防洪薄弱环节主要有：大北干流河段河曲县城段 20 年一遇，吴堡县城段 30 年一遇，府谷、保德段 50 年一遇，遭遇超标洪水存在洪水淹没风险；小北干流河段，滩区人多，撤离难度大，干流洪水顶托倒灌支流引发灾害，主流摆动和“揭河底”破坏河道工程。

目前采取的洪水应对思路是标准内洪水加强工程防守抢险，超标洪水组织人员撤离。

1.2.4.3　黄河下游洪水调度

黄河下游防洪薄弱环节：一是小花间 1.8 万 km^2 无控区，洪水预见期短，决策时间短，威胁大；二是下游 299 km 游荡性河段河势尚未得到有效控制；三是“二级悬河”态势依然严峻，发生“横河”“斜河”可能性大；四是下游滩区 189.5 万人，三门峡、陆浑、故县水库防洪运用水位以下 23.1 万人，东平湖滞洪区内 23.8 万人，北金堤滞洪区 172.89 万人，伊洛河夹滩自然滞洪区 12.5 万人，沁北自然滞洪区约 5.2 万人，洪水期转移难度大，制约工程运用；五是泥沙问题复杂，防洪调度要统筹水库库容淤损与下游河道冲淤，防洪调度难度大。

洪水应对思路是“上拦下排，两岸分滞”。标准内洪水，合理运用干支流水库调蓄洪水，充分利用河道排泄洪水，必要时运用蓄滞洪区分滞洪水，做好危险区域人员转移安置。有条件中常洪水可采用小浪底腾库拦洪，充分利用主槽排泄洪水，尽量减免滩区淹没损失。超标洪水，采取北金堤分洪、固守大堤、撤离低洼地区人员等措施，确保北岸沁河口至封丘、南岸高村以上和济南河段黄河堤防以及沁河丹河口以下左岸堤防等重点防护目标安全，减轻灾害损失。

洪水调度方式是：以三门峡以上来水为主的洪水，中小洪水含沙量高，原则上敞泄运用，大洪水水库按控制花园口 10 000 m^3/s 运用，尽量不使用东平湖分洪；以三花间来水为主的洪水，中小洪水保滩运用，大洪水尽量控制花园口不超 10 000 m^3/s，减少东平湖分洪量。孙口流量超过 10 000 m^3/s 运用东平湖分洪。花园口流量超过 22 000 m^3/s，或预报孙口流量超过 17 500 m^3/s 或预报孙口超万洪量大于 17.5 亿 m^3，启用北金堤分洪。

第 2 章　2021 年秋汛洪水与防御概况

2021 年 8 月下旬至 10 月,受秋雨持续影响,黄河中下游发生新中国成立以来最严重秋汛。此次秋汛历时长、雨区重叠度高,洪水场次多、洪峰高、水量大。8 月下旬至 10 月上旬,黄河中游累积面雨量 330.2 mm,较常年同期偏多 1.8 倍,列 1961 年有资料以来同期第一。持续降雨形成 6 次连续洪水过程,9 月 27 日至 10 月 5 日黄河干流 9 d 内相继出现 3 次编号洪水,潼关站实测洪峰流量 8 360 m^3/s,为 1979 年以来最大,支流渭河、汾河、伊洛河、沁河均发生有实测资料以来同期最大洪水。多座水库突破建库以来最高蓄水位,黄河花园口站流量 4 000 m^3/s 以上历时达 24 d,其中流量在 4 800 m^3/s 左右历时近 20 d。面对流域复杂多变的天气形势,黄委坚持人民至上、生命至上,立足防大汛、抗大洪、抢大险、救大灾,超前研判、全面部署、精准调度、科学指挥,沿黄省委、省政府强化组织领导,各级防指靠前指挥,党政军民勠力同心、严防死守,实现了“不伤亡、不漫滩、不跑坝”防御目标,最大限度地减轻了洪水灾害损失,打赢了黄河秋汛洪水防御这场硬仗。

2.1　天气与降雨

2.1.1　天气形势

2021 年 8 月下旬至 10 月中旬(见图 2.1-1),亚洲中纬度巴尔喀什湖至贝加尔湖地区

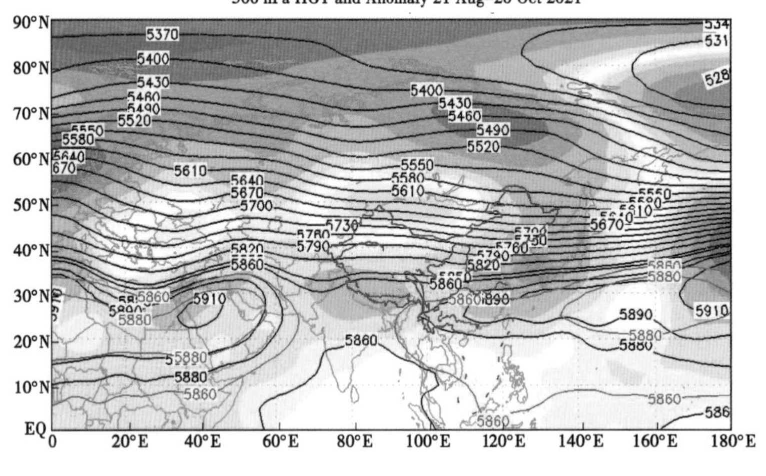

图 2.1-1　2021 年 8 月下旬至 10 月中旬 500 hPa 平均位势高度场及距平
(黑色等值线为平均场,彩色阴影区为距平场,红色为气候平均线。
天气形势图源自国家气候中心大气环流交互分析数据,下同)

为宽广低压区,低压底部多分裂短波槽东移南下;西北太平洋副热带高压较常年异常偏强、偏西,孟加拉湾低值系统活跃,形成较强的西南暖湿气流,为黄河中下游秋雨提供了持续充沛的水汽输送。受短波槽和副高共同影响,冷暖空气持续交绥于黄河流域,致黄河中下游大部秋雨连绵,降雨历时之长、累积雨量之大均为历史罕见。

8 月下旬[见图 2.1-2(a)],亚洲中高纬多西风槽活动,黄河流域大部冷空气活动频繁;西北太平洋副热带高压整体偏北、偏西,强度偏强,影响黄河流域的偏南暖湿气流活跃;8 月下旬黄河中下游出现 3 次明显降雨过程。

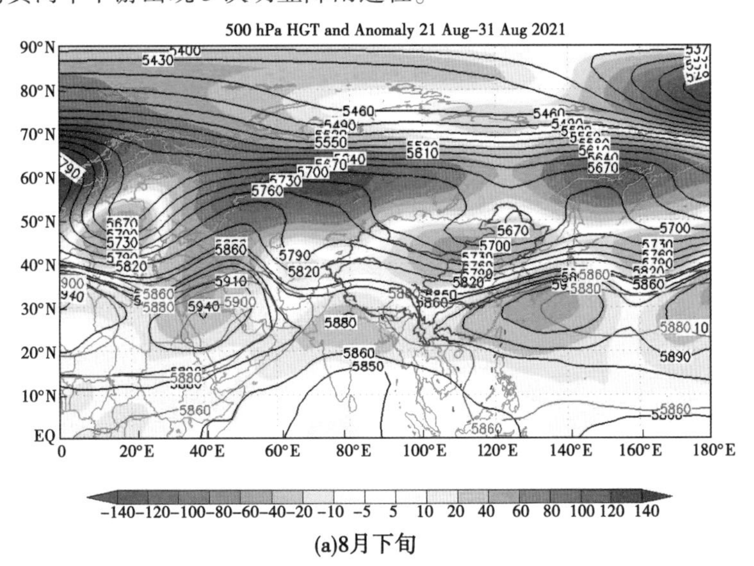

(a)8月下旬

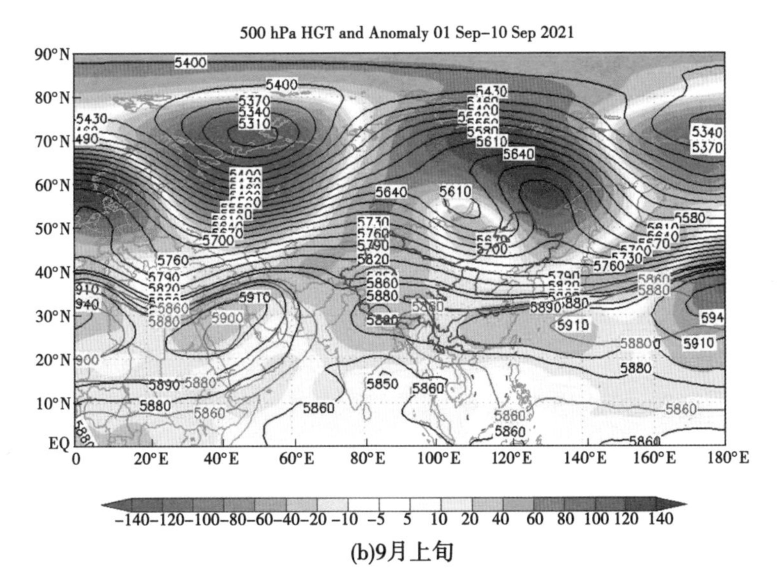

(b)9月上旬

图 2.1-2　2021 年 8 月下旬至 10 月中旬 500 hPa 逐旬平均位势高度场及距平

(黑色等值线为平均场,彩色阴影区为距平场,红色粗线为气候平均场)

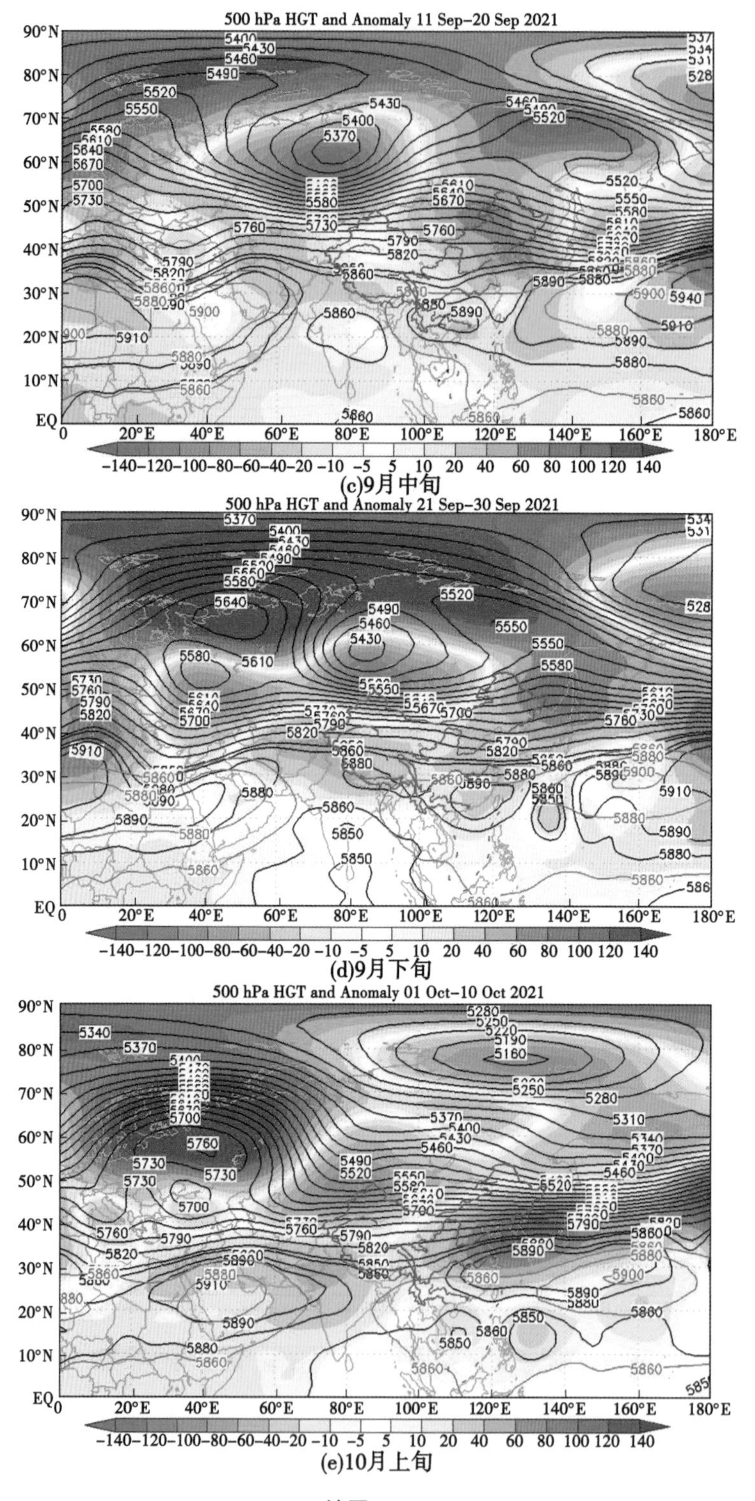
500 hPa HGT and Anomaly 11 Sep–20 Sep 2021
(c)9月中旬
500 hPa HGT and Anomaly 21 Sep–30 Sep 2021
(d)9月下旬
500 hPa HGT and Anomaly 01 Oct–10 Oct 2021
(e)10月上旬

续图 2. 1-2

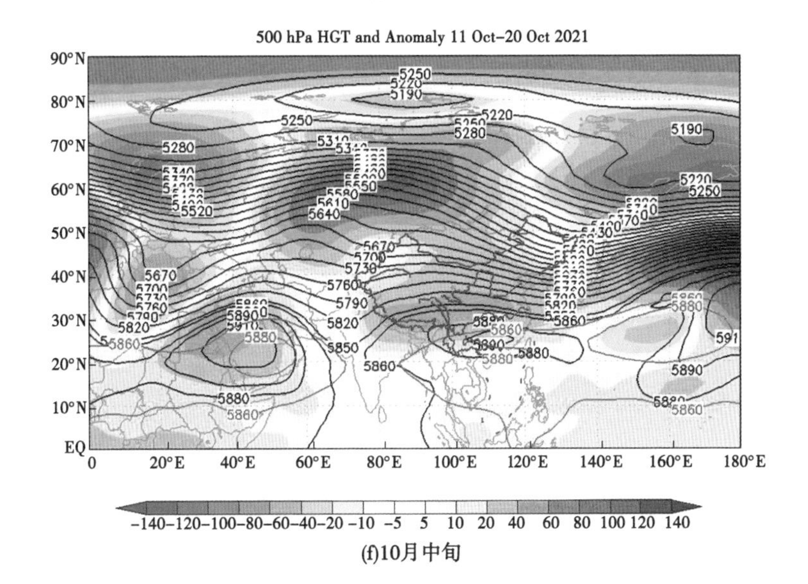

(f)10月中旬

续图 2.1-2

9月上旬[见图2.1-2(b)],亚洲中高纬度地区呈两槽两脊型环流分布,低压槽分别位于乌拉尔山和贝加尔湖以南,高压脊分别位于新疆以北及东北亚地区;副高较常年同期明显偏西,中心脊线位置接近常年;黄河流域中下游大部处于贝加尔湖低槽底部,受低槽及副高外围暖湿气流共同影响,3—5日出现一次明显降水过程。9月中下旬[见图2.1-2(c)、(d)],环流调整为一槽一脊型,巴尔喀什湖至贝加尔湖之间为深厚的低压槽区,多分裂短波槽东移南下,与副高西北侧暖湿气流持续交绥于黄河中下游,配合低空急流、切变线活动,降水偏多、偏强,其中17—18日、22—28日泾渭洛河、三花间等地区连续出现暴雨到大暴雨天气。

10月上旬[见图2.1-2(e)],亚洲中高纬地区调整为纬向型环流,中纬度多短波槽活动,高原槽活跃,副高较常年异常偏西偏北,受短波槽、高原槽及副高共同影响,3—5日黄河中下游大部出现强降水过程。10月中旬[见图2.1-2(f)],东亚沿海槽明显,黄河流域大部受槽后西北气流控制,降水明显偏少。

2.1.2 降雨过程

8月下旬起,黄河中游地区受秋雨天气形势影响明显,并连续产生降水过程。8月下旬至10月上旬,黄河中游共发生7场中到大雨及以上的降水过程(见表2.1-1),其中8月下旬3场,9月上、中、下旬各1场,10月上旬1场,9月下旬的过程持续时间最长。其间全流域累积面雨量282.5 mm,较常年同期偏多1.5倍,其中黄河中游累积面雨量330.2 mm,较常年同期偏多1.8倍,列1961年有资料以来同期第一位。中游降水主要集中在南部大部地区,三花干流、伊洛河、沁河累积降水较常年偏多3~5倍,北洛河、泾河、渭河下游、汾河偏多2倍左右,上述区间累积面雨量均列1961年以来同期第一位;山陕南部、渭河上中游偏多1~2倍,分别列1961年以来同期第一、第二位,见图2.1-3。

表 2.1-1　2021 年 8 月下旬至 10 月上旬黄河中游主要降雨过程

序号	过程起止时间	主要影响区域	主要区间累积面雨量
1	8 月 21—22 日	泾渭洛河、三花区间	伊洛河 64.5 mm 渭河下游 58.7 mm 北洛河 31 mm
2	8 月 28—29 日	三花区间	伊洛河 83.7 mm 三花干流 66 mm
3	8 月 30—31 日	山陕南部、泾渭洛河、汾河、三花区间	三花干流 78.4 mm 沁河 76.7 mm 渭河下游 63.8 mm
4	9 月 3—5 日	泾渭洛河、山陕区间、汾河、三花区间	北洛河 57.4 mm 渭河下游 51.1 mm 三花干流 50.4 mm 山陕南部 45.3 mm 汾河 36.2 mm
5	9 月 17—18 日	山陕南部、泾渭洛河、汾河、三花区间	伊洛河 103.3 mm 渭河下游 86.5 mm 沁河 85.1 mm 北洛河 49.9 mm 汾河 43.6 mm
6	9 月 22—28 日	山陕南部、泾渭洛河、汾河、三花区间	渭河下游 146.9 mm 三花干流 144.4 mm 沁河 129.7 mm 伊洛河 109.4 mm 泾河 89.2 mm 北洛河 89 mm 汾河 66.2 mm 山陕南部 35.1 mm
7	10 月 3—5 日	山陕区间、泾渭洛河、汾河、沁河	汾河 118.7 mm 北洛河 105.2 mm 山陕南部 79.3 mm 渭河上中游 59 mm 沁河 47.1 mm 山陕北部 40.5 mm

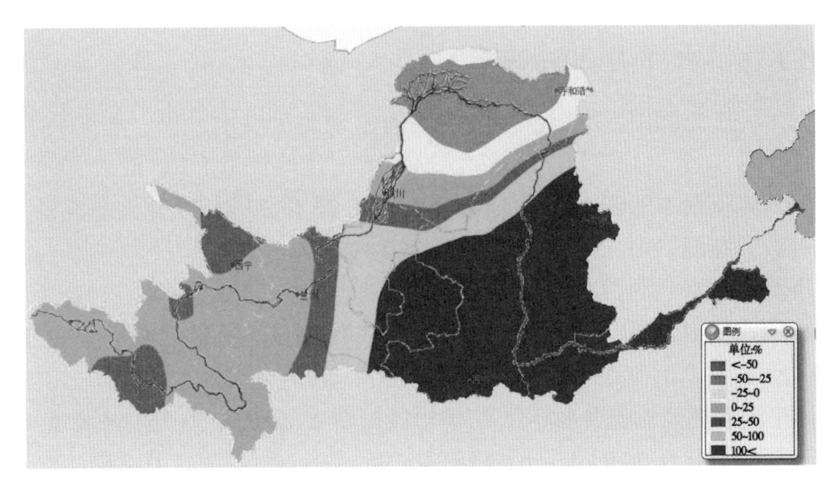

图2.1-3　2021年8月下旬至10月上旬黄河流域累积降雨距平

2.2　洪水过程

2021年8月下旬至10月下旬,黄河秋汛洪水过程持续2个多月,按洪水来源划分,潼关站洪水主要来自吴堡至龙门区间、汾河、泾渭河、北洛河,花园口站洪水主要来自小浪底、陆浑、故县、河口村水库洪水调度过程和小浪底至花园口未控区间,其间,黄河下游的天然文岩渠、金堤河、大汶河也有洪水发生。

2021年秋汛黄河中下游共发生6次明显洪水过程,其中,干流潼关站洪峰流量分别为2 390 m^3/s(8月24日5时57分)、2 550 m^3/s(9月3日14时)、3 300 m^3/s(9月7日16时)、4 320 m^3/s(9月20日21时24分)、7 480 m^3/s(9月29日22时)、8 360 m^3/s(10月7日7时36分),见图2.2-1。

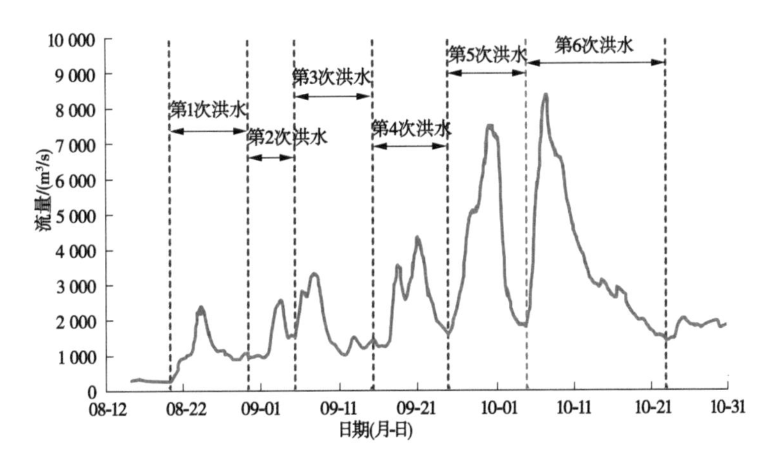

图2.2-1　黄河潼关站洪水场次划分

2021年秋汛6次洪水过程按时间划分,发生日期依次为:8月20—29日、8月31日至9月5日、9月5—15日、9月15—24日、9月24日至10月2日、10月2—27日。本节依序记述6次洪水过程中各洪水来源区主要干支流站洪水过程并统计其次洪水量和沙量。

2.2.1　第 1 次洪水(8 月 20—29 日)

受 8 月 21—22 日降雨影响,泾渭河、伊洛河出现明显洪水过程。本次洪水过程渭河华县站 21 日 6 时 54 分洪峰流量 795 m^3/s、23 日 6 时洪峰流量 1 200 m^3/s,黄河潼关站 24 日 7 时 30 分洪峰流量 2 390 m^3/s,伊洛河黑石关站 23 日 23 时 36 分洪峰流量 490 m^3/s。经水库调节,黄河花园口站 25 日 6 时洪峰流量 841 m^3/s。

2.2.1.1　泾渭河洪水

渭河魏家堡至咸阳区间:支流黑河陈河站 22 日 14 时最大流量 274 m^3/s,由于金盆水库泄洪,黑峪口站 22 日 7 时至 23 日 17 时流量在 250 m^3/s 左右,22 日 6 时 37 分洪峰流量 258 m^3/s;与渭河干流和其他支流洪水汇合后,渭河咸阳站 23 日 6 时 36 分洪峰流量 462 m^3/s。

泾河张家山站 20 日 20 时 45 分洪峰流量 295 m^3/s,桃园站 21 日 2 时 12 分洪峰流量 301 m^3/s。

渭河、泾河、沣河、灞河干支流洪水加上未控区来水,渭河临潼站 22 日 15 时洪峰流量 1 290 m^3/s。演进至渭河华县站 21 日 6 时 54 分洪峰流量 795 m^3/s,23 日 6 时洪峰流量 1 200 m^3/s。

咸阳、临潼、华县 3 站次洪水量分别为 1.32 亿 m^3、4.20 亿 m^3、4.60 亿 m^3,其中渭河魏家堡至咸阳区间、泾河桃园以上、渭河咸阳和桃园至临潼区间来水分别为 1.07 亿 m^3、0.48 亿 m^3、2.4 亿 m^3,分别占华县站洪水量的 23.3%、10.4%、52.2%,见表 2.2-1。

表 2.2-1　秋汛第 1 次洪水泾渭河主要站特征值统计

河名	站名	开始时间(月-日 T 时:分)	结束时间(月-日 T 时:分)	历时/h	次洪水量/亿 m^3	洪峰流量/(m^3/s)	出现时间(月-日 T 时:分)
渭河	魏家堡	08-18T20:00	08-26T20:00	192	0.25		
黑河	黑峪口	08-18T20:00	08-26T20:00	192	0.40	258	08-22T06:37
田峪河	田峪口	08-18T20:00	08-26T20:00	192	0.10		
涝河	涝峪口	08-18T20:00	08-26T20:00	192	0.12		
魏+黑+田+涝					0.87		
渭河	咸阳	08-19T08:00	08-27T08:00	192	1.32	462	08-23T06:36
沣河	秦渡镇	08-19T00:00	08-27T00:00	192	0.59	230	08-22T09:10
潏河	高桥	08-19T00:00	08-27T00:00	192	0.27		
浐河	常家湾	08-19T08:00	08-27T08:00	192	0.19		
灞河	马渡王	08-19T08:00	08-27T08:00	192	0.56	371	08-22T09:35
泾河	桃园	08-19T08:00	08-27T08:00	192	0.48	301	08-21T02:12
咸+秦+高+常+马+桃					3.41		08-21T02:12
渭河	临潼	08-19T20:00	08-27T20:00	192	4.20	1 510	08-20T05:18
	华县	08-20T08:00	08-28T08:00	192	4.60	1 200	08-23T06:00

2.2.1.2　黄河龙门、潼关、三门峡站洪水

黄河龙门站 22 日 16 时洪峰流量 1 300 m^3/s，与渭河洪水汇合后，潼关站 24 日 7 时 30 分洪峰流量 2 390 m^3/s。经三门峡水库泄水排沙运用，三门峡站 23 日 15 时 12 分洪峰流量 4 240 m^3/s，23 日 20 时最大含沙量 281 kg/m^3。

潼关站次洪水量 8.93 亿 m^3，龙门站次洪水量 4.99 亿 m^3，三门峡站次洪水量 8.77 亿 m^3，沙量 0.38 亿 t，见表 2.2-2。

表 2.2-2　秋汛第 1 次洪水龙门至三门峡河段主要站特征值统计

河名	站名	开始时间（月-日 T 时:分）	结束时间（月-日 T 时:分）	历时/h	次洪水量/亿 m^3	占黑石关水量比例/%	洪峰流量/(m^3/s)	出现时间（月-日 T 时:分）
黄河	龙门	08-20T08:00	08-28T08:00	192	4.99	55.9	1 300	08-22T16:00
渭河	华县	08-20T08:00	08-28T08:00	192	4.60	51.5	1 300	08-23T08:00
汾河	河津	08-20T08:00	08-28T08:00	192	0.07	0.7	39.8	08-23T08:00
北洛河	南荣华	08-20T08:00	08-28T08:00	192	0.11	1.2	41.5	08-24T08:00
	龙+华+河+南				9.77			
黄河	潼关	08-21T06:00	08-29T06:00	192	8.93		2 390	08-24T07:30
黄河	三门峡	08-21T08:00	08-29T08:00	192	8.77		4 240	08-23T15:12

2.2.1.3　伊洛河洪水

伊河东湾站 23 日 4 时 24 分洪峰流量 295 m^3/s，经陆浑水库拦蓄后，龙门镇站 23 日 1 时 18 分洪峰流量 119 m^3/s；洛河灵口站 22 日 12 时洪峰流量 1 090 m^3/s，卢氏站 22 日 19 时洪峰流量 1 390 m^3/s。经故县水库拦蓄后，宜阳站 22 日 21 时 54 分洪峰流量 523 m^3/s，白马寺站 23 日 11 时 30 分洪峰流量 548 m^3/s。伊河龙门镇站、洛河白马寺站洪水汇合后，伊洛河黑石关站 23 日 23 时 36 分洪峰流量 490 m^3/s。

龙门镇站次洪水量 0.14 亿 m^3，白马寺站次洪水量 0.73 亿 m^3，黑石关站次洪水量 1.02 亿 m^3。龙门镇站、白马寺站次洪水量分别占黑石关站次洪水量的 13.7%、71.6%，见表 2.2-3。

表 2.2-3　秋汛第 1 次洪水伊洛河主要站洪水特征值统计

河名	站名	开始时间（月-日 T 时:分）	结束时间（月-日 T 时:分）	历时/h	次洪水量/亿 m^3	占黑石关水量比例/%	洪峰流量/(m^3/s)	出现时间（月-日 T 时:分）
伊河	东湾	08-22T06:00	08-25T08:00	74	0.19		295	08-23T04:24
	陆浑坝下				0.05		14.4	
	龙门镇	08-21T18:00	08-25T18:00	96	0.14	13.7	119	08-23T01:18

续表 2.2-3

河名	站名	开始时间（月-日T时:分）	结束时间（月-日T时:分）	历时/h	次洪水量/亿 m³	占黑石关水量比例/%	洪峰流量/（m³/s）	出现时间（月-日 T时:分）
洛河	灵口	08-22T00:00	08-25T00:00	72	0.68		1 090	08-22T12:00
	河口街	08-22T02:00	08-25T02:00	72	0.82		1 240	08-22T10:30
	卢氏	08-22T08:00	08-25T08:00	72	0.93		1 390	08-22T19:00
	故县出库				0.15		108	
	长水	08-20T06:00	08-24T06:00	96	0.15		117	08-22T15:00
	宜阳	08-21T00:00	08-25T00:00	96	0.62		523	08-22T21:54
	白马寺	08-21T16:00	08-25T16:00	96	0.73	71.6	548	08-23T11:30
伊洛河	黑石关	08-22T06:00	08-26T06:00	96	1.02		490	08-23T23:36

2.2.1.4　**黄河花园口站洪水**

经小浪底、西霞院水库联合调度运用后，黄河西霞院站 23 日 8 时最大流量 345 m³/s，与伊洛河洪水及沁河来水汇合后，花园口站 25 日 6 时洪峰流量 841 m³/s。

西霞院站次洪水量 0.98 亿 m³，花园口站次洪水量 2.33 亿 m³，见表 2.2-4。

表 2.2-4　秋汛第 1 次洪水西霞院至花园口区间主要站特征值统计

河名	站名	开始时间（月-日T时:分）	结束时间（月-日T时:分）	历时/h	次洪水量/亿 m³	占花园口水量比例/%	洪峰流量/（m³/s）	出现时间（月-日 T时:分）
黄河	西霞院	08-22T06:00	08-26T06:00	96	0.98	41.86	345	08-23T08:00
伊洛河	黑石关	08-22T06:00	08-26T06:00	96	1.02	43.92	496	08-24T00:06
沁河	武陟	08-22T06:00	08-26T06:00	96	0.12	5.14	46.1	08-23T14:00
黄河	西+黑+武				2.12			
黄河	花园口	08-22T16:00	08-26T16:00	96	2.33	100.00	841	08-25T06:00

2.2.2　第 2 次洪水（8 月 31 日至 9 月 5 日）

受 8 月 28—31 日降雨影响，渭河、伊洛河再次发生洪水，大汶河也发生明显洪水过程。本次洪水过程华县站 9 月 2 日 16 时 40 分洪峰流量 1 940 m³/s，潼关站 3 日 14 时洪峰流量 2 550 m³/s，黑石关站 2 日 10 时 30 分洪峰流量 1 870 m³/s。经水库调节后，花园口站 3 日 6 时 24 分洪峰流量 2 390 m³/s。大汶河戴村坝站 1 日 17 时 50 分洪峰流量 797 m³/s。

2.2.2.1　**渭河洪水**

魏家堡至咸阳区间：黑河陈河站 9 月 1 日 8 时 4 分洪峰流量 672 m³/s，经金盆水库调蓄后,黑河黑峪口站 1 日 2 时 38 分至 2 日 1 时流量持续 400 m^3/s 以上,其中 1 日 8 时 36 分洪峰流量 629 m^3/s;涝河涝峪口站 1 日 6 时 56 分洪峰流量 182 m^3/s。黑河、涝河等支流洪水与干流来水汇合后,咸阳站 1 日 20 时洪峰流量 1 170 m^3/s。

咸阳至临潼区间:沣河秦渡镇站 1 日 7 时 36 分洪峰流量 400 m^3/s;灞河罗李村站 1 日 2 时 35 分洪峰流量 165 m^3/s,马渡王站 1 日 13 时洪峰流量 439 m^3/s;浐河常家湾站 1 日 12 时洪峰流量 183 m^3/s。

干支流洪水汇合后,临潼站 2 日 1 时 30 分洪峰流量 2 100 m^3/s,华县站 2 日 16 时 40 分洪峰流量 1 940 m^3/s。

魏家堡、咸阳、临潼和华县 4 站次洪水量分别为 0.15 亿 m^3、1.53 亿 m^3、3.24 亿 m^3 和 3.42 亿 m^3。洪水来源主要为魏家堡至咸阳、咸阳至临潼区间,分别占华县站次洪水量的 40.4%和 50.0%,见表 2.2-5。

表 2.2-5　秋汛第 2 次洪水渭河主要站特征值统计

河名	站名	开始时间(月-日 T 时:分)	结束时间(月-日 T 时:分)	历时/h	次洪水量/亿 m^3	洪峰流量/(m^3/s)	出现时间(月-日 T 时:分)
渭河	魏家堡	08-30T20:00	09-03T08:00	84	0.15		
黑河	陈河					672	09-01T08:04
黑河	黑峪口	08-30T20:00	09-03T08:00	84	0.71	629	09-01T08:36
涝河	涝峪口	08-30T20:00	09-03T08:00	84	0.12	182	09-01T06:56
魏+黑+田+涝					0.98		
渭河	咸阳	08-31T08:00	09-03T20:00	84	1.53	1 170	09-01T20:00
沣河	秦渡镇	08-31T00:00	09-03T12:00	84	0.44	400	09-01T07:36
潏河	高桥	08-31T00:00	09-03T12:00	84	0.13		
浐河	常家湾	08-31T08:00	09-03T20:00	84	0.2	183	09-01T12:00
灞河	马渡王	08-31T08:00	09-03T20:00	84	0.56	439	09-01T13:00
泾河	桃园	08-31T08:00	09-03T20:00	84	0.11		
咸+秦+高+常+马+桃					2.97		
渭河	临潼	08-31T20:00	09-04T08:00	84	3.24	2 100	09-02T01:30
	华县	09-01T08:00	09-04T20:00	84	3.42	1 940	09-02T16:40

2.2.2.2　黄河龙门、潼关、三门峡站洪水

龙门站 9 月 2 日 7 时 12 分洪峰流量 1 020 m^3/s,与渭河洪水汇合后,潼关站 3 日 14 时洪峰流量 2 550 m^3/s。三门峡站 9 月 3 日 13 时洪峰流量 2 990 m^3/s。

龙门站次洪水量 2.16 亿 m^3,潼关站次洪水量 5.71 亿 m^3,三门峡站次洪水量 5.83 亿 m^3,见表 2.2-6。

表 2.2-6　秋汛第 2 次洪水龙门至三门峡河段主要站特征值统计

河名	站名	开始时间(月-日 T时:分)	结束时间(月-日 T时:分)	历时/h	次洪水量/亿 m^3	占潼关水量比例/%	洪峰流量/(m^3/s)	出现时间(月-日 T时:分)
黄河	龙门	08-31T20:00	09-04T08:00	84	2.16	37.83	1 020	09-02T07:12
渭河	华县	09-01T08:00	09-04T20:00	84	3.42	59.89	1 940	09-02T18:00
汾河	河津	08-31T20:00	09-04T08:00	84	0.12	2.10	57.2	09-01T16:36
北洛河	洑头	08-31T20:00	09-04T08:00	84	0.05	0.88	20	09-02T08:00
黄河	龙+华+河+洑				5.75			
黄河	潼关	09-01T20:00	09-05T08:00	84	5.71	100.00	2 550	09-03T14:00
黄河	三门峡	09-02T08:00	09-05T20:00	84	5.83		2 990	09-03T13:00

2.2.2.3　伊洛河洪水

此次洪水期间,伊洛河上游出现 2 次洪水过程,经陆浑、故县水库调蓄后,伊洛河中下游洪水与秋汛第 3 次洪水首尾相接,洪水来源组成难以准确分割,故该部分放在“秋汛第 3 次洪水”中叙述。

2.2.2.4　大汶河洪水

大汶河北望站 9 月 1 日 12 时出现最大流量 569 m^3/s,支流柴汶河楼德站 8 月 31 日 21 时 48 分出现最大流量 452 m^3/s。干支流来水汇合后,大汶河大汶口站 9 月 1 日 5 时洪峰流量 875 m^3/s,戴村坝站 9 月 1 日 17 时 50 分洪峰流量 797 m^3/s。

本次洪水历时 96 h,戴村坝站次洪水量为 1.60 亿 m^3,其中大汶口站次洪水量 1.58 亿 m^3,见表 2.2-7。

表 2.2-7　秋汛第 2 次洪水大汶河主要站特征值统计

站名	开始时间(月-日 T时:分)	结束时间(月-日 T时:分)	次洪水量/亿 m^3	占比/%	洪峰流量/(m^3/s)	出现时间(月-日 T时:分)
莱芜	08-30T08:00	09-03T08:00	0.209		101	08-31T14:50
北望	08-31T08:00	09-04T08:00	0.973		569	09-01T12:00
楼德	08-31T08:00	09-04T08:00	0.568		452	08-31T21:48
大汶口	08-31T08:00	09-04T08:00	1.58	98.8	875	09-01T05:00
戴村坝	08-31T20:00	09-04T20:00	1.60	100	797	09-01T17:50

2.2.3　第 3 次洪水(9 月 5—15 日)

受 9 月 3—5 日降雨影响,泾渭河、伊洛河、金堤河、大汶河发生洪水过程。渭河主要干流站表现为复式洪水,与此相应,干流潼关站也出现两个洪峰流量,分别为 6 日 4 时 2 820 m^3/s、7 日 16 时 3 300 m^3/s。经三门峡、小浪底、西霞院水库调节后,西霞院站流量维持在 300 m^3/s 左右,花园口站 3 日 6 时 24 分洪峰流量 2 390 m^3/s。

2.2.3.1　泾渭河洪水

本次洪水历时 6 d,主要干流站表现为复式洪水。

魏家堡以上:渭河魏家堡站 4 日 11 时 30 分洪峰流量 393 m^3/s,6 日 6 时 54 分洪峰流量 732 m^3/s。

魏家堡至咸阳区间:黑河陈河站 4 日 6 时 20 分洪峰流量 1 120 m^3/s,经金盆水库调蓄后,4 日 3 时 12 分至 23 时黑峪口站流量维持在 500 m^3/s 以上,其中 4 日 5 时 41 分洪峰流量 905 m^3/s,黑河支流田峪河田峪口站 4 日 5 时洪峰流量 153 m^3/s,6 日 4 时洪峰流量 176 m^3/s;涝河涝峪口站 4 日 5 时 52 分洪峰流量 195 m^3/s,6 日 5 时 55 分洪峰流量 152 m^3/s。

干支流洪水汇合后,渭河咸阳站 4 日 23 时 6 分洪峰流量 1 380 m^3/s,6 日 19 时 18 分洪峰流量 1 520 m^3/s。

咸阳至临潼区间:沣河秦渡镇站 4 日 9 时 50 分洪峰流量 310 m^3/s,6 日 6 时 12 分洪峰流量 594 m^3/s;潏河高桥站 6 日 12 时 56 分洪峰流量 136 m^3/s;灞河罗李村站 4 日 10 时 36 分洪峰流量 152 m^3/s,6 日 6 时 47 分洪峰流量 193 m^3/s,马渡王站 4 日 12 时 42 分洪峰流量 286 m^3/s,6 日 8 时 12 分洪峰流量 450 m^3/s;浐河常家湾站 6 日 6 时洪峰流量 376 m^3/s。

泾河:泾河张家山站 5 日 17 时 15 分洪峰流量 357 m^3/s,桃园站 5 日 23 时 30 分洪峰流量 359 m^3/s。

泾渭河洪水汇合后,渭河临潼站和华县站均呈现复式洪水。临潼站 5 日 7 时洪峰流量 1 990 m^3/s,6 日 19 时洪峰流量 2 860 m^3/s,华县站 5 日 21 时洪峰流量 1 810 m^3/s,7 日 12 时洪峰流量 2 380 m^3/s。

魏家堡、咸阳、临潼和华县 4 站次洪水量分别为 1.28 亿 m^3、3.62 亿 m^3、6.50 亿 m^3 和 6.94 亿 m^3。洪水主要由林家村至魏家堡、魏家堡至咸阳、咸阳和桃园至临潼 3 个区间来水组成,分别占华县站次洪水量的 15.9%、33.7%和 41.5%,见表 2.2-8。

2.2.3.2　黄河龙门、潼关、三门峡站洪水

龙门站为一双峰过程,4 日 18 时 30 分洪峰流量 1 200 m^3/s,5 日 22 时 42 分洪峰流量 1 040 m^3/s,与华县站洪水汇合后,潼关站亦呈双峰过程,6 日 4 时洪峰流量 2 820 m^3/s,7 日 16 时洪峰流量 3 300 m^3/s。三门峡水库泄水排沙,三门峡站 9 月 7 日 0 时 48 分洪峰流量 6 020 m^3/s,7 日 9 时最大含沙量 107 kg/m^3。

潼关站次洪水量 11.42 亿 m^3,洪水主要来自北干流及渭河。干流龙门站次洪水量 4.06 亿 m^3,占潼关站水量 35.55%;渭河华县站次洪水量 6.94 亿 m^3,占潼关站水量的 60.77%。三门峡站次洪水量 10.72 亿 m^3,沙量 0.22 亿 t,见表 2.2-9。

表 2.2-8　秋汛第 3 次洪水泾渭河主要站特征值统计

河名	站名	开始时间(月-日 T 时:分)	结束时间(月-日 T 时:分)	历时/h	次洪水量/亿 m^3	洪峰流量/(m^3/s)	出现时间(月-日 T 时:分)
渭河	魏家堡	09-03T08:00	09-09T08:00	144	1.28	732	09-06T06:54
黑河	黑峪口	09-03T08:00	09-09T08:00	144	1.26	905	09-04T05:41
田峪河	田峪口	09-03T08:00	09-09T08:00	144	0.25	176	09-06T04:00
涝河	涝峪口	09-03T08:00	09-09T08:00	144	0.26	152	09-06T05:55
魏+黑+田+涝					3.05		
渭河	咸阳	09-03T20:00	09-09T20:00	144	3.62	1 520	09-06T19:18
沣河	秦渡镇	09-03T12:00	09-09T12:00	144	0.82	594	09-06T06:12
涝河	高桥	09-03T12:00	09-09T12:00	144	0.27	136	09-06T12:56
浐河	常家湾	09-03T20:00	09-09T20:00	144	0.35	376	09-06T06:00
灞河	马渡王	09-03T20:00	09-09T20:00	144	0.59	450	09-06T08:12
泾河	桃园	09-03T20:00	09-09T20:00	144	0.41		
咸+秦+高+常+马+桃					6.06		
渭河	临潼	09-04T08:00	09-10T08:00	144	6.50	2 860	09-06T19:00
	华县	09-04T20:00	09-10T20:00	144	6.94	2 380	09-07T12:00

表 2.2-9　秋汛第 3 次洪水龙门至三门峡区间主要站特征值统计

河名	站名	开始时间(月-日 T 时:分)	结束时间(月-日 T 时:分)	历时/h	次洪水量/亿 m^3	占潼关水量比例/%	洪峰流量/(m^3/s)	出现时间(月-日 T 时:分)
黄河	龙门	09-04T08:00	09-10T08:00	144	4.06	35.55	1 200	09-04T18:30
渭河	华县	09-04T20:00	09-10T20:00	144	6.94	60.77	2 430	09-07T14:00
汾河	河津	09-04T08:00	09-10T08:00	144	0.25	2.19	70.8	09-05T16:03
北洛河	洑头	09-04T08:00	09-10T08:00	144	0.24		218	09-05T14:00
	南荣华	09-04T08:00	09-10T08:00	144	0.21	1.84	104	09-06T08:00
黄河	龙+华+河+南				11.46			
黄河	潼关	09-05T08:00	09-11T08:00	144	11.42	100.00	3 300	09-07T16:00
黄河	三门峡	09-05T20:00	09-11T20:00	144	10.72		6 020	09-07T00:48

2.2.3.3　伊洛河洪水

由于伊洛河秋汛第 2 次和第 3 次洪水在中下游首尾相连、无法分割,因此在此一并叙述。

伊河东湾站 8 月 29 日 17 时洪峰流量 1 500 m^3/s,30 日 15 时 54 分洪峰流量 1 430 m^3/s,9 月 1 日 20 时洪峰流量 1 100 m^3/s,经陆浑水库调蓄后,龙门镇站 8 月 30 日 21 时 12 分洪峰流量 788 m^3/s,9 月 1 日 18 时洪峰流量 780 m^3/s。

洛河卢氏站 8 月 29 日 20 时洪峰流量 250 m^3/s,9 月 1 日 16 时洪峰流量 2 440 m^3/s,6 日 12 时洪峰流量 653 m^3/s。经故县水库调蓄后,宜阳站 8 月 30 日 17 时洪峰流量 490 m^3/s,9 月 1 日 19 时 30 分洪峰流量 1 010 m^3/s,6 日 16 时 6 分洪峰流量 696 m^3/s;白马寺站 8 月 31 日 8 时洪峰流量 621 m^3/s,9 月 2 日 3 时洪峰流量 1 150 m^3/s,7 日 0 时洪峰流量 777 m^3/s。

伊洛河洪水汇合后,黑石关站 8 月 31 日 16 时 42 分洪峰流量 1 280 m^3/s,9 月 2 日 10 时 30 分洪峰流量 1 870 m^3/s,7 日 8 时 24 分洪峰流量 903 m^3/s。

本次洪水历时 386 h,龙门镇站次洪水量 3.89 亿 m^3,白马寺站次洪水量 5.24 亿 m^3,黑石关站次洪水量 10.29 亿 m^3。龙门镇、白马寺站次洪水量分别占黑石关站的 37.8%、50.9%,见表 2.2-10。

表 2.2-10　秋汛第 2 次洪水和秋汛第 3 次洪水伊洛河主要站特征值统计

河名	站名	开始时间(月-日T时:分)	结束时间(月-日T时:分)	历时/h	次洪水量/亿 m^3	占黑石关水量比例/%	洪峰流量/(m^3/s)	出现时间(月-日T时:分)
伊河	栾川	08-28T22:00	08-31T08:00	58	0.37		469	08-29T12:48
							325	08-30T10:54
		08-31T20:00	09-03T00:00	52	0.13		252	09-01T14:30
	潭头	08-29T04:00	08-31T14:00	58	1.12		1 230	08-29T15:54
							974	08-30T14:54
		09-01T02:00	09-03T06:00	52	0.37		665	09-01T18:30
	东湾	08-29T08:00	08-31T18:00	58	1.51		1 500	08-29T17:00
							1 430	08-30T15:54
		09-01T06:00	09-03T10:00	52	0.92		1 100	09-01T20:00
	陆浑坝下	08-28T10:00	09-13T12:00	386	3.06		498	08-30T15:30
							618	09-02T08:00
							520	09-03T18:48
	龙门镇	08-28T12:00	09-13T14:00	386	3.89	37.8	788	08-30T21:12
							780	09-01T18:00

续表 2.2-10

河名	站名	开始时间(月-日T时:分)	结束时间(月-日T时:分)	历时/h	次洪水量/亿 m^3	占黑石关水量比例/%	洪峰流量/(m^3/s)	出现时间(月-日T时:分)
洛河	灵口	08-31T12:00	09-04T08:00	92	1.04		1 230	09-01T10:35
		09-05T13:00	09-10T02:00	109	0.64		350	09-06T05:00
	河口街	08-31T14:00	09-04T10:00	92	1.36		1 680	09-01T11:00
		09-05T17:00	09-10T06:00	109	0.71		440	09-06T06:00
	卢氏	08-31T20:00	09-04T16:00	92	1.80		2 440	09-01T16:00
		09-06T01:00	09-10T14:00	109	0.99		653	09-06T12:00
	故县出库	08-28T00:00	09-13T02:00	386	2.87		600	
	长水	08-28T02:00	09-13T04:00	386	2.55		193	08-30T16:42
							637	09-01T22:30
							644	09-06T08:54
	宜阳	08-28T10:00	09-13T12:00	386	4.47		490	08-30T17:00
							1 010	09-01T19:30
							696	09-06T16:06
	白马寺	08-28T20:00	09-13T22:00	386	5.24	50.9	621	08-31T08:00
							1 150	09-02T03:00
							777	09-07T00:00
龙门镇+白马寺					9.13			
伊洛河	黑石关	08-29T06:00	09-14T08:00	386	10.29		1 280	08-31T16:42
							1 870	09-02T10:30
							903	09-07T08:24

2.2.3.4 黄河花园口站洪水

经小浪底、西霞院水库联合调度,西霞院站最大流量仅 316 m^3/s,与伊洛河洪水和沁河来水汇合后,花园口站 9 月 3 日 6 时 24 分洪峰流量 2 390 m^3/s。

西霞院、黑石关、武陟站次洪水量分别为 4.49 亿 m^3、10.43 亿 m^3、1.38 亿 m^3,花园口站次洪水量为 17.99 亿 m^3,西霞院、黑石关、武陟站次洪水量分别占花园口站次洪水量的 24.96%、57.98%、7.67%,见表 2.2-11。

表 2.2-11　秋汛第 2 次洪水和秋汛第 3 次洪水西霞院至花园口区间主要站特征值统计

河名	站名	开始时间（月-日 T 时:分）	结束时间（月-日 T 时:分）	历时/h	次洪水量/亿 m^3	占花园口水量比例/%	洪峰流量/（m^3/s）	出现时间（月-日 T 时:分）
黄河	西霞院	08-28T08:00	09-14T08:00	408	4.49	24.96	316	08-30T08:00
伊洛河	黑石关	08-28T08:00	09-14T08:00	408	10.43	57.98	1 870	09-02T10:30
沁河	武陟	08-28T08:00	09-14T08:00	408	1.38	7.67	245	09-12T08:00
	西+黑+武				16.30	90.61		
黄河	花园口	08-29T08:00	09-15T08:00	408	17.99	100.00	2 390	09-03T06:24

2.2.3.5　金堤河洪水

金堤河濮阳站发生连续洪水过程，出现多次洪峰流量，洪峰流量为 70～80 m^3/s，在范县站合并为一次长历时洪水过程，9 月 7 日 10 时洪峰流量 142 m^3/s，120 m^3/s 以上流量历时近 7 d。

濮阳、范县站次洪水量分别为 0.532 亿 m^3、1.23 亿 m^3，见表 2.2-12。

表 2.2-12　秋汛第 2 次洪水与秋汛第 3 次洪水金堤河主要站特征值统计

站名	开始时间（月-日 T 时:分）	结束时间（月-日 T 时:分）	次洪水量/亿 m^3	占比/%	洪峰流量/（m^3/s）	出现时间（月-日 T 时:分）	出现时间差/d
濮阳	08-29T08:00	09-17T08:00	0.532	43.3	81.6	09-05T20:00	
范县	08-30T08:00	09-18T08:00	1.230		142	09-07T10:00	1.6

2.2.3.6　大汶河洪水

大汶河北望站 9 月 5 日 8 时出现最大流量 510 m^3/s，柴汶河楼德站 9 月 5 日 10 时 27 分出现最大流量 170 m^3/s。干支流来水汇合后，大汶河大汶口站 9 月 5 日 13 时 8 分洪峰流量 771 m^3/s，戴村坝站 9 月 6 日 1 时 30 分洪峰流量 629 m^3/s。

戴村坝站次洪水量为 3.97 亿 m^3，几乎全部来自大汶口以上，其中北支牟汶河北望以上来水占比 56.3%，南支柴汶河楼德以上来水占比 20.1%，见表 2.2-13。

表 2.2-13　秋汛第 3 次洪水大汶河主要站特征值统计

站名	开始时间（月-日 T 时:分）	结束时间（月-日 T 时:分）	次洪水量/亿 m^3	占比/%	洪峰流量/（m^3/s）	出现时间（月-日 T 时:分）
莱芜	09-04T08:00	09-11T08:00	0.211		65	09-05T08:00
北望	09-04T08:00	09-11T08:00	3.11	56.3	510	09-05T08:00
楼德	09-04T08:00	09-11T08:00	0.396	20.1	170	09-05T10:27
大汶口	09-04T18:00	09-11T18:00	3.97	100	771	09-05T13:08
戴村坝	09-05T08:00	09-12T08:00	3.97	100	629	09-06T01:30

2.2.4　第 4 次洪水(9 月 15—24 日)

受 9 月 17—18 日降雨影响,黄河中游泾渭河、三门峡至小浪底区间、伊洛河、沁河均涨水,同时下游金堤河、大汶河也发生明显洪水过程。伊河东湾站洪峰流量 2 800 m^3/s,为 2010 年以来最大洪水,排建站以来第 4 位;洛河卢氏站洪峰流量 2 430 m^3/s,为 1951 年建站以来 9 月同期最大洪水;洛河白马寺站、伊洛河黑石关站洪峰流量 2 890 m^3/s、2 950 m^3/s,均发生 1982 年以来最大洪水,其中黑石关站为 1950 年有实测资料以来 9 月同期最大洪水。

2.2.4.1　泾渭河洪水

渭河魏家堡站洪水过程为双峰,18 日 20 时 48 分洪峰流量 935 m^3/s,19 日 2 时 30 分洪峰流量 1 260 m^3/s。与渭河支流黑河、涝峪河来水汇合后,咸阳站 19 日 15 时 24 分洪峰流量 2 060 m^3/s。

咸阳至临潼区间:沣河秦渡镇站 9 月 19 日 7 时 36 分洪峰流量 456 m^3/s,潏河高桥站 19 日 15 时 56 分洪峰流量 105 m^3/s;灞河马渡王站 17 日 18 时 6 分洪峰流量 264 m^3/s,18 日 21 时 44 分洪峰流量 495 m^3/s;浐河常家湾站 19 日 10 时洪峰流量 272 m^3/s。

泾河:桃园站 20 日 8 时 6 分洪峰流量 266 m^3/s,21 日 16 时 30 分洪峰流量 230 m^3/s。

渭河和泾河洪水汇合后,渭河临潼站 19 日 22 时洪峰流量 3 810 m^3/s,华县站 20 日 14 时洪峰流量 2 780 m^3/s。此次洪水在渭河下游,特别是临潼以下河段发生部分漫滩,临潼至华县河段洪峰流量削减率 27.0%。

渭河干流林家村、魏家堡、咸阳、临潼、华县 5 站次洪水量分别为 0.57 亿 m^3、1.87 亿 m^3、3.64 亿 m^3、7.27 亿 m^3 和 7.36 亿 m^3。洪水主要由林家村至魏家堡、魏家堡至咸阳、咸阳和桃园至临潼 3 个区间来水组成,分别占华县站次洪水量的 17.7%、24.0% 和 49.3%,其中石头河、黑河、沣河、浐灞河是洪水的主要来源,见表 2.2-14。

表 2.2-14　秋汛第 4 次洪水泾渭河主要站特征值统计

河名	站名	开始时间(月-日 T 时:分)	结束时间(月-日 T 时:分)	历时/h	次洪水量/亿 m^3	洪峰流量/(m^3/s)	出现时间(月-日 T 时:分)
渭河	林家村	09-16T08:00	09-22T08:00	144	0.57	328	09-19T04:00
渭河	魏家堡	09-16T20:00	09-22T20:00	144	1.87	1 260	09-19T02:30
黑河	陈河					661	09-18T17:17
黑河	黑峪口	09-16T20:00	09-22T20:00	144	0.85	261	09-18T20:27
田峪河	田峪口	09-16T20:00	09-22T20:00	144	0.17		
涝河	涝峪口	09-16T20:00	09-22T20:00	144	0.19	124	09-18T17:57
魏+黑+田+涝					3.08		
渭河	咸阳	09-17T08:00	09-23T08:00	144	3.64	2 060	09-19T15:24

续表 2.2-14

河名	站名	起始时间（月-日 T 时:分）	结束时间（月-日 T 时:分）	历时/h	次洪水量/亿 m^3	洪峰流量/（m^3/s）	出现时间（月-日 T 时:分）
沣河	秦渡镇	09-17T00:00	09-23T00:00	144	0.59	456	09-19T07:36
潏河	高桥	09-17T00:00	09-23T00:00	144	0.24	105	09-19T15:56
浐河	常家湾	09-17T08:00	09-23T08:00	144	0.36	272	09-19T10:00
灞河	马渡王	09-17T08:00	09-23T08:00	144	0.75	495	09-18T21:44
泾河	桃园	09-17T08:00	09-23T08:00	144	0.50	230	09-21T16:30
咸+秦+高+常+马+桃					6.08		
渭河	临潼	09-17T20:00	09-23T20:00	144	7.27	3 810	09-19T22:00
	华县	09-18T08:00	09-24T08:00	144	7.36	2 780	09-20T14:00

2.2.4.2　黄河龙门、潼关、三门峡站洪水

龙门站出现复式洪水过程，17 日 14 时 33 分洪峰流量 2 880 m^3/s，19 日 20 时洪峰流量 1 750 m^3/s。与华县站洪水汇合后，潼关站亦呈复式洪水过程，18 日 8 时 42 分洪峰流量 3 540 m^3/s，20 日 21 时 24 分洪峰流量 4 320 m^3/s。通过三门峡水库后，三门峡站形成两个洪峰，18 日 15 时 42 分洪峰流量 6 220 m^3/s，21 日 15 时 42 分洪峰流量 4 700 m^3/s，最大含沙量出现在 18 日 20 时，为 24.2 kg/m^3。

潼关站次洪水量 18.82 亿 m^3，洪水主要来自黄河干流和渭河，龙门、华县站次洪水量分别为 9.86 亿 m^3、7.83 亿 m^3，分别占潼关站次洪水量的 52.39%、41.60%。其间，三门峡水库泄洪排沙运用，三门峡站次洪水量 22.28 亿 m^3，次洪沙量 0.32 亿 t，见表 2.2-15。

表 2.2-15　秋汛第 4 次洪水龙门至三门峡区间主要站特征值统计

河名	站名	开始时间（月-日 T 时:分）	结束时间（月-日 T 时:分）	历时/h	次洪水量/亿 m^3	占潼关水量比例/%	洪峰流量/（m^3/s）	出现时间（月-日 T 时:分）
黄河	龙门	09-15T20:00	09-23T20:00	192	9.86	52.39	2 880	09-17T14:33
渭河	华县	09-16T08:00	09-24T08:00	192	7.83	41.60	2 780	09-20T14:00
汾河	河津	09-15T20:00	09-23T20:00	192	0.42	2.23	131	09-21T06:42
北洛河	洑头	09-15T20:00	09-23T20:00	192	0.28		110	09-19T16:20
北洛河	南荣华	09-15T20:00	09-23T20:00	192	0.25	1.33	90.6	09-20T20:00
黄河	龙+华+河南				18.36			
黄河	潼关	09-16T20:00	09-24T20:00	192	18.82	100.00	4 320	09-20T21:24
黄河	三门峡	09-17T08:00	09-25T08:00	192	22.28		6 220	09-18T15:42

2.2.4.3　黄河三门峡至小浪底区间洪水

三门峡至小浪底区间支流普遍涨水，亳清河皋落站 9 月 25 日 9 时 33 分洪峰流量 137 m^3/s；西阳河桥头站 18 日 22 时 42 分洪峰流量 526 m^3/s，24 日 23 时 48 分洪峰流量 1 140 m^3/s；畛水石寺站 19 日 4 时洪峰流量 160 m^3/s，见表 2.2-16。

表 2.2-16　秋汛第 4 次洪水三门峡至小浪底区间主要站特征值统计

河名	站名	开始时间（月-日 T 时:分）	结束时间（月-日 T 时:分）	历时/h	次洪水量/亿 m^3	洪峰流量/（m^3/s）	出现时间（月-日 T 时:分）
亳清河	皋落	09-18T08:00	09-26T08:00	192	0.19	137	09-25T09:33
西阳河	桥头	09-18T08:00	09-26T08:00	192	0.99	1 140	09-24T23:48
畛水	石寺	09-18T08:00	09-26T08:00	192	0.19	160	09-19T04:00

2.2.4.4　伊洛河洪水

伊河东湾站 9 月 19 日 12 时 42 分洪峰流量 2 800 m^3/s，经陆浑水库调蓄后，龙门镇站 19 日 16 时 6 分洪峰流量 1 290 m^3/s。

洛河卢氏站 9 月 19 日 7 时洪峰流量 2 430 m^3/s，经故县水库调蓄，最大出库流量 1 000 m^3/s，长水站 19 日 9 时洪峰流量 1 370 m^3/s，宜阳站 19 日 9 时 48 分洪峰流量 1 840 m^3/s，白马寺站 19 日 16 时洪峰流量 2 890 m^3/s，为 1982 年（5 380 m^3/s）以来最大洪水。经推算，故县至白马寺区间形成的洪峰流量约 2 000 m^3/s。

伊河和洛河洪水汇合后，伊洛河黑石关站 20 日 9 时洪峰流量 2 950 m^3/s，为 1982 年（4 110 m^3/s）以来最大洪水，也是 1950 年有实测资料以来 9 月同期最大洪水。

龙门镇站次洪水量 2.50 亿 m^3，伊河洪水以陆浑水库以上来水为主，经陆浑水库调蓄后，陆浑站次洪水量 2.16 亿 m^3，占龙门镇站水量的 86.4%。

白马寺站次洪水量 5.06 亿 m^3，故县水库上下均有较大来水。故县水库下泄水量 2.92 亿 m^3，故县至白马寺区间加水 2.14 亿 m^3，分别占白马寺站次洪水量的 57.7%和 42.3%。

白马寺、龙门镇至黑石关区间加水较少，加之河道调蓄水量有所损失，黑石关站次洪水量 7.49 亿 m^3，见表 2.2-17。

表 2.2-17　秋汛第 4 次洪水伊洛河主要站特征值统计

河名	站名	开始时间（月-日 T 时:分）	结束时间（月-日 T 时:分）	历时/h	次洪水量/亿 m^3	洪峰流量/（m^3/s）	出现时间（月-日 T 时:分）
伊河	栾川	09-18T14:00	09-22T02:00	84	0.31	532	09-19T07:24
	潭头	09-18T20:00	09-22T08:00	84	1.01	2 120	09-19T09:48
	东湾	09-19T00:00	09-22T12:00	84	1.55	2 800	09-19T12:42
	陆浑坝下	09-17T10:00	09-23T10:00	144	2.16	1 000	09-19T10:48
	龙门镇	09-17T16:00	09-23T16:00	144	2.50	1 290	09-19T16:06

续表 2.2-17

河名	站名	开始时间（月-日 T 时:分）	结束时间（月-日 T 时:分）	历时/h	次洪水量/亿 m^3	洪峰流量/（m^3/s）	出现时间（月-日 T 时:分）
洛河	灵口	09-17T12:00	09-21T08:00	92	1.41	1 420	09-19T00:06
	河口街	09-17T13:00	09-21T09:00	92	1.64	1 410	09-19T00:00
	卢氏	09-17T20:00	09-21T16:00	92	2.38	2 430	09-19T07:00
	故县出库	09-17T04:00	09-23T04:00	144	2.92	1 000	
	长水	09-17T08:00	09-23T08:00	144	2.99	1 370	09-19T09:00
	宜阳	09-17T17:00	09-23T17:00	144	3.68	1 840	09-19T09:48
	白马寺	09-18T00:00	09-24T00:00	144	5.06	2 890	09-19T16:00
龙门镇+白马寺					7.57	7.57	
伊洛河	黑石关	09-18T08:00	09-24T08:00	144	7.49	2 950	09-20T09:00

2.2.4.5　沁河洪水

沁河润城站 9 月 19 日 19 时洪峰流量 245 m^3/s，山里泉站 19 日 15 时 51 分洪峰流量 765 m^3/s。经河口村水库调节后，五龙口站 20 日 14 时最大流量 321 m^3/s；沁河支流丹河山路平站 19 日 18 时洪峰流量 166 m^3/s。沁河干支流洪水汇合后，沁河武陟站 20 日 10 时洪峰流量 518 m^3/s。

润城以上来水 0.38 亿 m^3，润城至山里泉区间来水 0.58 亿 m^3，丹河山路平站以上来水 0.35 亿 m^3，分别占武陟站水量的 24%、37%、22%。其他区间来水较少，见表 2.2-18。

表 2.2-18　秋汛第 4 次洪水沁河主要站特征值统计

河名	站名	开始时间（月-日 T 时:分）	结束时间（月-日 T 时:分）	历时/h	次洪水量/亿 m^3	洪峰流量/（m^3/s）	出现时间（月-日 T 时:分）
沁河	润城	09-18T08:00	09-22T08:00	96	0.38	245	09-19T19:00
获泽河	坪头	09-18T08:00	09-22T08:00	96	0.32	152	09-19T12:06
润城+坪头					0.69	0.70	
沁河	山里泉	09-19T00:00	09-23T00:00	96	0.96	765	09-19T15:51
沁河	五龙口	09-19T00:00	09-23T00:00	96	1.20	321	09-20T14:00
丹河	山路平	09-19T01:00	09-23T01:00	96	0.35	166	09-19T18:00
五龙口+山路平					1.47	1.55	
沁河	武陟	09-19T02:00	09-23T02:00	96	1.57	518	09-20T10:00

2.2.4.6　黄河小浪底、西霞院、花园口站洪水

小浪底水库拦洪错峰，前期按流量 700 m^3/s 左右下泄，9 月 22 日凌晨开始加大泄量，

小浪底站 22 日 20 时洪峰流量 1 660 m³/s，经西霞院水库调节后，西霞院站 22 日 8 时洪峰流量 1 820 m³/s。与伊洛河和沁河洪水汇合后，花园口站 21 日 7 时洪峰流量 3 780 m³/s。

小浪底水库拦蓄了上游大部分洪水，三门峡站与三门峡至小浪底区间各支流次洪水量合计（小浪底水库入库水量）为 23.66 亿 m³，小浪底站次洪水量（小浪底水库下泄）仅 6.64 亿 m³，小浪底水库拦蓄 17.02 亿 m³。

花园口站次洪水量 17.29 亿 m³，西霞院、黑石关、武陟站次洪水量分别为 6.15 亿 m³、8.01 亿 m³、2.45 亿 m³，分别占花园口站次洪水量的 35.57%、46.33%、14.17%，见表 2.2-19。

表 2.2-19 秋汛第 4 次洪水三门峡至花园口区间主要站特征值统计

河名	站名	开始时间（月-日 T 时:分）	结束时间（月-日 T 时:分）	历时/h	次洪水量/亿 m³	占花园口水量比例/%	洪峰流量/(m³/s)	出现时间（月-日 T 时:分）
黄河	三门峡	09-17T08:00	09-25T08:00	192	22.28		6 220	09-18T15:42
黄河	小浪底	09-18T08:00	09-26T08:00	192	6.64		1 660	09-22T20:00
黄河	西霞院	09-15T08:00	09-24T08:00	216	6.15	35.60	1 820	09-22T08:00
伊洛河	黑石关	09-15T08:00	09-24T08:00	216	8.01	46.32	2 950	09-20T09:00
沁河	武陟	09-15T08:00	09-24T08:00	216	2.45	14.17	518	09-20T10:00
西+黑+武					16.61			
黄河	花园口	09-15T20:00	09-24T20:00	216	17.29	100.00	3 780	09-21T07:00

2.2.4.7 金堤河洪水

金堤河濮阳站 9 月 20 日 18 时 14 分洪峰流量 114 m³/s，范县站 22 日 2 时洪峰流量 188 m³/s。本次洪水持续 7 d（18 日 8 时至 25 日 8 时），濮阳站、范县站次洪水量分别为 0.305 亿 m³、0.747 亿 m³，见表 2.2-20。

表 2.2-20 秋汛第 4 次洪水金堤河主要站特征值统计

站名	开始时间（月-日 T 时:分）	结束时间（月-日 T 时:分）	次洪水量/亿 m³	占比/%	洪峰流量/(m³/s)	出现时间（月-日 T 时:分）	峰现时间差/d
濮阳	09-17T08:00	09-24T08:00	0.305	40.8	114	09-20T18:14	
范县	09-18T08:00	09-25T08:00	0.747		188	09-22T02:00	1.3

2.2.4.8 大汶河洪水

大汶河北望站 9 月 20 日 8 时洪峰流量 2 000 m³/s，柴汶河楼德站 20 日 8 时最大流量仅 102 m³/s。干流洪水和支流来水汇合后，大汶河大汶口站 20 日 11 时 30 分洪峰流量 2 130 m³/s，戴村坝站 20 日 22 时 10 分洪峰流量 1 630 m³/s。

本次洪水历时 96 h，戴村坝站次洪水量为 2.69 亿 m³，见表 2.2-21。

表 2.2-21　秋汛第 4 次洪水大汶河主要站特征值统计

站名	开始时间（月-日 T 时:分）	结束时间（月-日 T 时:分）	次洪水量/亿 m^3	占比/%	洪峰流量/（m^3/s）	出现时间（月-日 T 时:分）
莱芜	09-18T08:00	09-22T08:00	0.09		50	09-20T08:00
北望	09-19T08:00	09-23T08:00	1.96		2 000	09-20T08:00
楼德	09-19T08:00	09-23T08:00	0.19		102	09-20T08:00
大汶口	09-19T08:00	09-23T08:00	2.68	99.6	2 130	09-20T11:30
戴村坝	09-20T08:00	09-24T08:00	2.69	100	1 630	09-20T22:10

2.2.5　第 5 次洪水(黄河 2021 年第 1、2 号洪水)

受 9 月 22—28 日降雨影响，黄河中下游干支流普遍涨水，黄河 2021 年第 1 号洪水、第 2 号洪水相继形成。泾渭河、北洛河、三门峡至小浪底区间、伊洛河、沁河均有较大洪水过程，金堤河、大汶河亦发生明显洪水过程。渭河咸阳站 27 日 5 时 54 分洪峰流量 5 600 m^3/s，为 1935 年有实测资料以来 9 月同期最大洪水；潼关站 9 月 29 日 22 时洪峰流量 7 480 m^3/s，为 1988 年以来最大流量(1988 年 8 月 7 日为 8 260 m^3/s)；沁河中游润城站出现 1993 年以来最大流量，下游武陟站出现 1982 年以来最大流量；花园口站流量超过 4 000 m^3/s，27 日 21 时达到 4 020 m^3/s。

2.2.5.1　泾渭河洪水

泾渭河干支流出现明显洪水过程且多站表现为双峰或多峰形态，洪水历时长达 10 d。

渭河林家村至魏家堡区间：林家村站 9 月 26 日 8 时 18 分洪峰流量 608 m^3/s，26 日 14 时洪峰流量 783 m^3/s；千河千阳站 26 日 4 时 20 分洪峰流量 276 m^3/s；石头河鹦鸽站 25 日 15 时 24 分洪峰流量 348 m^3/s，26 日 3 时 18 分洪峰流量 430 m^3/s；干支流洪水汇合，加上区间来水，渭河魏家堡站 26 日 23 时 12 分洪峰流量 3 060 m^3/s。

魏家堡至咸阳区间：黑河陈河站 25 日 5 时 2 分洪峰流量 1 340 m^3/s，26 日 12 时 12 分洪峰流量 2 230 m^3/s，经金盆水库调蓄后黑峪口站 25 日 5 时 43 分至 27 日 14 时 28 分流量持续 500 m^3/s 以上，其中 26 日 17 时 45 分洪峰流量 1 380 m^3/s(持续近 12 h)；涝河涝峪口站 26 日 13 时 4 分洪峰流量 391 m^3/s，28 日 10 时 33 分洪峰流量 190 m^3/s。干支流洪水汇合后，加上魏家堡—咸阳区间无控区加水，渭河咸阳站 27 日 5 时 54 分洪峰流量 5 600 m^3/s。

咸阳至临潼区间：沣河秦渡镇站 9 月 25 日 8 时 15 分洪峰流量 710 m^3/s，26 日 14 时 20 分洪峰流量 670 m^3/s，28 日 9 时 50 分洪峰流量 344 m^3/s；灞河马渡王站 25 日 8 时 18 分洪峰流量 547 m^3/s，26 日 16 时 48 分洪峰流量 260 m^3/s，28 日 12 时 41 分洪峰流量 434 m^3/s；浐河常家湾站 25 日 8 时洪峰流量 426 m^3/s，26 日 17 时洪峰流量 238 m^3/s，28 日 14 时洪峰流量 246 m^3/s。

泾河：桃园站 9 月 27 日 9 时 42 分洪峰流量 556 m^3/s。

受以上泾渭河干支流来水影响，临潼站 27 日 16 时洪峰流量 5 860 m^3/s。洪水向下游演进过程中，临潼以下河段发生严重漫滩，渭河华县站 28 日 17 时洪峰流量为 4 860 m^3/s，临潼至华县河段洪峰流量削减率 17.1%。

本次洪水林家村、魏家堡、咸阳站次洪水量为 1.96 亿 m^3、5.91 亿 m^3、13.01 亿 m^3，泾河桃园站次洪水量为 2.72 亿 m^3，临潼、华县站次洪水量分别达 20.04 亿 m^3 和 21.71 亿 m^3。洪水主要来源于林家村—桃园—临潼区间，占华县站总水量的 70.8%，其中千河、石头河、黑河、沣河、泾河是洪水的主要来源，见表 2.2-22。

表 2.2-22　秋汛第 5 次洪水泾渭河干支流主要站特征值统计

河名	站名	开始时间（月-日 T 时:分）	结束时间（月-日 T 时:分）	历时/h	次洪水量/亿 m^3	洪峰流量/（m^3/s）	出现时间（月-日 T 时:分）
渭河	林家村	09-22T08:00	10-02T08:00	240	1.96	783	09-26T14:00
千河	王家崖水库	09-22T08:00	10-02T08:00	240	1.06		
金陵河	县功	09-22T08:00	10-02T08:00	240	0.09		
清姜河	益门镇	09-22T08:00	10-02T08:00	240	0.28	169	09-25T18:40
清水河	姚家岭	09-22T08:00	10-02T08:00	240	0.24	119	09-25T19:38
石头河	鹦鸽					430	09-26T03:18
石头河	石头河水库	09-22T08:00	10-02T08:00	240	1.14		
林+王+县+益+姚+石					4.77		
渭河	魏家堡	09-22T20:00	10-02T20:00	240	5.91	3 060	09-26T23:12
黑河	黑峪口	09-22T20:00	10-02T20:00	240	2.88	1 380	09-26T17:45
田峪河	田峪口	09-22T20:00	10-02T20:00	240	0.31	258	09-26T10:50
涝河	涝峪口	09-22T20:00	10-02T20:00	240	0.88	391	09-26T13:04
魏+黑+田+涝					9.98		
渭河	咸阳	09-23T08:00	10-03T08:00	240	13.01	5 600	09-27T05:54
沣河	秦渡镇	09-23T00:00	10-03T00:00	240	1.70	670	09-26T14:20
潏河	高桥	09-23T00:00	10-03T00:00	240	0.57		
浐河	常家湾	09-23T08:00	10-03T08:00	240	0.86	246	09-28T14:00
灞河	马渡王	09-23T08:00	10-03T08:00	240	1.32	434	09-28T12:41
泾河	桃园	09-23T08:00	10-03T08:00	240	2.72	556	09-27T09:42
咸+秦+高+常+马+桃					20.18		
渭河	临潼	09-23T20:00	10-03T20:00	240	20.04	5 860	09-27T16:00
	华县	09-24T08:00	10-04T08:00	240	21.71	4 860	09-28T17:00

2.2.5.2　北洛河洪水

北洛河交口河站 25 日 2 时洪峰流量 40.2 m³/s，支流沮河黄陵站 26 日 5 时洪峰流量 165 m³/s，干支流洪水汇合后，北洛河洑头站 26 日 23 时 28 分洪峰流量 472 m³/s，南荣华站 28 日 8 时洪峰流量 280 m³/s。

洑头、南荣华站次洪水量分别为 1.65 亿 m³、1.32 亿 m³。本次洪水主要来自交口河站至洑头区间，该区间沮河黄陵站次洪水量 0.59 亿 m³，占洑头站水量的 35.6%，未控区来水 0.9 亿 m³，占洑头站水量的 54.5%，见表 2.2-23。

表 2.2-23　秋汛第 5 次洪水北洛河主要站特征值统计

河名	站名	开始时间（月-日 T 时:分）	结束时间（月-日 T 时:分）	历时/h	次洪水量/亿 m³	洪峰流量/（m³/s）	出现时间（月-日 T 时:分）
北洛河	交口河	09-22T20:00	10-02T20:00	240	0.16	40.2	09-25T02:00
沮河	黄陵	09-22T20:00	10-02T20:00	240	0.59	165	09-26T05:00
交+黄					0.75		
北洛河	洑头	09-23T20:00	10-03T20:00	240	1.65	472	09-26T23:28
北洛河	南荣华	09-24T08:00	10-04T08:00	240	1.32	280	09-28T08:00

2.2.5.3　黄河龙门、潼关、三门峡站洪水(含汾河河津站)

黄河北干流龙门站流量在 1 000~1 600 m³/s，汾河河津站 9 月 29 日 7 时 30 分最大流量 219 m³/s。与泾渭河、北洛河洪水汇合后，黄河潼关站 9 月 27 日 15 时 48 分流量达到 5 020 m³/s，形成黄河 2021 年第 1 号洪水，9 月 29 日 22 时洪峰流量 7 480 m³/s。

经三门峡水库泄洪运用，三门峡站 27 日 10 时 42 分洪峰流量 6 850 m³/s，30 日 16 时 36 分洪峰流量 7 080 m³/s，最大含沙量出现在 27 日 16 时，为 35.5 kg/m³。

本次洪水(黄河 2021 年第 1 号洪水)潼关站次洪水量 34.53 亿 m³，其中北干流来水 7.593 亿 m³，占潼关水量的 22%；渭河来水 21.36 亿 m³，占潼关水量的 61.9%；北洛河、汾河来水合计占潼关水量的 6.77%。经推算，龙门、华县、河津、洑头至潼关区间来水占潼关水量的 9.1%，见表 2.2-24。

表 2.2-24　秋汛第 5 次洪水龙门至三门峡区间主要站特征值统计(黄河 2021 年第 1 号洪水)

河名	站名	开始时间（月-日 T 时:分）	结束时间（月-日 T 时:分）	历时/h	次洪水量/亿 m³	占潼关水量比例/%	洪峰流量/（m³/s）	出现时间（月-日 T 时:分）
黄河	龙门	09-23T20:00	10-03T08:00	228	7.593	22.0	1 530	09-30T00:00
渭河	华县	09-24T08:00	10-03T20:00	228	21.36	61.9	4 860	09-28T17:00
北洛河	洑头	09-23T20:00	10-03T08:00	228	1.608	4.7	472	09-26T23:28
	南荣华	09-24T08:00	10-03T20:00	228	1.287	3.7	280	09-28T04:00

续表 2.2-24

河名	站名	开始时间（月-日T时:分）	结束时间（月-日T时:分）	历时/h	次洪水量/亿 m^3	占潼关水量比例/%	洪峰流量/（m^3/s）	出现时间（月-日T时:分）
汾河	河津	09-23T20:00	10-03T08:00	228	1.148	3.3	219	09-29T07:30
	龙+华+河+南				31.39	90.9		
黄河	潼关	09-24T20:00	10-04T08:00	228	34.53	100	7 480	09-29T22:00
黄河	三门峡	09-25T08:00	10-04T20:00	228	35.61		7 080	09-30T16:36

2.2.5.4 黄河三门峡至小浪底区间洪水

三门峡至小浪底区间亳清河皋落站25日9时33分最大流量137 m^3/s，西阳河桥头站26日9时洪峰流量628 m^3/s，畛水石寺站28日8时57分最大流量96.2 m^3/s。

皋落、桥头、石寺站次洪水量分别为0.33亿 m^3、0.68亿 m^3、0.14亿 m^3，见表2.2-25。

表 2.2-25 秋汛第5次洪水三小河段特征值统计

河名	站名	开始时间（月-日T时:分）	结束时间（月-日T时:分）	历时/h	次洪水量/亿 m^3	洪峰流量/（m^3/s）	出现时间（月-日T时:分）
亳清河	皋落	09-25T08:00	10-04T20:00	228	0.33	137	09-25T09:33
西阳河	桥头	09-25T08:00	10-04T20:00	228	0.68	628	09-26T09:00
畛水	石寺	09-25T08:00	10-04T20:00	228	0.14	96.2	09-28T08:57
合计					1.15		

2.2.5.5 伊洛河洪水

伊河东湾站9月25日7时24分洪峰流量1 560 m^3/s，28日18时36分洪峰流量1 040 m^3/s。经陆浑水库调蓄后，龙门镇站25日17时洪峰流量576 m^3/s。

洛河卢氏站25日17时洪峰流量1 380 m^3/s，28日16时48分洪峰流量1 750 m^3/s。经故县水库调蓄后，水库以下各站洪水呈双峰或三峰形态。长水站25日14时48分洪峰流量985 m^3/s，25日16时至27日洪峰流量维持在800~1 000 m^3/s，28日9时洪峰流量1 160 m^3/s；宜阳站25日23时12分洪峰流量970 m^3/s，26日18时42分洪峰流量1 050 m^3/s，28日15时24分洪峰流量1 950 m^3/s；白马寺站26日18时洪峰流量1 200 m^3/s，28日21时洪峰流量2 390 m^3/s。经推算，故县至白马寺区间产流形成的最大流量为1 500 m^3/s。

伊河和洛河洪水汇合后，伊洛河黑石关站呈复式洪水过程，27日6时30分洪峰流量1 570 m^3/s，29日5时30分洪峰流量2 220 m^3/s。

本次洪水，伊河洪水以陆浑水库以上来水为主，伊河陆浑站次洪水量1.71亿 m^3，占龙门镇站水量的71.3%；洛河白马寺站9月26日洪峰以故县水库以上来水为主，28日洪峰以故县水库以下来水为主。白马寺站次洪水量5.80亿 m^3，龙门镇站次洪水量2.40亿

m^3，白马寺、龙门镇至黑石关区间加水较少，加之河道调蓄水量损失，黑石关站次洪水量 7.80 亿 m^3，见表 2.2-26。

表 2.2-26　秋汛第 5 次洪水伊洛河主要站特征值统计

河名	站名	开始时间（月-日 T 时:分）	结束时间（月-日 T 时:分）	历时/h	次洪水量/亿 m^3	洪峰流量/（m^3/s）	出现时间（月-日 T 时:分）
伊河	栾川	09-23T22:00	09-27T00:00	74	0.21	664	09-24T23:48
		09-27T16:00	09-29T18:00	50	0.10	152	09-28T11:42
	潭头	09-24T04:00	09-27T06:00	74	0.52	1 270	09-25T04:06
		09-27T22:00	09-30T00:00	50	0.34	460	09-28T16:00
	东湾	09-24T08:00	09-27T10:00	74	0.98	1 560	09-25T07:24
		09-28T02:00	09-30T04:00	50	0.89	1 040	09-28T18:36
	陆浑坝下	09-24T08:00	10-02T04:00	188	1.71	511	09-25T09:42
	龙门镇	09-24T14:00	10-02T10:00	188	2.40	576	09-25T17:00
洛河	灵口	09-24T00:00	09-27T00:00	72	1.29	1 380	09-25T09:54
		09-27T18:00	09-30T10:00	64	1.18	1 200	09-28T13:00
	河口街	09-24T02:00	09-27T02:00	72	1.41	1 440	09-25T12:00
		09-27T20:00	09-30T12:00	64	1.60	1 710	09-28T14:00
	卢氏	09-24T08:00	09-27T08:00	72	1.60	1 380	09-25T17:00
		09-28T02:00	09-30T18:00	64	1.87	1 750	09-28T16:48
	故县出库	09-24T04:00	10-02T00:00	188	4.5	1 000	
	长水	09-24T08:00	10-02T04:00	188	3.78	985	09-25T14:48
						1 160	09-28T09:00
	宜阳	09-24T16:00	10-02T12:00	188	4.96	1 050	09-26T18:42
						1 950	09-28T15:24
	白马寺	09-25T00:00	10-02T20:00	188	5.80	1 200	09-26T18:00
						2 390	09-28T21:00
合计					8.20		
伊洛河	黑石关	09-25T08:00	10-03T04:00	188	7.80	1 570	09-27T06:30
						2 220	09-29T05:30

2.2.5.6　沁河洪水

沁河洪水主要来源为沁河上中游。沁河飞岭站 9 月 27 日 0 时洪峰流量 263 m^3/s，润城站 26 日 11 时洪峰流量 1 520 m^3/s。支流获泽河坪头站 26 日 12 时洪峰流量 483 m^3/s，沁河山里泉站26日13时42分洪峰流量2 210 m³/s。经河口村水库调蓄后,五龙口站27日0时洪峰流量1 860 m³/s。同时支流丹河山路平站26日11时36分洪峰流量285 m³/s。沁河干支流洪水汇合后,沁河武陟站27日15时18分洪峰流量2 000 m³/s,1 000 m³/s以上流量持续54 h。五龙口、武陟站均为1982年以来最大洪水。

沁河润城站来水量3.71亿m³,山里泉站来水量5.97亿m³,五龙口站来水量5.86亿m³;支流丹河山路平站来水量1.01亿m³;武陟站来水量7.23亿m³。五龙口、山路平站来水量分别占武陟站来水量的81.1%、14%,见表2.2-27。

表2.2-27　秋汛第5次洪水沁河主要站特征值统计

河名	站名	开始时间(月-日T时:分)	结束时间(月-日T时:分)	历时/h	次洪水量/亿m³	洪峰流量/(m³/s)	出现时间(月-日T时:分)
沁河	飞岭	09-24T08:00	10-03T08:00	216	1.19	263	09-27T00:00
沁河	润城	09-24T06:00	10-03T06:00	216	3.71	1 520	09-26T11:00
获泽河	坪头	09-24T06:00	10-03T06:00	216	0.55	483	09-26T12:00
润城+坪头					4.26		
沁河	山里泉	09-24T08:00	10-03T08:00	216	5.97	2 210	09-26T13:42
沁河	五龙口	09-24T20:00	10-03T20:00	216	5.86	1 860	09-27T00:00
丹河	山路平	09-24T08:00	10-03T08:00	216	1.01	285	09-26T11:36
五龙口+山路平					6.87		
沁河	武陟	09-25T08:00	10-04T08:00	216	7.23	2 000	09-27T15:18

2.2.5.7　黄河小浪底至花园口区间洪水

伊洛河和沁河洪水与小浪底和西霞院水库联合调度后洪水过程汇合后,加上小花干流区间来水,花园口站9月27日21时流量达到4 020 m³/s,形成黄河2021年第2号洪水。

为了避免与伊洛河和沁河洪峰遭遇,小浪底水库推迟到29日逐渐加大下泄流量至3 000~4 000 m³/s。之后小浪底、陆浑、故县、河口村4座水库联合调度,黄河下游一直维持较大流量过程,花园口站28日13时24分最大流量5 220 m³/s,见表2.2-28。

表2.2-28　黄河2021年第2号洪水特征值统计

河名	站名	洪峰流量/(m³/s)	出现时间(月-日T时:分)
黄河	西霞院	1 700	09-27T22:12
伊洛河	黑石关	2 220	09-29T05:30
沁河	武陟	2 000	09-27T15:18
黄河	花园口	5 220	09-28T13:24

注:西霞院、花园口特征值为编号时间附近最大值,后续小浪底水库加大下泄期间流量值未计入。

本次洪水期间，三门峡站次洪水量 35.61 亿 m^3，加上三门峡至小浪底区间各支流来水（小浪底水库入库）合计次洪水量 36.76 亿 m^3。

2.2.5.8　金堤河洪水

濮阳站 9 月 26 日 9 时 30 分洪峰流量 140 m^3/s，为 1964 年有实测资料以来年极值系列第 11 位，也是 2000 年以来最大洪水。范县站 9 月 28 日 4 时洪峰流量 280 m^3/s，为 1968 年有实测资料以来年极值系列第 4 位，也是 2010 年以来最大洪水；同时，范县站 9 月 28 日 23 时水位 47.38 m，为 1968 年有实测资料以来最高，超警戒水位（45.00 m）2.38 m。濮阳和范县站次洪水量分别为 0.645 亿 m^3、1.89 亿 m^3，见表 2.2-29。

表 2.2-29　秋汛第 5 次洪水金堤河主要站特征值统计

站名	开始时间（月-日 T 时:分）	结束时间（月-日 T 时:分）	次洪水量/亿 m^3	占比/%	洪峰流量/（m^3/s）	出现时间（月-日 T 时:分）	峰现时间差/d
濮阳	09-24T08:00	10-08T08:00	0.645	34.1	140	09-26T09:30	
范县	09-25T08:00	10-09T08:00	1.89		280	09-28T04:00	1.8

2.2.5.9　大汶河洪水

大汶河北望站 9 月 26 日 18 时 44 分洪峰流量 1 130 m^3/s，柴汶河楼德站 9 月 26 日 22 时最大流量 301 m^3/s。干支流来水汇合后，大汶河大汶口站 9 月 27 日 0 时洪峰流量 1 300 m^3/s，戴村坝站 9 月 27 日 10 时 18 分洪峰流量 1 330 m^3/s。

本次洪水历时 168 h，戴村坝站次洪水量为 3.43 亿 m^3，见表 2.2-30。

表 2.2-30　秋汛第 5 次洪水大汶河主要站特征值统计

站名	开始时间（月-日 T 时:分）	结束时间（月-日 T 时:分）	次洪水量/亿 m^3	占比/%	洪峰流量/（m^3/s）	出现时间（月-日 T 时:分）
莱芜	09-24T08:00	10-01T08:00	0.426		148	09-26T17:00
北望	09-24T08:00	10-01T08:00	2.49		1 130	09-26T18:44
楼德	09-24T08:00	10-01T08:00	0.554		301	09-26T22:00
大汶口	09-25T08:00	10-02T08:00	3.40	99.1	1 300	09-27T00:00
戴村坝	09-25T08:00	10-02T08:00	3.43	100	1 330	09-27T10:18

2.2.6　第 6 次洪水（黄河 2021 年第 3 号洪水）

受 10 月 3—5 日降雨影响，黄河山陕区间吴堡至龙门区间、泾渭河、北洛河、汾河、沁河普遍涨水，潼关站 10 月 5 日 23 时流量 5 090 m^3/s，黄河 2021 年第 3 号洪水形成。受干支流来水共同影响，潼关站 7 日 7 时 36 分洪峰流量 8 360 m^3/s，为 1979 年以来最大流量（1979 年 8 月 12 日为 11 100 m^3/s）；汾河河津站 9 日 8 时 24 分洪峰流量 985 m^3/s，为 1964 年以来最大流量（1964 年 9 月 14 日为 1 060 m^3/s）；北洛河洑头站 7 日 7 时洪峰流量 1 580 m^3/s，为 1999 年以来最大流量（1999 年 7 月 14 日为 1 770 m^3/s）。沁河孔家坡 6 日 8 时 48 分洪峰流量 1 090 m^3/s（1993 年 8 月 4 日为 2 210 m^3/s）、飞岭站 6 日 16 时 5 分最大流量 1 190 m^3/s（1993 年 8 月 5 日为 2 160 m^3/s），均为 1993 年以来最大流量。

2.2.6.1　黄河吴堡至龙门区间洪水

三川河后大成站 4 日 14 时 42 分洪峰流量 118 m^3/s；无定河白家川站 6 日 0 时 12 分洪峰流量 105 m^3/s；清涧河延川站 5 日 21 时 6 分洪峰流量 132 m^3/s，5 日 22 时 2 分最大含沙量 35.7 kg/m^3；昕水河大宁站 6 日 7 时洪峰流量 610 m^3/s，6 日 7 时最大含沙量 252 kg/m^3；延水甘谷驿站 5 日 19 时 12 分洪峰流量 257 m^3/s，4 日 17 时最大含沙量 23.2 kg/m^3；汾川河新市河站 6 日 1 时 12 分洪峰流量 222 m^3/s，6 日 2 时 30 分最大含沙量 235 kg/m^3；仕望川大村站 6 日 14 时 6 分洪峰流量 157 m^3/s，6 日 18 时 24 分最大含沙量 57.1 kg/m^3。上述支流洪水与吴堡站以上干流来水汇合后，龙门站 6 日 10 时洪峰流量 3 220 m^3/s，见表 2.2-31。

表 2.2-31　秋汛第 6 次洪水吴堡至龙门区间各主要站洪水特征值统计

河流	站名	洪峰流量/(m^3/s)	出现时间(月-日 T 时:分)	最大含沙量/(kg/m^3)	出现时间(月-日 T 时:分)
黄河	吴堡	1 110	10-08T14:00		
三川河	后大成	118	10-04T14:42		
无定河	白家川	105	10-06T00:12		
清涧河	延川	132	10-05T21:06	35.7	10-05T22:00
昕水河	大宁	610	10-06T07:00	252	10-06T07:00
延水	甘谷驿	257	10-05T19:12	23.2	10-04T17:00
汾川河	新市河	222	10-06T01:12	235	10-06T02:30
仕望川	大村	157	10-06T14:06	57.1	10-06T18:42
黄河	龙门	3 220	10-06T10:00	71	10-06T20:00

龙门站次洪水量为 9.91 亿 m^3。吴堡站、区间各支流合计、未控区次洪水量分别为 4.92 亿 m^3、3.00 亿 m^3、1.99 亿 m^3，各占龙门站洪量的 50%、30%、20%。

此次洪水过程龙门站输沙量为 977.85 万 t，昕水河大宁站输沙量为 599.86 万 t，汾川河新市河站输沙量为 241.04 万 t，分别占龙门站的 61.3%、24.6%；龙门以上干支流总输沙量为 989.51 万 t，该河段基本无冲淤，见表 2.2-32。

表 2.2-32　秋汛第 6 次洪水吴堡至龙门区间各主要站水沙量统计

河名	站名	开始时间(月-日 T 时:分)	结束时间(月-日 T 时:分)	次洪水量/亿 m^3	输沙量/万 t
黄河	吴堡	10-03T08:00	10-10T08:00	4.92	0
三川河	后大成	10-03T10:00	10-10T10:00	0.29	0
清涧河	延川	10-04T06:00	10-08T08:00	0.18	12.02
昕水河	大宁	10-03T08:00	10-10T08:00	1	599.86
延水	甘谷驿	10-04T06:00	10-09T08:00	0.47	66.67
汾川河	新市河	10-03T20:00	10-09T08:00	0.35	241.04
仕望川	大村	10-03T10:00	10-10T08:00	0.4	69.92
无定河	白家川	10-03T10:00	10-09T08:00	0.31	0
黄河	龙门	10-04T08:00	10-11T08:00	9.91	977.85

2.2.6.2　泾渭河洪水

相对于前 5 次洪水,第 6 次泾渭河洪水属流域性洪水过程,洪水历时长达 12.5 d。

渭河上游:干流北道站 10 月 7 日 6 时 36 分洪峰流量 128 m^3/s,拓石站连续出现 4 次洪峰,最大洪峰流量为 4 日 1 时 36 分的 754 m^3/s。

林家村至魏家堡区间:渭河林家村站 4 日 3 时 10 分洪峰流量 950 m^3/s;支流千河千阳站 3 日 16 时 40 分洪峰流量 1 960 m^3/s(2010 年以来最大,历史第二位),经千河冯家山、王家崖 2 座水库调蓄后,王家崖水库最大出库流量 602 m^3/s;支流石头河水库 5 日 12 时最大入库流量 615 m^3/s,经调蓄后最大出库流量 377 m^3/s;干支流及区间来水汇合后,魏家堡站 5 日 1 时 42 分洪峰流量 3 020 m^3/s。

魏家堡至咸阳区间:支流黑河陈河站 5 日 14 时 48 分洪峰流量 1 210 m^3/s,经金盆水库调蓄后,黑河黑峪口站 4 日 21 时 17 分最大流量 866 m^3/s;支流涝河涝峪口站 4 日 23 时 56 分洪峰流量 150 m^3/s;洪水演进至咸阳站,5 日 12 时 42 分洪峰流量 4 020 m^3/s。

咸阳至临潼区间:支流沣河秦渡镇站 5 日 2 时 5 分洪峰流量 242 m^3/s,灞河马渡王站 7 日 1 时最大流量 102 m^3/s。

泾河:支流马莲河雨落坪站 6 日 11 时 6 分洪峰流量 372 m^3/s,泾河二级支流达溪河灵台站 3 日 22 时 10 分洪峰流量 554 m^3/s。泾河干流与马莲河及其他支流洪水汇合后,泾河景村站 6 日 20 时 35 分洪峰流量 991 m^3/s,张家山站 6 日 8 时 45 分洪峰流量 1 150 m^3/s,桃园站 7 日 5 时洪峰流量 1 160 m^3/s。

泾渭河干支流洪水汇合后,渭河临潼站 7 日 8 时洪峰流量 4 810 m^3/s,华县站 8 日 8 时 30 分洪峰流量为 4 540 m^3/s。洪水在演进过程中临潼以下河段严重漫滩。

本次洪水林家村以上来水 4.25 亿 m^3,魏家堡、咸阳站次洪水量分别为 11.76 亿 m^3、14.69 亿 m^3,泾河桃园以上来水 5.49 亿 m^3,临潼、华县站次洪水量分别达 22.86 亿 m^3 和 23.05 亿 m^3。林家村以上、林家村至魏家堡、咸阳和桃园至临潼区间次洪水量最大,分别占华县站的 18.4%、32.6%和 23.8%,其中北道至林家村区间、千河、石头河、黑河、泾河是洪水的主要来源,见表 2.2-33。

表 2.2-33　秋汛第 6 次洪水泾渭河主要站特征值统计

河名	站名	开始时间(月-日 T 时:分)	结束时间(月-日 T 时:分)	历时/h	次洪水量/亿 m^3	洪峰流量/(m^3/s)	出现时间(月-日 T 时:分)
渭河	林家村	10-02T08:00	10-14T20:00	300	4.25	950	10-04T03:10
千河	千阳					1 960	10-03T16:40
千河	王家崖水库	10-02T08:00	10-14T20:00	300	2.29		10-02T09:00
金陵河	县功	10-02T08:00	10-14T20:00	300	0.10		10-03T09:00
清姜河	益门镇	10-02T08:00	10-14T20:00	300	0.36	213	10-05T07:24
清水河	姚家岭	10-02T08:00	10-14T20:00	300	0.29	128	10-05T07:00
石头河	鹦鸽					460	10-05T14:24

续表 2.2-33

河名	站名	起始时间 (月-日 T 时:分)	结束时间 (月-日 T 时:分)	历时/h	次洪水量/ 亿 m^3	洪峰 流量/ (m^3/s)	出现时间 (月-日 T 时:分)
石头河	石头河水库	10-02T08:00	10-14T20:00	300	1.06		10-06T09:00
林+王+县+益+姚+石					8.35		
渭河	魏家堡	10-02T20:00	10-15T08:00	300	11.76	3 020	10-05T01:42
黑河	陈河					1 210	10-05T14:48
黑河	黑峪口	10-02T20:00	10-15T08:00	300	2.31	866	10-04T21:17
田峪河	田峪口	10-02T20:00	10-15T08:00	300	0.09		10-11T09:00
涝河	涝峪口	10-02T20:00	10-15T08:00	300	0.31	150	10-04T23:56
魏+黑+田+涝					14.47		
渭河	咸阳	10-03T08:00	10-15T20:00	300	14.69	4 020	10-05T12:42
沣河	秦渡镇	10-03T00:00	10-15T12:00	300	0.79	242	10-05T02:05
潏河	高桥	10-03T00:00	10-15T12:00	300	0.41		
浐河	常家湾	10-03T08:00	10-15T20:00	300	0.67		
灞河	马渡王	10-03T08:00	10-15T20:00	300	0.61	102	10-07T01:00
泾河	桃园	10-03T08:00	10-15T20:00	300	5.49	1 160	10-07T05:00
咸+秦+高+常+马+桃					22.66		
渭河	临潼	10-03T20:00	10-16T08:00	300	22.86	4 810	10-07T08:00
	华县	10-04T08:00	10-16T20:00	300	23.05	4 540	10-08T08:30

2.2.6.3　北洛河洪水

北洛河支流葫芦河张村驿站 10 月 6 日 15 时洪峰流量 462 m^3/s,支流沮河黄陵站 6 日 17 时 8 分洪峰流量 422 m^3/s;干流交口河站 6 日 14 时洪峰流量 499 m^3/s。干支流洪水汇合后,洑头站 7 日 7 时洪峰流量 1 580 m^3/s,南荣华站 8 日 3 时洪峰流量 850 m^3/s。

交口河站次洪水量 1.41 亿 m^3,洑头站次洪水量 4.98 亿 m^3,交口河至洑头站区间加水 3.68 亿 m^3,占洑头水量的 73.9%。洑头以下河段出现严重漫滩,个别堤段发生决口,洪水演进至南荣华洪峰削减近 50%,水量减少 1.58 亿 m^3,见表 2.2-34。

表 2.2-34　秋汛第 6 次洪水北洛河主要站洪水特征值统计

河名	站名	开始时间 (月-日 T 时:分)	结束时间 (月-日 T 时:分)	历时/h	次洪水量 /亿 m^3	洪峰流量 /(m^3/s)	出现时间 (月-日 T 时:分)
葫芦河	张村驿	10-03T04:00	10-15T10:00	294	0.9	462	10-06T15:00
北洛河	交口河	10-03T06:00	10-15T14:00	294	1.41	499	10-06T14:00
沮河	黄陵	10-03T06:00	10-15T14:00	294	1.44	422	10-06T17:08
交+黄					2.85	2.85	
北洛河	洑头	10-03T20:00	10-16T02:00	294	4.98	1 580	10-07T07:00
北洛河	南荣华	10-04T08:00	10-16T14:00	294	3.4	850	10-08T03:00

2.2.6.4　汾河洪水

秋汛第 6 次洪水期间，汾河流域出现一次大流量长历时的洪水过程，历时长达半个月。汾河义棠站 10 月 7 日 20 时洪峰流量 883 m^3/s，为 1996 年以来最大流量；赵城站 6 日 6 时洪峰流量 1 120 m^3/s，柴庄站 7 日 2 时洪峰流量 1 400 m^3/s，为 1966 年以来最大流量；河津站 9 日 8 时 24 分洪峰流量 985 m^3/s，水位 377.94 m，为 1934 年建站后有实测资料年份中最高水位。

次洪水量方面，义棠站 5.25 亿 m^3、赵城站 5.67 亿 m^3、柴庄站 6.55 亿 m^3、河津站次洪水量 6.26 亿 m^3，见表 2.2-35。此次大流量高水位的洪水造成汾河严重漫滩，堤防多处决口和漫溢。

表 2.2-35　秋汛第 6 次洪水汾河主要站特征值统计

站名	开始时间（月-日 T 时:分）	结束时间（月-日 T 时:分）	历时/h	次洪水量/亿 m^3	洪峰流量/(m^3/s)	出现时间（月-日 T 时:分）
义棠	10-03T10:00	10-19T06:00	380	5.25	883	10-07T20:00
赵城	10-03T10:00	10-19T06:00	380	5.67	1 120	10-06T06:00
柴庄	10-03T16:00	10-19T12:00	380	6.55	1 400	10-07T02:00
河津	10-04T08:00	10-20T04:00	380	6.26	985	10-09T08:24

2.2.6.5　黄河潼关、三门峡站洪水

本次洪水为近年来不多见的吴堡至龙门区间、泾渭河、北洛河、汾河 4 个区域同时来水情形。干支流洪水汇合后，潼关站 10 月 5 日 23 时流量 5 090 m^3/s，形成黄河 2021 年第 3 号洪水，7 日 7 时 36 分洪峰流量 8 360 m^3/s。

洪水经过三门峡水库滞洪运用后，三门峡站 5 日 18 时 12 分洪峰流量 5 960 m^3/s，8 日 0 时 24 分最大流量 8 210 m^3/s，6 日 20 时最大含沙量 27.2 kg/m^3。

为减轻小浪底水库及黄河下游防洪压力，三门峡水库 9 日开始防洪运用拦蓄洪水，至 12 日 10 时，共拦蓄洪水 2.612 亿 m^3。

本次洪水潼关站次洪水量 57.58 亿 m^3，其中黄河龙门站次洪水量 16.44 亿 m^3，渭河华县站次洪水量 26.01 亿 m^3，汾河河津站次洪水量 6.577 亿 m^3，北洛河南荣华站次洪水量 3.758 亿 m^3，分别占潼关水量的 28.6%、45.2%、11.4%、6.5%，龙门、华县、河津、洑头至潼关区间来水占潼关水量的 8.3%，见表 2.2-36。

2.2.6.6　沁河洪水

本次沁河洪水主要来自于上游。沁河上游孔家坡站 10 月 6 日 8 时 48 分洪峰流量 1 090 m^3/s，为该站 1993 年以来最大洪水，建站以来排第二位；北崖底站 6 日 11 时 42 分洪峰流量 1 320 m^3/s，为该站 2012 年建站以来最大洪水；飞岭站 6 日 16 时 5 分最大流量 1 190 m^3/s，为该站 1993 年以来最大洪水，建站以来排第二位。经张峰水库调蓄后，润城站 8 日 6 时洪峰流量 996 m^3/s，山里泉站 8 日 6 时洪峰流量 1 090 m^3/s。经河口村水库调蓄后，五龙口站 7 日 19 时最大流量 1 040 m^3/s，武陟站 8 日 18 时洪峰流量 1 260 m^3/s。

表 2.2-36　秋汛第6次洪水龙门至潼关区间干支流主要站洪水特征值统计
（黄河2021年第3号洪水）

河名	站名	开始时间（月-日 T时:分）	结束时间（月-日 T时:分）	历时/h	次洪水量/亿 m^3	占潼关水量比例/%	洪峰流量/(m^3/s)	出现时间（月-日 T时:分）
黄河	龙门	10-03T20:00	10-21T20:00	432	16.44	28.6	3 220	10-06T10:00
渭河	华县	10-04T08:00	10-22T08:00	432	26.01	45.2	4 540	10-08T08:30
汾河	河津	10-03T20:00	10-21T20:00	432	6.577	11.4	985	10-09T08:24
北洛河	洑头	10-03T20:00	10-21T20:00	432	5.316	9.2	1 580	10-07T07:00
	南荣华	10-04T08:00	10-22T08:00	432	3.758	6.5	850	10-08T03:00
黄河	龙+华+河+南				52.79	91.7		
黄河	潼关	10-04T20:00	10-22T20:00	432	57.58	100.0	8 360	10-07T07:36

次洪水量方面，孔家坡站1.68亿 m^3，飞岭站2.13亿 m^3，山里泉站4.01亿 m^3，五龙口站3.76亿 m^3，武陟站4.09亿 m^3，见表2.2-37。

表 2.2-37　秋汛第6次洪水沁河主要站特征值统计

河名	站名	开始时间（月-日 T时:分）	结束时间（月-日 T时:分）	历时/h	次洪水量/亿 m^3	洪峰流量/(m^3/s)	出现时间（月-日 T时:分）
沁河	孔家坡	10-03T08:00	10-11T08:00	192	1.68	1 090	10-06T08:48
沁河	北崖底	10-03T08:00	10-11T08:00	192	2.03	1 320	10-06T11:42
沁河	飞岭	10-04T20:00	10-12T20:00	192	2.13	1 190	10-06T16:05
沁河	张峰入库	10-05T08:00	10-13T08:00	192	3.49	1 370	10-07T08:00
	张峰出库	10-05T08:00	10-13T08:00	192	3.29	1 130	10-07T08:00
沁河	润城	10-05T20:00	10-13T20:00	192	2.96	996	10-08T06:00
沁河	山里泉	10-06T00:00	10-14T00:00	192	4.01	1 090	10-08T06:00
沁河	五龙口	10-06T08:00	10-14T08:00	192	3.76	1 040	10-07T19:00
丹河	山路平	10-06T08:00	10-14T08:00	192	0.35	63.5	10-07T08:00
五龙口+山路平					4.11		
沁河	武陟	10-07T00:00	10-15T00:00	192	4.09	1 260	10-08T18:00

2.2.6.7　黄河小浪底以下洪水

继9月27日形成黄河2021年第2号洪水后，小浪底、陆浑、故县、河口村4座水库继续联合调度，以控制黄河下游流量，确保洪水不漫滩。至 10 月 27 日黄委解除黄河中下游水旱灾害防御Ⅳ级应急响应，花园口以下干流一直维持较大流量，其中花园口站流量在 4 000 m^3/s 以上历时达 570 h，流量在 4 800 m^3/s 左右历时约 470 h。

9 月 25 日 8 时至 10 月 26 日 8 时期间，小浪底水库共下泄水量 83.49 亿 m^3，沁河武陟站水量 15.10 亿 m^3，伊洛河黑石关站水量 13.66 亿 m^3，花园口站相应水量 113.44 亿 m^3。西霞院、武陟、黑石关站下泄水量分别占花园口水量的 73.17%、13.31%、12.05%，见表 2.2-38。

表 2.2-38　9 月 25 日至 10 月 26 日秋汛期间小浪底至花园口河段主要站洪水特征值统计

河名	站名	开始时间（月-日 T时:分）	结束时间（月-日 T时:分）	历时/h	次洪水量/亿 m^3	占花园口水量比例/%	洪峰流量/(m^3/s)	出现时间（月-日 T时:分）
黄河	小浪底	09-25T08:00	10-26T08:00	744	83.49		4 550	09-30T14:00
黄河	西霞院	09-25T08:00	10-26T08:00	744	83.00	73.17	4 380	10-13T16:01
沁河	武陟	09-25T08:00	10-26T08:00	744	15.10	13.31	2 000	09-27T15:18
黑石关	黑石关	09-25T08:00	10-26T08:00	744	13.66	12.04	2 220	09-29T05:30
西+黑+武					111.77			
黄河	花园口	09-26T08:00	10-27T08:00	744	113.44	100.00	5 220	09-28T13:24

2021 年秋汛黄河干支流主要站洪水过程线如图 2.2-2～图 2.2-9 所示。

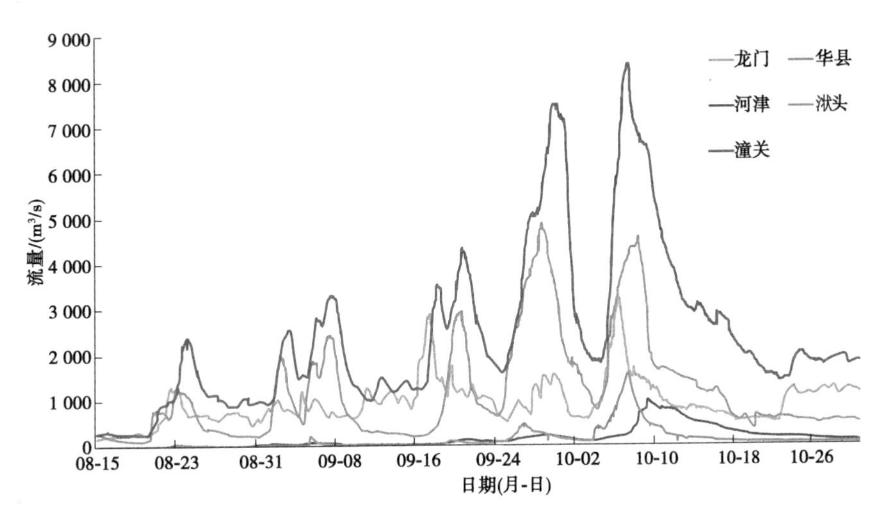

图 2.2-2　2021 年秋汛黄河龙潼区间主要干支流站洪水过程线

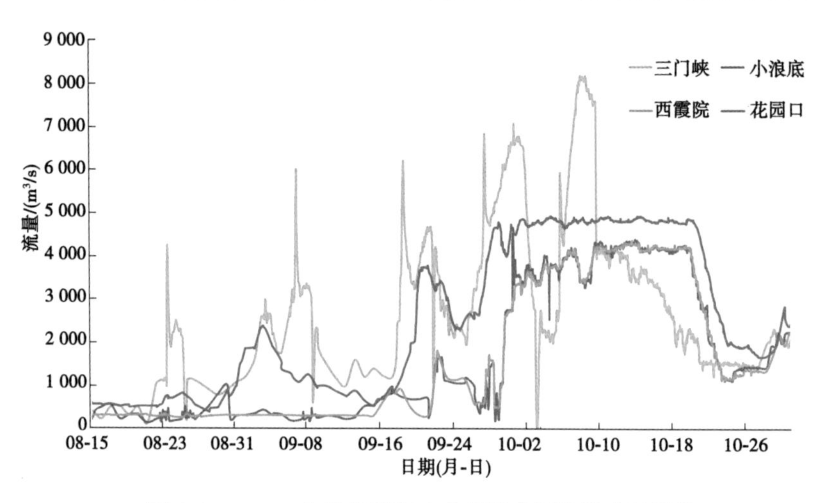

图 2.2-3　2021 年秋汛黄河三花干流主要站洪水过程线

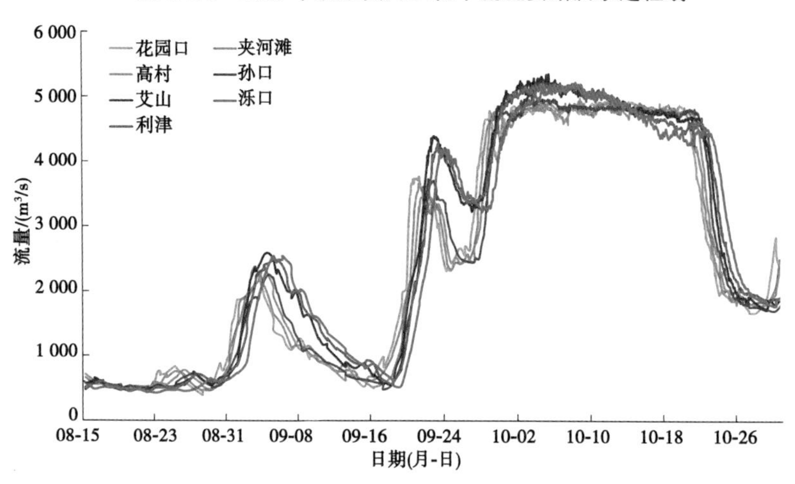

图 2.2-4　2021 年秋汛黄河下游主要站洪水过程线

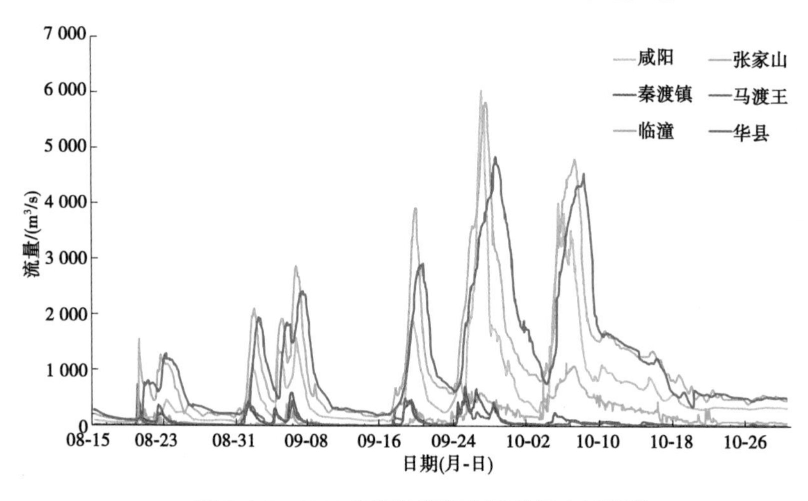

图 2.2-5　2021 年秋汛渭河主要站洪水过程线

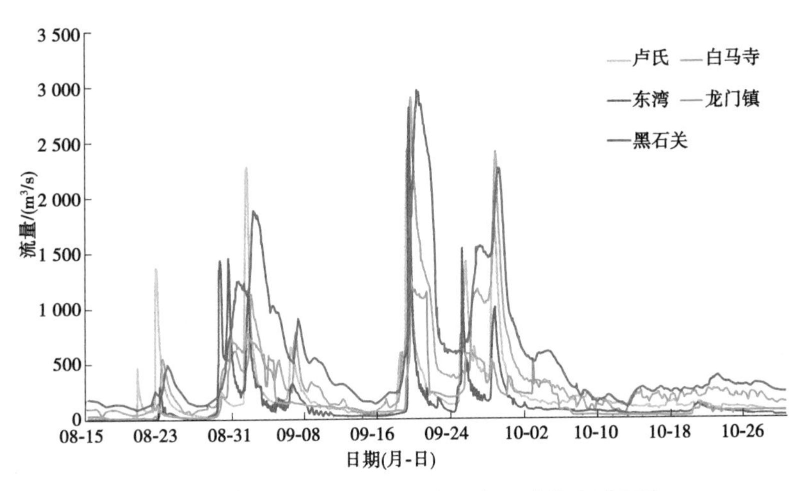

图2.2-6　2021年秋汛伊洛河主要站洪水过程线

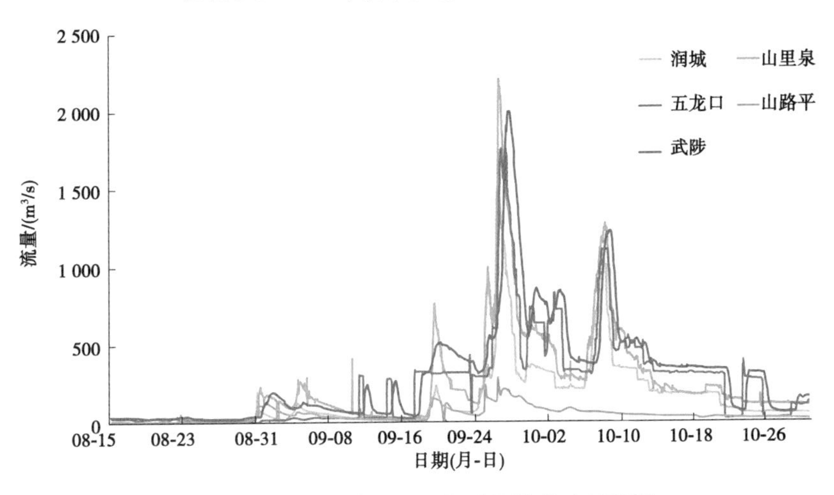

图2.2-7　2021年秋汛沁河主要站洪水过程线

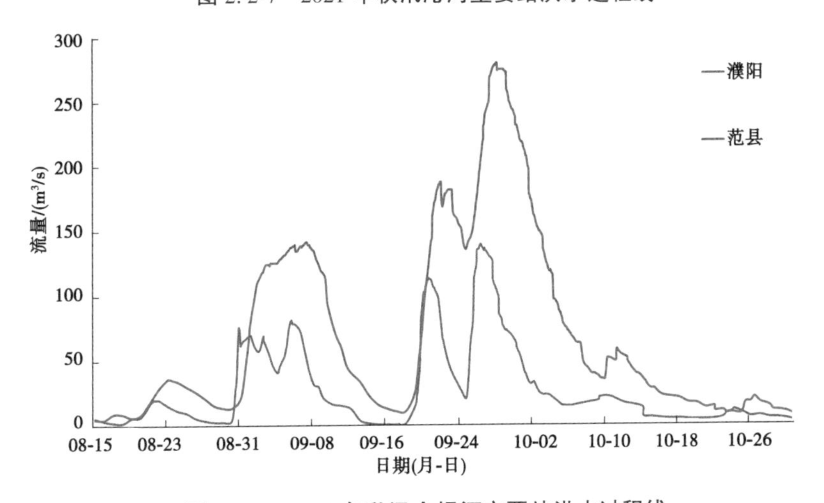

图2.2-8　2021年秋汛金堤河主要站洪水过程线

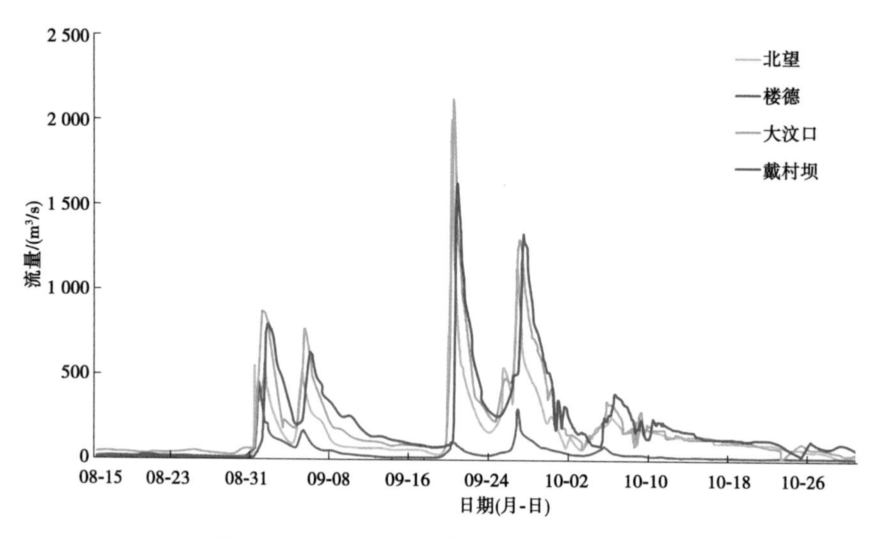

图 2.2-9　2021 年秋汛大汶河主要站洪水过程线

2.3　秋汛特点

(1)降雨历时长、雨量大、笼罩范围广、雨区重叠度高。

根据国家气候中心监测,2021 年“华西秋雨”于 8 月 23 日开始,较常年偏早 17 d。黄河中游地区自 8 月下旬开始,发生多次强降水过程,并持续至 10 月上旬结束,时间长达近 50 d。秋雨落区覆盖整个黄河中游地区,累积 250 mm 以上降雨笼罩面积达 25.2 万 km^2,累积面雨量 330.2 mm,较常年偏多 1.8 倍,列有资料以来第一位,其中汾河、北洛河、泾河、渭河下游、伊洛河、沁河、三花干流、金堤河、大汶河较常年偏多 2~5 倍不等,山陕区间南部偏多近 1 倍,均列历史第一位。8 月下旬至 10 月上旬,黄河中下游共出现 7 场强降水过程,主要集中在山陕区间南部、汾河、泾渭洛河和三花区间,降雨落区在上述区间高度重叠。

(2)洪水场次多、过程长、洪峰高、水量大。

秋汛期间,渭河、伊洛河、沁河发生 9—10 月历史最大洪水,汾河、北洛河发生 10 月历史最大洪水,渭河华县站、汾河河津站出现历史最高洪水位;渭河华县站、伊河东湾站、洛河卢氏站洪峰流量超 1 000 m^3/s 的洪水过程分别发生 6 次、5 次、6 次;经水库调度作用后,伊洛河黑石关站、沁河武陟站明显洪水过程分别出现 5 次、3 次。9 月下旬至 10 月上旬,9 d 内连续出现 3 次编号洪水,其中黄河潼关站编号 2 次、花园口站编号 1 次。

秋汛洪水期间,1 号洪水潼关站 9 月 29 日洪峰流量 7 480 m^3/s,为 1988 年以来最大流量,3 号洪水潼关站 10 月 7 日洪峰流量 8 360 m^3/s,为 1979 年以来最大流量,潼关站 2 次洪水共历时 28 d,总水量高达 92.9 亿 m^3。经初步还原后,潼关站 2 次洪水洪峰流量分别为 7 950 m^3/s、9 060 m^3/s,花园口站 2 次洪峰流量分别为 12 500 m^3/s、11 000 m^3/s,两站最大 5 d 洪量分别为 44.1 亿 m^3、37.1 亿 m^3,花园口站洪峰流量相当于后汛期 10~30 年一遇,最大 5 d 洪量相当于 20~50 年一遇。

(3)水库蓄水位高。

由于洪水场次多、水量大,造成小浪底、陆浑、故县、河口村及东平湖等水库高水位运行,多座水库出现历史最高或次高蓄水位。10 月 9 日 18 时沁河河口村水库最高水位 279.89 m,20 时黄河小浪底水库最高水位 273.50 m,间隔 2 h,两库均达到建库以来最高水位;洛河故县水库 10 月 12 日最高水位 537.75 m,为建库以来最高水位;伊河陆浑水库 10 月 26 日最高水位 319.36 m,为建库以来第 2 高水位。

(4)进入下游洪水历时长、含沙量低,河道发生显著冲刷。

黄河下游自 9 月 27 日 21 时黄河第 2 号洪水形成至 10 月 21 日 15 时,花园口站流量在 4 000 m^3/s 以上历时达 24 d,其中流量在 4 800 m^3/s 左右历时近 20 d。8 月 20 日至 10 月 31 日进入下游河道水量为 162.69 亿 m^3,沙量 0.260 亿 t,利津站水量 170.87 亿 m^3,沙量 1.123 亿 t。下游共冲刷泥沙 0.913 亿 t,主要集中在高村以上河段,占小浪底至利津河段冲刷量的 92.1%。

2.4 秋汛防御概况

2.4.1 汛前防御准备

2021 年汛前,黄委各级各部门牢固树立“两个坚持、三个转变”防灾减灾救灾新理念,进一步增强责任感、使命感和紧迫感,坚持底线思维,强化风险意识,积极克服疫情影响,及早对防汛抗旱准备工作统筹部署,结合工作实际,着力聚焦补短板、堵漏洞、强弱项,落细落实各项准备措施,大力提高洪旱灾害防范应对能力。

(1)落实以行政首长负责制为核心的各项责任制。

黄委全面落实各项责任制,切实将责任制贯穿到汛前准备、队伍组织、物资储备、工程调度、抢险救灾等各个环节。3 月 18 日,组织召开了 2021 年水旱灾害防御工作视频会议,分析研判黄河水旱灾害防御形势,安排部署 2021 年水旱灾害防御重点工作,明确责任落实、监测预报预警、水工程调度、工程安全度汛和基础保障五大类共 48 项备汛任务,提出了具体工作内容和完成时限。5 月 18 日,组织召开了 2021 年黄河防汛抗旱工作视频会议,贯彻落实全国防汛抗旱电视电话会议精神,回顾总结 2020 年及“十三五”防汛抗旱工作,分析研判“十四五”及 2021 年防汛抗旱形势,全面部署防汛抗旱工作。根据工作变动情况,及时调整了黄河防总领导和成员名单。核定黄委 2021 年防御大洪水委领导分工和职能组设置。

各级全面落实以行政首长负责制为核心的各项防汛责任制,调整防汛抗旱指挥机构和成员单位责任分工,河南、山东共落实沿黄县级以上黄河防汛行政责任人 203 名,并在媒体上公示。河南、山东分别完成沿黄市(县)行政首长业务培训 1 300 名和 4 138 人次,防汛决策指挥水平和突发事件应对处置能力得到提高。各级防汛责任人下沉一线,靠前指挥,形成上下一体、高效协同的防汛指挥体系,确保责任无缝对接,形成防汛整体合力。

(2)修订完善各项方案预案。

开展大中型水库汛限水位以及部分主要控制站防洪特征值核定,明确预警对象及范围。完成黄河水工程防洪能力排查成果的更新完善。以批复的《黄河防御洪水方案》《黄河洪水调度方案》为指导,结合2020年大洪水实战演练及汛期调度暴露出来的问题,组织修订年度黄河中下游洪水调度方案和龙羊峡、刘家峡水库联合防洪调度方案及黄河调水调沙预案,修订完善包括不同类型洪水组合的79种常规调度方案和32种非常规调度方案。组织开展龙羊峡、刘家峡水库及区间调度方式研究,调整龙羊峡水库汛限水位指标。批复黄河干支流11座重点水库汛期调度运用计划。完成黄河、渭河、沁河超标洪水防御预案编制和黄河超标洪水作战图编绘工作。组织开展2021年黄河防洪调度综合演练,针对水文预测预报预警、水工程防洪调度、险情应急处置、应急保障等环节,检验预案实用性和可操作性,提高大洪水应对能力。

组织协调指导各级防指开展防洪预案修订编制和审批报备工作,严格履行报批报备程序。修订洪水调度、工程抢险、滩区迁安、水文测报预报方案预案。

(3)全面做好应急保障准备工作。

防汛队伍:各级河务部门于汛前组织开展专业机动抢险队集中培训和实战演练,传承黄河抢险技术,提高抢险实战能力,河南、山东黄河河务局对14支机动抢险队进行了人员调整,共落实人员940人,开展防汛抢险演练11次,参演人数近3 000人。推进抢险设备资源社会化管理,对周边30 km范围内大型抢险机械设备社会资源进行了调查,提高机动抢险队设备保障能力。汛前河南共落实群防队伍57万人,分层次分批次开展培训拉练,确保群防队伍有名有实。山东组建群众防汛队伍46.89万人,其中企业抢险队110支5 769人、民兵抢险队6 500余人。各级协助人民武装部门对群防队伍黄河防汛抢险培训提供技术支持,指导其开展编抛铅丝笼、捆抛柳石枕、修做反滤围井等多种险情抢护技术培训演练。

清仓查库:黄委各级组织开展了防汛物资清仓查库,对现存防汛料物、设备器材进行了全面清查核实和检修维护,加强料物动态管理,及时将料物储备到位,强化防汛物资调运保障,修订完善物资保障预案,确保关键时刻调得出、用得上。对大型抢险设备社会资源进行调查,督促社会有关单位结合生产、经营,积极储备防汛抢险所需物资和设备,满足大洪水抢险需要。汛前共落实防汛石料328.87万m^3、铅丝1 701.3 t、麻绳799.28 t、帐篷361顶、砂石料1.37万m^3,总价值6.2亿元。

监测预报预警:按照防御大洪水要求,修订完成了国家重要水文站年度测洪及报汛方案、黄河洪水预报预案。完成了过去50年三花间暴雨过程对应的大气环流形势场分析,研究暴雨形成机制,改进降雨预报模型。完善了黄河中下游洪水演进预报模型,努力实现汛期降雨径流一体预报,开展小花间监测预报预警研究和建设,进一步提高预报精度,延长洪水预见期。进一步完善相关制度办法,理顺水情预警发布渠道。5月中旬组织开展了贴近实际的应急测报演练,持续提升黄河水文应急监测综合能力。

滩区迁安救护:黄委督促河南、山东两省修订完善滩区、蓄滞洪区运用预案,落实迁安预警发布机制,完善迁安预警发布渠道和办法。指导晋陕豫鲁等地组织制订滩区、蓄滞洪区迁安救护救灾应急演练方案。组织有关单位更新完善黄河下游滩区洪水风险图系统,强化洪水风险图编制成果在预案编制、迁安预警等方面的推广应用。动态掌握滩区、库区、蓄滞洪区经济、社会情况,为运用补偿及核查工作做好准备。更新完善黄河下游滩区迁安预警微信平台,及时发布预警信息,确保人员安全。

河南、山东两省督促有迁安任务的县(市、区)防指完成滩区群众迁安救护演练;完善各级迁安救护指挥机构,明确相关部门在滩区迁安救护中的职责,落实迁安救生队伍、迁移安置物资,做好群众迁移的各项准备工作;按照"村对村、户对户"的方式对转移安置人员建档立卡,及时更新补发滩区迁安救护"明白卡";加强与当地通信部门和移动、联通、电信三大运营商的沟通联系,确保一旦出现洪水,能及时把预警信息发布至滩区群众和流动人口;督促滩内企业制订撤退方案。

河道清障:河南充分利用河长制平台实施"清河行动",查处水事违法行为 306 起,清除违章建筑和阻水片林 83 万 m^2。山东以河湖长制为平台,助力推进河湖"清四乱",汛前现场查处或制止违法行为 343 次,清除违章种植 46 460 株,拆除违章建筑 4.62 万 m^2。陕西开展黄河渭河干流辖区段河道清障专项检查和渭南市河道"清四乱、清障"大检查。山西各地河长办加大河道巡查力度,按照"谁设障、谁清除"的原则,清除了河道内行洪障碍,确保汛期河道行洪畅通。

2.4.2　汛期防御行动

(1)未雨绸缪提早安排。

进入汛期,全国天气形势复杂多变。受此影响,7 月 11 日,黄河支流沁河发生 1997 年以来最大洪水,沁河下游滩区普遍漫滩,防洪工程受损严重;河南郑州发生"7·20"特大暴雨,黄河中游干支流也相继出现较大洪水过程。7 月 21 日,中共中央总书记习近平就防汛救灾工作做出重要指示批示,国务院总理李克强等国务院领导同志做出有关批示,国务院总理李克强、国务委员王勇赴郑州等一线检查指导抗洪救灾工作,水利部部长李国英召开由相关流域参加的防汛视频会商会,安排部署防汛抗洪工作。根据预测,2021 年黄河秋汛发生的可能性较大,为此黄委高度重视,不敢有丝毫懈怠,主汛期过后仍继续密切监视天气变化,加强与水利部信息中心、黄河流域气象中心等单位联系沟通,强化天气、雨水情的会商研判,落实秋汛洪水防御各项措施,切实做到未雨绸缪、备汛不止。

(2)多措并举落实秋汛防御措施。

7 月下旬至 8 月初,利用洪水间隙,开展郑州"7·20"特大暴雨移植分析,落细落实防范措施,做好迎战大洪水甚至是超标准洪水的各项准备。努力克服土地泥泞、取土困难等不利因素,8 月底全面完成 8 000 余处雨毁工程修复任务,工程抗洪能力得到恢复。开展沁河等实地调研查勘,复盘分析"7·11"洪水的降雨产流、河道演进情况,完善降雨预报和黄河中下游洪水演进预报模型,进一步提高预报精度,延长洪水预见期。提前组织专业技术人员,梳理历史秋汛典型洪水,针对秋汛洪水洪峰小、洪量大、持续时间长的特点,以及中游干支流水库仍有较大防洪库容的实际情况,确定了加强中长期预测预报,充分利用黄河中下游防洪工程体系中的"上拦"工程蓄泄兼筹,确保黄河下游滩区不漫滩,保障滩区人民群众生命财产安全,同时避免进入下游河道洪水漫滩发生串沟顺堤行洪、危及黄河大堤安全的秋汛洪水防御方案。

(3)强化预测预报预警和会商部署。

汛期,黄委密切监视流域天气形势变化,坚持每日会商,针对每一轮强降雨过程,超前部署落实各项防御措施。秋汛期间，面对复杂多变的天气形势和接踵而至的洪水，滚动分析研判雨情、水情、工情，跟踪监测洪水演进，开展洪水常态化预报 2 806 站次，滚动发布重要天气预报通报、降水预报和洪水预报共 477 期，洪水预警 17 期，接收雨水情信息 1400 余万份，为防汛决策部署和水库调度提供重要参考。密集召开会商会，提前向流域省区通报汛情，进一步部署水工程调度、工程巡查防守、涉水安全管理等工作。8 月 21 日黄委启动黄河中下游水旱灾害防御Ⅲ级响应，积极应对台风“奥麦斯”。9 月 27 日及时启动黄委水旱灾害Ⅳ级响应，之后提升至Ⅲ级，全力迎战秋汛洪水。中共河南省委书记楼阳生、山东省委书记李干杰，河南省省长王凯、山东省代省长周乃翔等省委、省政府主要负责同志多次主持召开会商会议，专题安排部署秋汛洪水防御工作，并多次赴防汛一线检查指导。水利部部长李国英多次主持召开防汛会商会，视频连线黄委，专题研究部署黄河防汛抗洪工作，亲自带队到河南、山东检查指导黄河下游秋汛防御工作。黄委主任汪安南突击检查工程巡查防守和水文测报工作，推动了秋汛防御工作有力有序开展。

10 月 5 日，在秋汛防御最关键时期，首次召开由黄河防总总指挥王凯主持，晋陕豫鲁四省黄河防总副总指挥参加的黄河防总汛期防汛会商会，要求树牢“一盘棋”思想，强化统一指挥调度，逐级压紧压实防汛责任。秋汛期间，黄委共派出各类工作组 78 组 260 人次，赴流域各地指导洪水防御和抗洪抢险工作。晋陕豫防指开展小浪底、三门峡、故县、陆浑和河口村等水库大坝监测，库周滑坡、坍塌等地质灾害监测调查，提前完善受威胁人员转移预案，做好水库高水位运用各项准备。

（4）精准调度水工程。

秋汛关键期，黄委按照水利部提出的“系统、统筹、科学、安全”的黄河秋汛洪水防御原则，逐时段滚动预演水库调度与河道排洪过程，优化干支流水库控泄调度方案。组织专班，下足“绣花”功夫，“一流量、一立方库容、一厘米水位”精准实施干支流水库群联合调度，充分发挥水库、蓄滞洪区和河道调度空间，小浪底、故县和河口村水库水位创历史最高运用水位，陆浑水库接近正常蓄水位。做好东平湖洪水“拦、蓄、送、排”，精准控制金堤河、天然文岩渠向黄河的排水，统筹兼顾算好水账，确保黄河下游不漫滩，并尽可能减少东平湖水位上升幅度。压减上游刘家峡水库出库流量，利用黄河中游万家寨水库、沁河张峰水库拦蓄上游基流，两次将花园口站超 10 000 m^3/s 天然洪峰流量削减至 4 800 m^3/s 左右，小浪底水库最大削峰率 58%，避免了下游滩区 140 万人转移和 399 万亩耕地受淹。

（5）加强工程巡查防守。

面对黄河下游大流量长历时洪水过程，河南、山东两省河务局各级河务部门压实主体责任，超前预判工程情况，坚持把隐患当险情对待，把小险当大险处置，提前预置抢险力量，科学实施预加固措施，不间断开展工程隐患排查，加强对大溜顶冲、“二级悬河”发育严重及工程坝裆等重点工程重点部位防守力量，增派人员实行 24 h 蹲点值守，确保险情早发现、早抢护。河南、山东省委省政府多次组织会商，统筹加强辖区防汛力量，构建了“政府领导、应急统筹、河务支撑、部门协同、联防联控”的黄河巡查抢险新机制，省防指协调各方、强化督导，各成员单位各司其职、团结协作，地方各级行政责任人分片包干，驻守一线坐镇指挥，按照 1∶3落实群防队伍，为靠河工程架设照明线路、配置应急照明车、设置临时值守点，加强偎水生产堤防守，实行 24 h 不间断巡查。秋汛高峰期，共有 3.3 万名党员干部和群众日夜坚守在黄河下游抗洪一线，共投入抢险机械设备 2 722 台套，有效处置下游 276 处工程 3 597 次工程险情，避免了重大险情发生。

(6)强化洪水防御工作指导。

秋汛洪水期间，水利部共派出 10 个工作组在黄河中下游指导控导工程及生产堤的巡查防守、水库调度与安全监测、山洪灾害和淤地坝防御等工作。黄委派出由委领导及正厅级干部带队的 6 个片区督导组，按照分段分片包干原则，开展督导工作，对防汛值守、责任制落实和巡坝查险抢险等情况进行全面检查督查。派出 3 个抢险专家组赴河南、山东，加强险情抢护指导。向小浪底、陆浑、故县、河口村水库派出 7 个专家工作组，督促水库管理单位加强水库高水位运行安全监测和库区巡查，确保水库高水位运用安全。

(7)充分发挥科技支撑力量。

秋汛洪水期间，遥感、无人机、无人船、走航式 ADCP、雷达在线测流、自动报汛系统等先进技术手段在水文测验中得到广泛应用，实现了水文泥沙全要素原型测验，大大降低了人员劳动强度和测验成本，提高了测验效率。利用黄河洪水预报系统，结合预报员丰富的预报经验，完成了绝大多数场次的洪水预报，提高了预报预警的精准度。利用预报调度一体化平台、黄河中下游实时防洪调度系统开展调度方案模拟预演，优化完善水库调度方案，细化水库调度指标。利用卫星遥感影像评估河势变化和灾情损失，利用黄河下游二维水沙数学模型、洪水风险评估系统对下游洪水演进和滩区淹没损失进行分析计算，跟踪下游河势，开展洪水流场原型观测，加强分析与抢险技术指导；加强网络通信和防汛信息系统运行维护，搭建“小鱼易连”云视讯平台，为防汛抗洪一线现场提供视频会商支持。

(8)加强新闻宣传报道。

黄委提前开展防汛宣传组织策划，及时成立防汛宣传工作组，做好汛期应急值班和舆情应对。派出 10 路记者持续跟踪报道。积极对接行业和社会媒体，在水利部网站、中国水利报(网)、人民日报、新华社、光明日报等 100 多家主流媒体刊发黄河秋汛稿件 240 余篇，在央视播发新闻 18 条次。利用黄河报网台及新媒体平台、学习强国等，播发稿件 300 余篇、视频新闻 100 余条、照片 300 余幅。大力宣传黄委贯彻落实习近平总书记对防汛救灾工作重要指示精神的果敢行动，充分挖掘秋汛防御过程中的先进事迹，深度反映当代黄河人增强“四个意识”、做到“两个维护”、捍卫“两个确定”的政治操守和专业精神，以及迎难而上、舍小家顾大局、奋力拼搏、团结奉献的优良作风。

第 3 章　防汛会商部署

防汛会商是全面掌握雨水情发展变化,准确研判汛情险情灾情,有效实施防洪决策部署的关键环节。2021 年黄河秋汛期间,国家防总副总指挥、水利部部长李国英 6 次召开视频会商会,连线黄委,对黄河秋汛防御做出全面部署;黄河防总总指挥、河南省省长王凯在关键时刻主持召开晋陕豫鲁 4 省副总指挥参加的防汛会商会;黄委每日会商,遇重要事件加密会商,共组织召开会商会 122 次。通过会商,滚动分析研判汛情,细化实化预测预报、水库调度和工程巡查防守等应对措施,视情调整水旱灾害防御应急响应,合理部署防汛工作力度,为打赢黄河秋汛防御这场硬仗提供了坚强保障。

3.1　秋汛前期

3.1.1　迎战台风“奥麦斯”

2021 年 8 月中旬,中国气象局、国家气候中心及黄河流域气象中心等多家单位均预测黄河流域可能发生秋汛洪水。8 月下旬,西太平洋副热带高压与西南暖湿气流在黄河中游南部交汇,造成多次强降雨过程,秋汛形势初步显现。8 月 21 日,台风“奥麦斯”出现了显著增强迹象,有可能以东南季风的形式,经过江苏、上海、安徽北部,进入河南境内。8 月 21—22 日,山西至陕西区间、泾河、渭河、三门峡至花园口区间出现强降雨过程,渭河中下游、伊洛河明显涨水,洛河上游卢氏站 8 月 22 日 19 时洪峰流量 1 390 m^3/s,渭河华县站 23 日 8 时洪峰流量 1 200 m^3/s,渭河洪水与干流来水汇合后,干流潼关站 24 日 5 时洪峰流量 2 390 m^3/s。

为确保黄河秋汛安全,8 月下旬至 9 月上旬,水利部根据天气变化形势,多次召开会商会,统筹部署黄河秋汛洪水防御。8 月 21 日上午,李国英主持召开暴雨洪水防御专题视频会(见图 3.1-1),传达了习近平总书记关于防汛救灾工作的重要指示精神和李克强总理在河南考察灾后恢复重建工作期间的重要讲话精神,要求始终把保障人民群众生命财产安全放在第一位,全力实现“人员不伤亡、水库不垮坝、重要堤防不决口、重要基础设施不受冲击”的防御目标,抓细抓实本轮强降雨防范各项工作。水利部副部长刘伟平、河南省副省长武国定、黄委主任汪安南分别发言;水利部信息中心、防御司、水文司及其他有关司局介绍了雨情、水情、汛情、工情和防汛工作开展情况;河南省水利厅、黄委、淮委、海委分别汇报了应对本轮暴雨洪水有关工作开展情况。

黄河防总常务副总指挥、黄委主任汪安南坚持每日会商。8 月 19 日,黄委提前向晋陕豫鲁四省水利厅和黄委所属四省黄河河务局等单位发出《关于做好黄河中下游强降雨防范工作的通知》,全面部署水文测报预报、水库调度、工程防守和督导检查等工作。8 月 21 日晚加密会商,强调:各级防汛部门要坚决克服麻痹思想,按照大洪水工作机制,继续

图 3.1-1　8 月 21 日，水利部部长李国英主持召开视频会商会

做好水文预测预报、水库调度、巡堤查险、应急值守等工作，确保各项防御措施落实到位；要特别关注强降雨期间中小水库、病险水库、淤地坝等工程的安全运行，以及山洪灾害、中小河流洪水防范；要依法依规调度干支流水库，遇洪水拦洪错峰，确保花园口站不出现编号洪水，减轻下游的防洪压力。

8 月 21 日，黄委启动黄河中下游水旱灾害防御Ⅲ级应急响应，向河南、山东派出 8 个强降雨防范工作组，加强防守抢险指导，全面督导巡查防守责任落实。受水利部委派的黄委山西、陕西工作组根据降雨情况，及时调整工作重点和区域，加强暴雨落区内中小水库、淤地坝、中小河流、山洪灾害防御等工作检查指导（见图 3.1-2、图 3.1-3）。黄委水文局加密滚动预报降雨洪水，与黄河流域气象中心对接，第一时间发布预警信息。河南、山东黄河河务局落实 1∶3专群结合的巡堤查险力量，加密工程巡查频次，对险工、控导工程开展 24 h 不间断巡查，尤其加强对前期出险工程、水雨毁工程的巡查抢护，切实备足防汛料物、设备，合理安排防汛队伍。本场洪水经干支流水库拦蓄，最终将进入黄河下游的流量控制在 1 000 m^3/s 以下。

图 3.1-2　水利部山西工作组检查晋城市白水河河道

图3.1-3　水利部陕西工作组检查延安市木场嘴淤地坝

3.1.2　应对9月中旬前秋汛洪水

8月28—30日,黄河干流三门峡至花园口区间、黄河下游再次出现强降雨过程,支流伊河东湾站8月29日洪峰流量1 500 m^3/s,陆浑水库拦蓄了本场洪水过程。经过连续防洪运用,8月底至9月初,小浪底、故县水库水位分别接近后汛期汛限水位248 m、534.3 m,陆浑水库水位超过后汛期汛限水位317.5 m。进入9月,“华西秋雨”明显,黄河中下游接连发生强降雨过程。

8月30日,李国英主持会商会,贯彻落实国务院总理李克强对做好黄河秋汛防御工作的重要批示和国务委员王勇提出的明确要求,进一步安排部署秋汛洪水和台风强降雨防御。汪安南在随后的黄委会商会上强调:一要认真履行岗位职责。各级防汛部门要加强沟通配合,发扬严谨、细致、求真、务实的工作作风,严格落实各项洪水防御措施,全力降低洪水风险和灾害损失,坚决打赢本次秋汛洪水防御攻坚战。二要滚动调算水库调度方案。坚定确保黄河下游滩区安全的调度目标,控制花园口站日均流量不超过4 000 m^3/s,滚动调算水库调度方案,精准调度干支流水库,充分发挥水库拦洪削峰错峰作用。三要依法依规精准调度干支流水库。要按照水库调度规程和年度方案预案,依法依规调度黄河中下游干支流水库,确保水库、下游河道和库区安全。参考水利部信息中心的调度建议,组织分析进一步压减伊河陆浑、洛河故县、沁河河口村水库下泄流量的可行性,为小浪底水库争取更大的调度空间。四要继续加强工程巡查防守和应急处置。河南、山东黄河河务局继续压紧压实主体责任,协调地方政府进一步加强巡查防守和抢险救援力量,严防死守,确保河道工程安全;对可能发生险情的防洪工程进行预加固,并预置抢险队伍、料物、设备;逐坝、逐段落实巡查防守责任制,做到险情早发现、早处置,抢早、抢小。黄河勘测规划设计研究院有限公司(简称黄河设计院)、黄河水利科学研究院(简称黄科院)要加强抢险技术指导,向重点防洪河段和重要水库派驻防汛专家。各工作组要坚守岗位,继续做好各项督导工作。五要做好提升应急响应准备。要按照黄河水旱灾害防御应急预案的有关要求,做好及时提升应急响应等级的各项准备工作。

8 月 30 日 16 时,黄委启动黄河中下游水旱灾害防御Ⅳ级应急响应。黄委加强与河南省水利厅沟通联系,提前安排故县、陆浑水库防洪预泄,适度拦洪削峰,避免下游漫滩,减轻下游防守压力;派出由黄委副主任带队的工作组,督导伊洛河洪水防御和水库防洪调度工作;分别向河口村、故县、陆浑水库及其下游地区派出工作组,督导水库高水位运用情况和伊洛河下游地区洪水防御工作(见图 3.1-4)。汪安南主持会商会后,带队赴伊洛河、沁河现场检查指导工作。洪水发生后,黄委派出三门峡库区、渭河工作组指导洪水防御工作。黄委各有关部门和单位全面排查安全隐患,及时提醒有关地区就中小水库安全、中小河流洪水、山洪灾害防御以及淤地坝安全监管等重点工作,尽早部署防范应对措施,全力保障防洪安全。

图 3.1-4　黄委伊洛河工作组检查伊河东湾站

9 月 8 日 18 时,黄河中下游水旱灾害防御Ⅳ级应急响应终止,转入正常防汛工作状态。黄河仍处于汛期,部分水库高水位运行,干支流河道水位逐步回落,影响防汛安全因素复杂多变,黄委要求充分利用有利时机调度水库,降低干支流水库水位,继续密切监视天气变化,统筹做好后汛期雨情水情预测预报、水库安全度汛、工程巡查防守、淤地坝安全运行、山洪灾害防御等工作,确保黄河安全度汛。

3.2　秋汛关键期

3.2.1　迎战 1 号、2 号洪水

3.2.1.1　洪水来临前周密部署

9 月 18—23 日,黄河支流渭河、伊洛河、沁河和大汶河同时发生较大洪水过程,9 月

20 日渭河华县站洪峰流量 2 780 m^3/s,伊洛河黑石关站洪峰流量 2 950 m^3/s,沁河武陟站洪峰流量 518 m^3/s,大汶河戴村坝洪峰流量 1 630 m^3/s。为控制花园口站流量不超过 4 000 m^3/s,黄河干支流水库尽力拦蓄洪水,洪水过后,小浪底水库水位上涨至 260.65 m,陆浑、故县水库水位在后汛期汛限水位附近,河口村水库水位超过 270 m,东平湖滞洪区老湖水位 42.02 m,超汛限水位 0.30 m。

根据 9 月 24—27 日降雨预报,黄河中下游将持续出现大范围较强降雨过程,雨区与前期高度重叠,预计渭河临潼站洪峰流量将超过 5 000 m^3/s,潼关站将超过 7 000 m^3/s,7 d 洪水量将超过 27 亿 m^3。应对此轮强降雨过程,为保证下游不漫滩,小浪底库水位极有可能超过 270 m,黄河中下游秋汛形势日趋严峻。同时,秋汛以来,渭河连续遭遇洪水过程,渭河秋汛洪水防御面临巨大挑战。

这轮降雨洪水到来之前,水利部、黄委和地方政府均进行了周密部署。

9 月 19 日 10 时,黄委发布黄河中下游汛情蓝色预警,启动黄河中下游水旱灾害防御Ⅳ级应急响应,立即向河南省防汛抗旱指挥部下发《关于伊洛河洪水防御工作的通知》,并派出 3 个工作组,全面督导部署洪水防御各项工作(见图 3.2-1)。

图 3.2-1　9 月 19 日晚,在伊洛夹滩地区,黄委主任汪安南详细检查伊河堤防背河面堤脚情况

9 月 20 日 10 时,山东黄河河务局启动山东黄河水旱灾害防御Ⅳ级响应,发出《关于做好黄河干流、东平湖、金堤河防汛工作的紧急通知》。9 月 21 日 9 时,山东黄河河务局将山东黄河水旱灾害防御应急响应提升至Ⅲ级,派出 2 个黄河防汛督导组。

9 月 22 日,水利部派工作组到西安市临潼区南韩水库,现场指导背水坡局部滑塌险情抢护。9 月 26 日,水利部启动黄河流域防汛Ⅳ级应急响应,并派出多个工作组协助指导黄河洪水防御工作。

9 月 22—26 日,黄委联合调度小浪底、故县、陆浑和河口村水库拦洪错峰削峰,控制下游不出现漫滩洪水。黄委连续召开会商会,安排部署预测预报、水库调度等工作,派出 4 个工作组,分别赴沁河、河口村水库及黄河下游河南段、山东段督导防御工作。黄河防总办公室向晋陕豫鲁四省防指发出了《关于做好黄河、沁河下游洪水防御工作的通知》

《关于进一步做好渭河中下游洪水防御工作的通知》等文件。

9月24日,河南省委书记楼阳生主持召开河南省防汛工作视频会议,深入贯彻习近平总书记关于防汛救灾工作重要指示,强调:一要强化预报预警,严防人员伤亡;二要精准调度指挥,确保水利设施安全;三要做好应急备勤,及时排险除患;四要加强组织领导,坚持靠前指挥。河南省省长王凯做具体部署,指出:一要强化监测预报研判,科学精准指挥调度;二要紧盯重点关键部位,严密防范薄弱环节;三要强化重点时段防范,确保节日安全有序;四要抓住时机抢收抢种,减轻农业灾害损失;五要及时转移安置群众,切实保障基本生活。

9月26日傍晚,山西省防指启动防汛Ⅳ级应急响应,陕西省水利厅将水旱灾害防御应急响应提升至Ⅱ级,涉及渭河和汉江干支流。

3.2.1.2　密集会商确定洪水处理方案

9月27日9时,黄委主任汪安南主持会商会(见图3.2-2)。在听取雨情、水情、工情和防汛工作开展情况汇报后,汪安南强调了五点:一是全河上下要紧急动员起来,切实提高政治站位,坚决贯彻落实习近平总书记关于防汛救灾工作的重要指示精神,贯彻国务院领导同志批示精神,按照水利部具体部署,立足于“防大汛、抢大险、抗大洪、救大灾”,把保障人民群众生命安全放在首位,坚决打赢秋汛防御攻坚战。二是加强水文监测预报预警。三是强化干支流水库联合调度。统筹考虑水库运行安全、库区安全及下游河道行洪安全,按照“控制小浪底库水位不超过270 m、花园口站流量不超过4 500 m^3/s、艾山站流量不超过4 600 m^3/s”的调度目标拦洪错峰。四是确保水库、河道工程运行安全。五是加强流域洪水防御工作指导。自9月27日12时起将黄河中下游水旱灾害防御应急响应提升至Ⅲ级。

图3.2-2　黄委主任汪安南在黄河防汛调度中心主持会商

针对小浪底水库高水位运用库区存在的问题,会后,黄委迅速组织技术力量,逐米排查分析,落实对策措施。督促有关水库管理单位加强水库坝体、泄洪设施及其周边的安全监测,确保水库高水位运行安全。增派由黄委副主任带队的水利部渭河洪水防御工作组,赴渭河中下游督促指导洪水防御工作(见图 3.2-3)。

图 3.2-3　黄委副主任牛玉国在渭河堤防检查指导

9 月 27 日夜间至 28 日凌晨,渭河、伊洛河流域普降中到大雨,局地暴雨,预估 9 月 28 日至 10 月 1 日,5 d 总水量约 31 亿 m^3,如果花园口站流量按 4 700 m^3/s 控制,小浪底库水位将突破历史最高运用水位 270.10 m,有可能达到 272 m,原定的"小浪底库水位不超过 270 m、花园口站流量不超过 4 500 m^3/s"调度目标可能无法实现。9 月 27 日 15 时 48 分,黄河干流潼关站流量 5 070 m^3/s,达到洪水编号标准,为 2021 年黄河中下游第 1 号洪水,21 时花园口站流量 4 020 m^3/s,达到洪水编号标准,为 2021 年黄河中下游第 2 号洪水。

黄河秋汛防御进入关键时期,9 月 27 日,水利部、黄委一天召开 3 次会商会,密切跟踪天气变化,滚动研判汛情,细化实化各项防御措施。

9 月 27 日 19 时,李国英主持会商会(见图 3.2-4),传达贯彻国务院总理李克强、副总理胡春华、国务委员王勇就防秋汛工作做出的批示精神,要求坚决贯彻落实,把秋汛防御工作落到实处,做到三条:一是防汛有关部门和单位取消国庆假期;二是延续主汛期会商机制,至少延续到 10 月中旬;三是毫不松懈地做好"四预"工作。水利部副部长刘伟平和水利部有关司局、黄委有关人员参加。会议指出,黄河防汛形势到了入汛以来最严峻的时刻,不仅是当前,预报 10 月秋雨也将频发,局地强降雨多发。当前和今后一段时间,黄河防汛形势依然严峻。

针对黄河汛情,李国英提出十方面要求:一是根据水旱灾害防御响应机制要求,迅速启动Ⅲ级响应。二是密切滚动预测预报预演预警,连续盯紧这次洪水过程,24 h 值班值守。三是坚持系统、统筹、科学、安全调度洪水,调度方案要做在洪水之前。四是严防死守渭河堤防,渭河大堤没有经受过这么大的洪水考验,形势非常严峻。渭河干流堤防要重点把守,尤其要做好"二华夹槽"(华阴至华县之间的洼地)地区的防守;南山支流堤防要重点把守,堤防标准低,很长时间没有经受过洪水考验;渭河对南山支流的顶托段要重点把

图3.2-4　9月27日19时,水利部部长李国英主持视频会商

守;要落实好受威胁地段群众的撤离预案。五是加强黄河中游淤地坝防守,10月3—6日的降雨区偏北,正好落在淤地坝密集区,要畅通淤地坝泄洪通道;做好垮坝后人员撤离预案,确保不能死人;逐坝落实责任。六是严防病险库垮坝,病险库一律空库运行,逐坝做到畅通溢洪道,逐坝落实防御方案,逐坝落实"三个责任人"。七是三门峡水库在渭河洪水下泄过程中不拦洪,畅通渭河下泄通道,如果要运用三门峡水库,也要等到渭河下游洪水泄完,不能因为三门峡水库拦蓄造成对渭河水流的顶托。八是中游干支流水库(除三门峡以外)投入拦蓄运用,小浪底水库尽力拦蓄,但不能超过270 m;陆浑、故县、河口村水库拦蓄至设计蓄洪水位或移民限制水位;密切关注水库坝体安全,险情要抢早抢小;逐坝逐岗落实责任人。九是控制花园口站流量不超过4 500 m^3/s,最多不超过4 700 m^3/s。要及时发布编号洪水;严加防守河势控导工程,确保控导工程不跑坝、河势不改变;做好滩区可能受洪水威胁群众的撤离方案;落实坝段防守责任,做到逐坝落实、全线压上,预置抢险力量、设备、料物。十是做好局地强降雨下的山洪灾害防御。做好预报,及时通报;人员撤离方案要做在前面;落实网格化责任。

会后,水利部启动水旱灾害Ⅲ级应急响应,增派3个工作组,分赴渭河、黄河下游、小浪底水库进行防汛督导。

水利部会商会结束后,汪安南随即主持黄委会商会(见图3.2-5),除驻郑单位负责人外,还视频连线山东黄河河务局,就落实李国英的具体要求提出明确意见。

9月27日,黄河防总副总指挥、河南省副省长武国定主持召开河南省防汛视频调度会,安排部署新一轮强降雨防范应对工作,强调要认清严峻形势,突出防范重点,及早转移人员,提前预置力量,严格落实责任。

9月28日9时,汪安南主持会商会,要求全体动员,按大洪水工作机制落实责任,全面加强黄河下游河道防守,确保万无一失。会商前,黄委派出2支由黄委副主任带队的工作组赶赴黄河下游督导防汛工作。会商后,汪安南赴渭河下游检查指导洪水防御工作

图 3.2-5　水利部会商结束后黄委进一步分析研判汛情

(见图 3.2-6、图 3.2-7)。1 号、2 号洪水出现后,黄河防总办公室相继发出《关于迎战黄河第 1 号洪水的通知》《关于迎战黄河第 2 号洪水的通知》《关于做好小浪底水库水位 270 米以上运用库区相关安全防范工作的通知》等文件,并向黄河防总总指挥、河南省省长王凯呈报了《关于近期黄河洪水防御工作情况的报告》。

图 3.2-6　9 月 28 日,黄委主任汪安南检查渭河华县水文断面

9 月 28 日 15 时 30 分,水利部防御司和信息中心与黄委视频连线,水利部信息中心、黄委水文局分别对未来天气形势和雨水情发展情况进行了分析预测,对预报洪水进行了初步预演,水利部要求黄委预演方案、细化措施,尽快拿出秋汛洪水调度方案。会后,黄委方案组专班立即投入紧张工作,进一步预演洪水过程,调算调度方案(见图 3.2-8)。

9 月 28 日 18 时,黄委再次与水利部视频连线,黄委提出秋汛防御目标和初步方案:在保证下游不漫滩、不跑坝、河势不发生大改变的前提下,控制花园口站流量 4 700 m^3/s

图3.2-7 黄委主任汪安南检查潼河口河段河势

图3.2-8 黄委总工李文学带领工作专班,分析讨论调度方案调算

左右,小浪底水库将超过270 m。20时,水利部副部长刘伟平参加会商(见图3.2-9),在滚动分析、精细调算的基础上,经过水利部和黄委共同商定,确定了《关于近期黄河中下游主要水工程调度意见的报告》(简称《报告》)。会后,黄委将《报告》正式上报水利部。《报告》分析了当前水情,明确了黄河干支流水库联合调度目标和思路:按照控制花园口站流量不超过4 700 m^3/s,确保下游不漫滩为调度目标;联合调度黄河中游干支流水库拦蓄运用,最大限度地挖掘伊河陆浑、洛河故县、沁河河口村水库的防洪运用潜力,最高运用至移民水位或蓄洪限制水位;充分利用万家寨水库拦蓄黄河基流,及时加大小浪底水库下泄流量,尽最大努力缩短小浪底水库270 m以上运用时间。《报告》还进一步提出干支流

水库具体调度意见。《报告》随即得到李国英肯定。

图 3.2-9　9 月 28 日晚，水利部副部长刘伟平主持视频会商，研究确定水库调度方案

9 月 28 日 22 时 30 分，汪安南再次主持召开会商会，按照确定的洪水调度方案，进一步细化措施，部署渭河和黄河下游河道工程防守。会商持续 1 个多小时，接近凌晨。9 月 28 日全天，黄河防总办公室共收到有关洪水防御传真 28 份，发出电报 23 份。

9 月 28 日全天，河南省领导两次检查黄河防汛。上午，河南省副省长周霁到马渡下延 102 坝检查指导防汛工作。下午，黄河防总总指挥、河南省省长王凯，黄河防总副总指挥、河南省副省长武国定到花园口检查（见图 3.2-10），沿大堤查看雨情水情、控导工程运行、险工险段排查等情况，强调各地各部门要坚决克服麻痹思想和松懈情绪，以高度负责精神、有力有效举措，全力以赴保障安全度汛。

图 3.2-10　9 月 28 日，河南省省长王凯在花园口检查防汛工作

9 月 29 日一早，黄委水文局发布预报，自 10 月 3 日起新一轮降雨开始，预计小浪底库水位将进一步上涨，花园口站大流量下泄仍将持续，东平湖泄洪矛盾突出，实现既定目

标压力增大。

9月29日9时,汪安南主持会商会,强调水库调度要做到极致,把风险降到最低,既要体现政治上的坚定,也要体现黄委的专业水平和顽强作风。再次强调这场洪水防御的目标是“不伤亡、不漫滩、不跑坝”,并做好最不利情况的万全准备。河南、山东黄河河务局要认真检视当前工作,确保险情早发现、抢早抢小,要尽快通知小浪底水利枢纽管理中心和河南、山西两省,制订小浪底水库运用至275 m的应急预案,通知下游河南、山东两省,制订花园口站超过5 000 m^3/s运用的滩区群众转移安置预案。

9月29日晚,山东省副省长李猛主持召开山东黄河洪水防御视频调度会(见图3.2-11),现场签发《关于进一步做好当前黄河洪水防御工作的紧急通知》,要求山东各级地方政府落实黄河防总的大洪水防御要求。

图3.2-11　山东省副省长李猛主持召开洪水防御视频调度会

9月29日22时,潼关站出现7 480 m^3/s的洪峰流量,黄河中下游来水不断增加,水利部要求突破原定调度目标,花园口站流量短时可超过4 800 m^3/s,小浪底水库既要精准调度又不能太保守,同时要加强下游防守等。

汪安南在9月30日9时召开的黄委会商会上要求,继续分析水库调度方案和下一场洪水应对措施。要求河南、山东两省进一步加强洪水防御力量,对可能出险的工程和根石不足工程预抛石料加固(见图3.2-12),防止大险;从最不利因素考虑,制订三门峡水库拦洪运用初步方案。

9月30日,黄河防总办公室向河南省防指发出《关于做好洛河故县水库移民水位544.2米防洪运用准备的紧急通知》,向黄河防总总指挥、河南省省长王凯第二次呈报《关于近期黄河洪水防御工作的情况报告》。山东省防指发出《关于进一步做好当前黄河洪水防御工作的通知》,陕西省水利厅发出《关于做好渭河大堤查险工作的紧急通知》,河南省黄河防办发出《关于贯彻落实王凯省长批示全力做好黄沁河洪水防御工作的紧急通知》,河南省防指将黄河防汛Ⅳ级应急响应提高至Ⅲ级,黄河干支流洪水防御工作均进入紧急状态。

图 3.2-12　胜利油田在加固子埝

3.2.1.3　国庆节水利部视频会商

10 月 1 日，国庆假期第一天，黄委职工全员在岗。根据预报，潼关站和花园口站大流量过程还将持续 10 余天，10 月 2—8 日黄河中下游渭河和三门峡至花园口区间将迎来新一轮强降雨，降雨落区与之前高度重叠。由于连续降雨，这些区域下垫面含水量已趋于饱和，相同降雨的产流量将大幅增加。前后两次洪水叠加，预计未来 7 d 洪水量可能达到 40 亿 m^3，其中小浪底以上来水 30 亿 m^3，小浪底至花园口区间来水 10 亿 m^3。此时面临的任务是尽快送走本场洪水，并尽力降低小浪底库水位，为迎接下一场洪水做准备。

10 月 1 日 9 时，李国英主持水利部防汛会商会，视频连线黄委，进一步安排部署黄河秋汛防御工作。他强调，要坚决贯彻习近平总书记关于防汛救灾工作的重要指示，认真落实党中央、国务院的决策部署，按照“系统、统筹、科学、安全”防御原则，下足“绣花”功夫，做好“四预”文章，坚决守住安全底线，坚决打赢防秋汛这场硬仗。

对于如何迎接下一场洪水，李国英强调：一要高度重视、提高警惕、充分准备、全力应对，千万不能松懈，千万不能大意，千万不能轻视；二要密切滚动连续做好“四预”工作；三要控制进入黄河下游的洪水量级；四要进一步加强下游河道防御力量。他要求抓住 10 月 1—4 日洪水还没有传播到小浪底水库的窗口期，尽量下泄水量，为迎接下一场洪水做好准备。会后，水利部派员赴河南指导黄河防汛工作。

10 月 1 日 15 时 30 分，汪安南主持黄委会商会，视频连线山东黄河河务局，通报水库调度方案，要求采取一切措施确保黄河下游安全。一要进一步加强下游工程防守。黄河防汛工作已经到了最紧要关头，各级各单位要坚持底线思维，始终把保障人民群众生命财产安全放在第一位，全力以赴打好秋汛防御这场硬仗。二要统筹安排委机关工作组力量，由前线委领导统一指挥调度，切实履行防汛指导职责。三要按照控制花园口站流量 4 800 m^3/s 左右的目标，滚动调算干支流水库调度方案，加密调度频次，实现干支流水库精准调度，充分发挥水库的拦洪削峰错峰作用。

会后，黄委按照1 h或2 h为时间步长，加密调度频次；河南、山东各级河务部门进一步压实主体责任，逐坝逐段落实责任人，在重点工程和易出险部位提前抛石加固，预置抢险力量，严格落实专群结合的巡查队伍，开展24 h不间断巡查防守，发生险情及时抢护，并提请地方政府做好威胁区群众转移的各项准备。

10月1日，河南省副省长武国定到濮阳张庄闸、白铺护滩、孙楼控导工程等地检查(见图3.2-13)，强调沿黄各市县要坚决落实河南省委、省政府的决策部署，以干部的辛苦指数换取群众的平安幸福指数，全力确保黄河安澜、沿岸人民群众的生命财产安全；河南省副省长顾雪飞到花园口检查惠金黄河防汛工作。

图3.2-13　河南省副省长武国定到濮阳检查指导黄河防汛工作

10月1日，山东省委书记李干杰主持召开山东黄河秋汛洪水防御视频调度会(见图3.2-14)，重点询问浮桥涉水安全管理和东平湖向黄河泄水问题，并从科学精细调度、紧盯险点险段、全力严防死守、强化保障措施等方面提出具体要求；山东省副省长李猛到聊城市金堤河检查指导，要求提前预置防汛物资和抢险设备，对重点易出险工程加大巡查力度，充分利用洪水间歇期，加大金堤河排泄力度，缓解防洪压力，为后期防汛预留空间。

3.2.2　迎战3号洪水

3.2.2.1　下游防守压力日益增大

10月2日12时，小浪底水库达到建库以来最高水位271.18 m，之后库水位开始缓慢回落，为迎接下一场洪水预腾库容，但防汛形势仍不容乐观，且愈加严峻。预计10月5—14日，潼关站来水量约32亿m^3，潼关至小浪底区间来水量约3亿m^3，三门峡至花园口区间来水量约13亿m^3，总水量达到48亿m^3。支流水库按进出库平衡考虑，小浪底水库尽力腾库，在10月5日前可腾出库容不足5亿m^3，必须考虑进一步使用小浪底水库270~275 m的库容。同时，下游河道工程一般险情每天都在增加，长期坚持花园口站下泄4 800 m^3/s的流量，河道工程和滩区防守将非常艰难。

10月2日，黄委调整洪水防御督导组分工，黄河下游防御督导按照分段包干原则设

图 3.2-14　10 月 1 日，山东省委书记李干杰主持视频调度会

置防守区域，对前线 5 位委领导督导范围重新明确，增派 1 个督导组(6 个督导组河南段安排 4 个、山东段安排 2 个)统一指挥各辖区洪水防御调度，确保不打乱仗。黄委 14 个驻郑部门和单位的 326 名干部下沉一线，支援抗洪抢险。

10 月 2 日下午，山东省代省长周乃翔到东平湖调研防汛工作(见图 3.2-15)，并主持召开座谈会，听取东平湖防汛情况汇报，强调要强化预测预报，精准分析黄河、金堤河、大汶河等洪水发展趋势、强度及洪峰过程，及时会商研判、发布预警、启动响应；强化东平湖上游大汶河流域库河联合调度，加强工程巡查防守，及时排查、消除隐患；完善应急预案，落细落实各项应急准备，全力做好东平湖防汛工作。

图 3.2-15　山东省代省长周乃翔到东平湖调研防汛工作

10 月 3 日，山东部分河段洪水位已接近控导工程坝顶，孙口至艾山卡口河段已出现少量漫滩，下游防守压力骤增。同时，金堤河因强降雨引发内涝，大汶河洪水入汇东平湖，

湖水位不断抬高,逼近移民水位,都亟须向黄河干流排泄水量,然而干流河道已无接纳空间。汪安南在当日会商会上强调,黄河秋汛下游防御目标不变,河南、山东黄河河务局要严防死守,防止工程失守;黄委要统筹黄河干流、金堤河和东平湖防洪,强化统一调度,协商两省分时段分流量轮流向黄河泄洪,同时还要采取多种措施分滞洪水,减轻黄河干流防洪压力。

10月3日,水利部派工作组指导山东段防汛工作,黄委派出强降雨防范工作组赴山西省指导淤地坝安全运用和山洪灾害防御工作。

3.2.2.2 部长、省委书记分别主持会商

为迎接新一轮洪水,应对前后两场大洪水叠加的不利局面,10月4日10时,李国英再次主持水利部防汛会商会,视频连线黄委,进一步分析研判黄河秋汛形势,对防御工作进行再部署。

李国英在讲话中首先强调,黄河秋汛防御处在最关键时期,一方面是本场洪水还在演进过程中,完全入海还需要一定时间;另一方面,10月4—5日黄河中游地区还面临一场强度较大的降雨,将迎来新一轮洪水,在黄河秋汛历史上还没有碰到过这样严峻的形势。

他指出,前期工作部署和落实有力有序有效,本场洪水安全总体可控,做到了无人员伤亡、没有出现漫滩、河道工程没有出现重大险情。对下一步工作,他要求做到不松懈、不麻痹、不大意,精准预报、精准调度、精准防御,要像“绣花”似的“一流量、一立方库容、一厘米水位”地预报、调度、防御;进一步强化黄河下游防御措施,做好下游大堤临水段防守、河势控导工程防守、坝裆段防守,精准控制金堤河、天然文岩渠排水,通过拦、蓄、送、排处理东平湖蓄水;黄河防总要协调河南、山东两省加强地方防守力量。对黄河中游的防御措施,李国英强调了水库拦洪、大坝安全、渭河洪水防御等。

视频会后,汪安南继续主持召开黄委会商会,要求坚决贯彻习近平总书记重要指示精神和国务院领导批示精神,落实水利部部长李国英的讲话要求,做到不松懈、不麻痹、不大意,慎之又慎、如履薄冰。他强调,要利用已发生洪水样本资料率定参数和模型,滚动预报雨情、水情,提高预报精度,延长预见期;进一步加大防守力量投入,尽快实施防洪工程加固措施;继续加强水库大坝和库周巡查,加强水库高水位坝体变形、渗流量分析等,预筹各类险情处置预案并落到实处;排查雨区病险水库、中小水库和淤地坝,抽查“三个责任人”落实情况。

按照会商要求,在前期1 h或2 h调度频次的基础上,将干支流水库调度精度控制在50 m^3/s;协调河南、山东两省及淮委,从抗洪全局出发,金堤河按50~100 m^3/s向黄河干流排洪,东平湖通过南四湖排水闸向淮河流域排洪。

同一时间(10月4日10时),河南省委书记楼阳生在河南省应急管理厅主持召开全省防汛紧急视频会议,专题会商安排黄河秋汛防御工作,提出:一要确保黄河流域安全;二要确保中小水库不垮坝;三要确保蓄滞洪区不再启用;四要确保不发生群死群伤事故;五要确保险情及时处置。河南省省长王凯参加会议并做出具体安排部署。17时,河南省副省长武国定主持召开河南黄河防汛紧急视频会议,贯彻落实河南省委、省政府主要领导同志的要求,安排部署洪水防御工作。

10月4日,河南省副省长周霁到开封黑岗口下延、王庵、欧坦控导工程查看河势,了

解险情抢护、防汛料物储备、人员队伍以及机械落实等整体情况，对值班值守、加密巡查防守、加强应急抢险队伍、加强涉水安全管理等工作提出明确要求。

10月4日，山东省副省长李猛到聊城市、滨州市查看转移群众临时安置现场，了解金堤河水情工情、行洪调度、巡查值守、物资储备、人员转移等情况；检查滨州河段工程巡查防守、险情抢护，指导金堤河、黄河防汛工作。

10月4—5日，山东省委书记李干杰到东平湖和聊城段艾山卡口、济南段黄河防汛一线检查指导（见图3.2-16）。他在东平湖强调：树牢“一盘棋”思想，加强联动配合，强化统筹调度，在保证人员、河堤、设施等安全的前提下，最大限度地控制入湖来水，全力分洪，减轻东平湖防洪压力；强化金山坝沿湖堤坝防汛值守和巡查除险，落实落细人员转移安置工作方案，一旦出现险情，及时、安全、有序转移。在察看黄河干流流量、防洪工程、河势等情况后，他要求：加强黄河水情测报，加强堤坝巡查防护力度，及时加固薄弱堤坝，确保黄河山东段不出问题、不垮坝；做好应急抢险准备，预置抢险力量、料物和设备，一旦出现险情，迅即投入抗洪抢险工作；加强滩区巡查防守，做好滩区生产堤防护，落实好人员转移应急预案，做到紧急情况下快速撤离、不漏一人。

图3.2-16 山东省委书记李干杰调研指导黄河防汛工作

3.2.2.3 黄河防总在关键时刻召开防汛会商会

10月5日，新一轮降雨已经落地，渭河和沁河洪水再次上涨，7时30分，黄委水文局发布渭河下游河段洪水蓝色预警，8时10分发布黄色预警。受渭河、黄河北干流来水共同影响，23时，潼关站流量达到5 020 m^3/s，形成黄河2021年第3号洪水。如果考虑故县水库蓄至蓄洪限制水位、陆浑水库蓄至人员转移水位、河口村水库蓄至280 m，花园口站按4 800 m^3/s下泄，小浪底库水位将上涨到273.78 m。

截至10月4日12时，下游河道靠河坝数达到6 651道，占全部坝数的63%，工程靠水长度497 km，新增险情77处、232道坝，出险250次，均为一般险情。

10月5日15时30分，黄河防总总指挥、河南省省长王凯在黄河防汛抗旱会商中心主持召开晋陕豫鲁四省黄河防总副总指挥参加的黄河防总防汛会商会（见图3.2-17）。

黄河防总在关键时刻召开会商会,会议首先由黄河流域气象中心汇报黄河天气情况,陕西、山西、河南、山东四省黄河防总副总指挥分别通报各省防汛情况,黄河防总常务副总指挥汪安南报告近期黄河洪水防御工作意见。

图 3.2-17　10 月 5 日,河南省省长王凯主持召开黄河防总视频会商会

王凯在总结讲话中指出:今年黄河秋汛极为罕见,干支流、中下游汛情多区域交织、多场次叠加,形势十分严峻,各地、各部门、各单位必须在思想到位上再动员、责任到位上再强化、措施到位上再部署。一要进一步提高政治站位,全面担当黄河安澜的重大责任,强调黄河安危,事关大局;二要进一步强化系统统筹,依法实施水工程科学安全调度;三要进一步强化巡查防守,层层压紧压实防汛责任;四要进一步强化底线思维,全面提高应急处突能力;五要进一步发扬连续作战精神,坚决打赢防汛抗洪硬仗。

3.2.2.4　水利部再次视频会商黄河秋汛防御

10 月 6 日 10 时,水利部部长李国英再次主持防汛会商会,视频连线黄委,进一步分析研判秋汛洪水形势,深入部署防御工作。

李国英指出,总体上对形势的判断可以用“更加严峻”来表达,突出表现在:一是黄河 3 号洪水已经形成,预报潼关站洪峰流量将大于 7 000 m^3/s,小浪底入库又面临大洪水形势。目前面临的不利情况是:水库前期拦洪导致蓄水位普遍高;下游河道大流量行洪时间长;前期防汛持续时间长,人困马乏;洪水发生时间比较晚,存在轻敌思想。他要求把短板挖掘清除,扬长避短,防好防住。

李国英原则同意黄委汇报的防御方案,对于黄河秋汛防御强调了十点要求,包括:以河道不漫滩为控制目标,科学调度水工程,精准控制花园口及以下各主要控制断面洪峰流量,避免滩区受淹和"横河""斜河""滚河"等危险情况发生;进一步加大堤防临水段和河道控导工程的巡查防守力度,预置抢险人员、料物、设备,完善应急处置方案,发现险情抢早、抢小、抢住,严防黄河堤防滑坡、河势控导工程墩蛰和跑坝及坝裆段"撕口子"等险情;综合采取"拦、蓄、送、排"措施,精细精准调度东平湖有序泄洪;针对后期的降雨过程滚动做好预测预报,算清算准洪水账;精准调度小浪底水库,利用洪水间歇期尽量降低水位,腾出防洪库容,万家寨水库及支流故县、陆浑、河口村水库要滚动优化调度方案,与小浪底水库协同配合、补偿调度,确保实现黄河下游河道不漫滩的目标;加强水库大坝的安全监测和值守巡查,科学研判可能出现的险情和部位,落细落实责任,做足做好应急抢险准备;继续做好渭河下一轮洪水的预报和堤防防守,确保渭河防洪安全等。

会后,水利部副部长刘伟平两次主持水利部会商会,与黄委共同研究调度方案,设定小浪底水库最高蓄水位控制目标及三门峡水库启用时机。

10 月 6 日 16 时,汪安南主持黄委会商会,落实李国英对黄河洪水防御的部署及刘伟平会商意见。会议认为,潼关上游的来水靠小浪底水库已无法完全处理,三门峡水库适当拦蓄不可避免。汪安南指出,下游防守仍是重中之重,防住为王,要进一步加强下游防守力量,再增派力量,下沉一线,驻守坝头,直接参与巡查防守,由黄委领导等带队的 6 个工作组分片负责,统筹指导各项防御措施的落实;精准调度水工程,尽最大努力把花园口站流量维持在 4 900 m^3/s 左右;加强大坝安全监测,协调做好三门峡水库滞洪运用。

10 月 6 日,河南省副省长武国定采用"四不两直"方式,先后到东坝头险工、府君寺控导工程、黑岗口下延工程、中牟赵口险工等地,检查河势工情、堤防防守和除险加固情况,强调:一要逐坝逐段落实巡查和抢险责任人,24 h 不间断巡查值守;二要统筹整合水利、河务部门技术人员,与群防队员一起巡堤查险;三要加大料物、设备投入,预置抢险物资和机械设备,做好一线抢险人员的后勤保障;四要坚持"政府领导、应急统筹、河务支撑、部门协同、联防联控"的抢险机制,沿黄各县(区)领导干部靠前指挥、分包坝段;五要严防死守,不惜一切代价确保黄河大堤安全,实现"滩区不漫滩、工程不跑坝、人员不死亡"的目标。

10 月 7 日下午,山东省代省长周乃翔主持召开山东黄河防汛工作视频调度会议,强调:强化巡查防守,对薄弱堤坝采取预加固措施,做好应急分洪准备,守牢确保人民安全、确保大坝安全两条底线;按照"上拦下泄"的原则,拦蓄并举、排送结合,千方百计降低东平湖水位;坚持统筹调度,科学调控上游来水,及时封堵河道口门、穿堤涵闸,落实沿河化工园区防范措施,确保漳卫河、金堤河行洪安全。

3.2.2.5　下游防守仍是重中之重

水利部部长李国英指出,如果淹没下游滩区,今年的防汛将以失败告终,因为洪水一旦漫滩,将直接危及滩区 100 多万名老百姓的生命财产安全,还可能殃及整个黄淮海平原的安全。

黄委将下游防守作为重中之重，强化下游防守工作部署。10月7日19时，汪安南主持会商会，视频连线派往现场的6个工作组，了解防守情况，进一步压实责任。6位组长分别汇报了河南、山东、沁河的巡查防守情况、洪水演进情况、河道工程情况、出险情况等。他们普遍认为当前河势平稳、工程安全、各级河务部门和地方政府高度重视、巡查基本到位、险情可控，但还存在防守压力大、人员疲劳、工作不够规范等问题。汪安南要求大家继续加强督导，合理调配人员，做好打持久战的准备。

汪安南要求进一步加强下游防守力量，再增派力量到一线，由黄委领导带队的6个工作组统筹指导各辖区防御措施落实，直接参与巡查防守；黄委有关单位和部门专业技术人员要下沉一线，驻守坝头。他还要求进一步强化工程巡查防守，严格落实专群结合的巡查防守力量，24 h不间断巡查防守，重点做好靠河险工、控导工程坝头及坝裆巡查，同时对重点部位进行抛石预加固，全力以赴确保工程安全。

3.2.2.6　三门峡水库滞洪运用

为了保证下游不漫滩，黄委联合调度小浪底、故县、陆浑、河口村水库，尽力拦蓄洪水，水库调度空间几乎发挥到极致。根据预报，如果三门峡水库不适时拦蓄，小浪底库水位可能达到274.20 m，超过274 m的设计洪水位。

10月7日下午，黄委邀请河南省水利厅、应急厅有关领导参加黄委会商会，通报水库群联合防洪运用方案，河南省防指表示完全赞同黄委调度方案，并全力配合做好干支流水库高水位运用库区人员转移的各项准备。黄委及时向河南省防指发出通知，督促做好三门峡水库326 m水位防洪运用人员转移的各项准备。10月8日14时，汪安南主持会商会，研究讨论“在小浪底库水位273 m至273.5 m之间启用三门峡水库，控制三门峡水库蓄水位不超318 m”的调度方案，拟向水利部汇报。

10月8日16时，水利部副部长刘伟平主持会商，强调原调度原则不变，做好启用三门峡水库拦蓄方案，细化启用边界条件和时机。

10月9日9时，刘伟平再次主持黄河防汛会商会。会议指出，当前形势严峻，要实现下游不漫滩、小浪底库水位不超过274 m的目标，必须启用三门峡水库。汪安南建议小浪底库水位达到273.4 m时启用三门峡水库滞洪，滞洪水位在315 m以下。刘伟平原则同意黄委方案，要求精心调度，尽快降低小浪底水库库水位。

10月9日中午，汪安南签发以黄委名义向水利部报送的《关于三门峡水库滞洪运用的报告》，随后赴三门峡水库指导滞洪运用，再到小浪底水库检查指导水库高水位运行。为切实保障三门峡库区防洪安全，三门峡水库防洪运用前，黄委再次向三门峡水利枢纽管理局发出通知，要求开展水库318 m以下影响防洪运用因素排查工作，做好人员转移各项准备。10月9日17时，小浪底库水位273.39 m，10 min后，三门峡水库转入滞洪运用。10月9日20时，小浪底库水位273.5 m，达到建库以来最高水位。

3.2.2.7　水库蓄水压力缓解，下游防守压力不减

三门峡水库滞洪运用前，黄委面临着小浪底水库高水位运行和下游大流量过流双重压力，三门峡水库滞洪运用后，小浪底库水位从最高点273.5 m逐步下降，蓄水压力逐步缓解，但下游防守压力有增无减。

汪安南在 10 月 10 日 16 时召开的会商会上指出，下游河道才是真正的风险，下一步精力要转移到下游防守上，花园口站 4 000 m^3/s 以上流量已持续 13 d，要进一步加强黄河下游河道工程的巡查、抢险，找准薄弱部位，重点防守。

在随后几日的会商会上，他进一步强调、部署下游防守工作，要求做到不麻痹、不松懈、不大意，洪水不退人员不撤，险情不降力量不减；把险情遏制在萌芽状态，做到抢早抢小。会商之余，汪安南多次赴黄河下游检查防汛工作（见图 3.2-18）。黄委派出多个应急抢险专家组，现场指导险情抢护，向河南、山东黄河河务局发出《关于进一步加强黄河下游河道防守的通知》。

图 3.2-18　黄委主任汪安南赴黄河下游山东段检查防汛工作

10 月 11—12 日，国务委员王勇到山东调研（见图 3.2-19），强调要深入贯彻习近平总书记关于加强防汛救灾和民生保障工作的重要指示精神，落实党中央、国务院决策部署，坚持人民至上、生命至上，进一步压紧压实责任措施，全力以赴抓好防秋汛、保民生相关工作，切实保障人民群众生命财产安全和基本民生需求。王勇还到山东黄河防汛抗旱指挥中心详细了解防秋汛情况，视频连线抢险一线，深入黄河济南段重点控导工程、险情抢护现场和城市低洼易涝区实地查看汛情工情。他指出，当前防秋汛仍处于关键阶段，要发扬连续作战作风，科学研判气象汛情变化，精准调度水工程，强化黄河等河流上下游左右岸统筹联动，综合施策，有序分洪泄洪；以高水位水库、险点险段等为重点，加大抢险物资保障力度，加密巡查频次，及时除险加固，防止持续浸泡冲刷导致垮坝、漫滩等重大险情；加强汛期安全生产工作，严防滑坡、坍塌等地质灾害和城乡内涝，做好秋收防汛排涝服务保障；细化应急避险预案，坚决果断转移受威胁群众，全力确保安全平稳度汛，最大限度地降低洪涝灾害损失。

10 月 14 日，李克强总理对黄河防秋汛工作做出重要批示，要求做好水利工程调度，确保黄河下游安全度秋汛。李国英要求：落实李克强总理关于“确保黄河下游安全度秋汛”的重要批示，不松懈、不轻视、不大意，及时精准掌握情况，全力以赴做细做实做好黄

图3.2-19　国务委员王勇调研山东黄河防汛工作

河下游防秋汛工作，坚决打赢这场硬仗。

沿黄各省政府对下游防守高度重视。10月4日，中共河南省委办公厅、省政府办公厅联合下发《关于加强黄河秋汛洪水防御工作的紧急通知》，从压实防汛责任、加强巡堤查险、备足抢险力量、严防次生灾害、强化应急值守五个方面提出明确要求，强调各级党委和政府要调动一切力量，牢牢守住人民群众生命安全这条底线，确保黄河安全度汛。10月4日，河南省防汛抗旱指挥部下发《关于加强黄河秋汛巡查防守工作的紧急通知》。

10月9日，河南省副省长武国定在《河南黄河防汛动态》（第22期）上做出批示："请沿黄各市做好打持久战的准备，可安排板房作休息室。巡堤人员一定要责任到人，轮班值守公示上墙。办公室加强抽查暗访。对落实不到位的要通报批评，情节严重的要追责问责。"要求加强工程巡查防守、抢险料物补充、生产堤防守、迁安救护准备、督查检查等方面工作。河南省黄河防汛办公室向省公安厅、交通运输厅发送《关于解决防汛物资运输车辆和大型抢险设备通行问题的函》，请相关部门给予运输车辆、大型抢险机械设备通行便利，便于防汛应急物资和设备运输。

10月14日晚20时，武国定主持召开河南黄河防汛视频会议，强调黄河高水位运行已达18 d，还将持续10 d左右，要进一步强化防汛责任，坚决消除麻痹厌战思想，守住不死人、不垮坝、不漫滩底线；进一步强化巡堤查险，严格落实巡查和抢险责任，持续开展24 h不间断巡查；进一步强化料物补充，尽快补齐除险加固料物，对石料开采、沿途车辆运输通行提供便利；进一步强化险情抢护，上足抢险队伍、抢险物资和机械设备，全力做好抢大险各项准备；进一步强化生产堤防守，加高加固薄弱堤段，确保生产堤不决口；进一步强化应急值守，坚持守土有责、守土尽责，坚决打赢黄河秋汛洪水防御攻坚战。

10月15日上午，山东省代省长周乃翔主持召开防汛工作视频调度会，对黄河防汛提出明确要求：严格执行24 h不间断巡查制度，进一步强化巡查抢险力量，预置抢险物资、设备，做精做细滩区人员转移预案，抓好一线职工人员值班轮换，合力保障防汛安全；从严从实抓好东平湖秋汛洪水防御，综合运用上拦下排措施最大限度降低东平湖水位，确保大坝安全；做好较长一段时间防秋汛准备。

3.2.2.8　**部长连夜在兰考主持召开会商会**

10 月 16—17 日，水利部部长李国英检查指导黄河下游秋汛防御工作，先后到河南省开封市黑岗口下延控导工程（见图 3.2-20）、兰考县东坝头险工和山东省东明县黄河霍寨险工、梁山县朱丁庄控导工程（见图 3.2-21），实地查看汛情、工情、险情，检查巡查值守、险情抢护和抢险力量、料物、设备预置情况，慰问奋战在一线的防守人员，16 日晚在兰考主持召开会商会，进一步研究部署黄河下游秋汛防御工作。

图 3.2-20　水利部部长李国英检查黑岗口下延控导工程

图 3.2-21　10 月 17 日，水利部部长李国英在山东梁山朱丁庄控导工程，检查指导山东黄河秋汛防御工作

李国英强调，河南、山东两省和黄委要坚决贯彻习近平总书记关于防汛救灾工作的重要指示精神，认真落实国务院总理李克强重要批示，按照国务院副总理胡春华和国务委员

王勇要求，坚持人民至上、生命至上，锚定“不伤亡、不漫滩、不跑坝”防御目标，做到不松懈、不轻视、不大意，发扬连续作战作风，奋力夺取黄河下游秋汛防御工作的全面胜利。

李国英对此次秋汛防御工作给予高度评价：黄河秋汛洪水防御实现了行政首长负责制从有名向有实有效转变，防御力量从专业单元向群防群治拓展，防御任务从总体要求到具体细化落实，防御措施从被动抢险到主动前置推进，防御目标从险工险段到全线全面延伸。

对于下一步的工作，李国英强调：一要认清形势，连续作战，不松懈、不轻视、不大意，继续把防御工作做好；二要对退水期可能出现的情况进行专业研判，提醒到位，有针对性地做好应对准备；三要寻找最危险的地方，更加操心、上心地做好防御工作；四要继续预置好抢险力量；五要做好队伍轮换，确保防守人员的安全；六要注意总结经验。

3.2.2.9　与前方工作组视频会商

自 10 月 10 日起，小浪底库水位逐渐下降，截至 10 月 18 日 17 时，库水位降至 270.97 m；花园口站流量一直按 4 800 m^3/s 左右控制，下游防守压力仍然很大。待小浪底库水位降到 270 m 以下，才能逐步压减小浪底出库流量，直至花园口站流量减小到 2 000 m^3/s 以下。

10 月 18 日 19 时，汪安南主持召开会商会，视频连线委领导带队的 6 个工作组和河南、山东黄河河务局，听取现场情况汇报。从汇报情况看，各地各级对防御工作都非常重视，河势平稳，工程险情可控，干部队伍精神状态良好，没有松懈、麻痹情绪。针对工作组提出的石料补充和资金等问题，会商提出了应对措施。

会议强调，当前黄河秋汛工作到了最关键时刻，一要坚持人民至上、生命至上，锚定“不伤亡、不漫滩、不跑坝”防御目标，不麻痹、不轻视、不松懈、不大意，以如临深渊、如履薄冰的态度，继续绷紧黄河秋汛防御这根弦，始终保持防守力量到位、防御责任到位，彻底打赢防御秋汛洪水这场硬仗。二要加强黄河下游全面防守，对险工、控导工程坝头、坝裆、偎水堤防等重点部位进行 24 h 不间断巡查，始终“把隐患当险情对待，把小险当大险处置”，不惜一切代价确保工程绝对安全，尤其关注退水期滑坡、塌滩等出险隐患，妥善从速解决好料物补充、后勤保障、防守力量优化等问题。三要精细调度水工程，尽快将小浪底库水位降到 270 m 以下，并系统研究退水方案，统筹考虑退水期、应急响应等级调整、防守力量退出机制。四要对秋汛洪水防御工作及原型观测资料进行系统总结和深入研究，为今后水旱灾害防御工作的科学化、规范化、制度化和构建数字孪生黄河打下坚实的基础。五要继续加强后勤保障。

3.3　退水期

10 月 20 日，小浪底库水位降至 270 m，花园口站流量降至 4 000 m^3/s 以下。黄河下游防洪工程经过近一个月高水位长期浸泡、冲刷，工程出险风险进一步增大，退水期河道工程边坡更容易滑塌。同时，一线防守人员连续作战，已经相当疲惫，因频繁加固、抢护，各坝段料物出现不同程度的短缺。秋汛虽然进入退水期，但防御形势仍然不容乐观，防御重点已经聚焦在河道工程，容不得丝毫大意。

黄委仍坚持每日会商，要求明确目标，精细调度干支流水库群，以下游河道水位变幅为控制指标，每日流量降幅按不超过 1 000 m^3/s 控制，平稳降低下游河道水位，尽快减轻下游防守压力；各工作组及河南、山东各级河务部门协调地方有关部门，不麻痹、不松懈、不大意，绷紧责任之弦，继续做好退水期黄河下游工程巡查防守，坚决避免出现重大险情，确保下游工程绝对安全；有序开展退水期相关工作。

由黄委领导带队的督导组加强巡回督导，持续关注防汛责任制和巡查值守制度的落实、重要险段预抢险预加固的完成进度、防汛料物的储备及补充。针对后期因预加固抛石强度大，许多工程坝垛石料不足甚至出现空白坝的情况，地方政府和河务部门按照黄委《关于加强黄河秋汛巡查防守紧急通知》要求，严格执行巡查制度，备足抢险机械和料物，做好防汛工作，加强河势、工程巡查防守，及时观测、科学预判，抓紧补充石料，充分做好工程抢险。

10 月 20 日，河南省防指发出《关于做好退水期黄河秋汛防御工作的紧急通知》，要求进一步加强退水期工程巡查和险情排查、抢护，加快石料采运进度。河南黄河河务局进一步做好退水期重点工程、重点坝垛的蹲查防守。

10 月 21 日上午，河南省省长王凯到兰考县东坝头险工检查指导黄河秋汛洪水防御工作（见图 3.3-1），强调当前黄河干流已进入退水期，要充分把握“退水期易出险”的实际，切实摒弃麻痹大意思想，进一步强化会商研判、调度指挥，统筹左右岸、上下游、干支流，持续抓好防汛抢险各项工作，确保控导工程不垮塌、生产堤不决口、河水不漫滩。

图 3.3-1　10 月 21 日，河南省省长王凯检查指导东坝头工程洪水防御工作

10 月 21 日，山东省防指发出《关于进一步加强黄河防洪工程防守和做好防汛物资补充的通知》《关于加强黄河退水期巡查防守工作的通知》，对巡查责任、巡查队伍、巡查力量、险情抢护等提出明确要求。

10 月 21 日 17 时，鉴于小浪底水库库水位已降至 270 m 以下，花园口站流量已降至 4 000 m^3/s 以下，且根据预报，近期黄河中下游无强降雨过程，黄委将黄河中下游水旱灾害防御Ⅲ级应急响应调整至Ⅳ级。

为继续做好退水期工程巡查防守，做到抢早抢小，确保防洪工程安全，10 月 25 日，河南省防指再发通知，要求持续抓好巡堤值守、抢险加固、石料补充、安全管理，确保万无一失，努力夺取最后胜利。黄河沿岸每日仍有超万名黄河职工和群防队伍不间断巡坝查险，持续坚守至洪水回落。

10 月 27 日，洪水全面入海，黄委解除黄河中下游水旱灾害防御Ⅳ级应急响应，同时要求河南、山东黄河河务局继续做好工程巡查和险情抢护等工作，确保黄河安全度汛。

第 4 章　水文监测预报预警

水文监测预报是防汛的基础支撑,是洪水防御调度指挥的决策依据。在 2021 年秋汛洪水期间,黄委对洪水预报的预见期、精度、预报项目等提出了空前要求。水文部门实时跟踪分析洪水过程,科学布置测验频次,加强水沙过程控制和测验断面冲淤分析,在洪水测报、应急监测和小浪底水库异重流监测中严格把控测验质量,取得了准确可靠的水文监测数据;紧密追踪天气形势,密切监视雨水情变化,滚动研判未来汛情走势,及时准确地提供了超常规的预测预报成果,尤其是在黄河第 1、2、3 号洪水期间,滚动预报未来 7 d 洪水过程,逐日预估未来 14 d 水量,首次发布中下游重大水情预警,强力支撑防汛调度及决策部署。

4.1　水文监测

4.1.1　洪水测报

秋汛洪水测报工作中,黄委水文部门各级领导干部下沉一线、靠前指挥,防汛预备队全线压上、驰援测站,防汛物资、测验仪器等提前到位,及时维护车辆、检修供电设施,强化船舶、吊箱、缆道等涉水设施和涉水作业人员安全管理。各测站在洪水期间,不断强化责任意识,严格落实值班制度要求,在主动分析本站历年典型洪水资料的基础上,以本站任务书为依据,合理布置测次,严控测验质量关,积极分析上报断面冲淤、洪水特性、新仪器比测数据等资料,完整把控了水沙过程,各场洪水的洪峰、沙峰控制幅度均符合任务书要求。

秋汛期间,黄委所属相关站点共施测流量 1 860 次、单沙 4 442 次、输沙率 57 次。各站水位过程控制完整,流量过程控制良好,洪峰流量平均控制幅度在 98%以上;含沙量过程控制良好,输沙率测验满足输沙量计算要求。水情报汛方面,大部分测站报汛精度为 100%,全部测站的报汛精度都在 96%以上(见表 4.1-1)。

本次秋汛洪水中,由于洪水场次多、渭河和沁河等支流河段漫滩严重、河道冲淤及河势变化剧烈等因素,给洪水测验带来极大的挑战,其中黄河潼关站、渭河华县站尤为困难。

4.1.1.1　潼关水文站

1. 测站概况

潼关站隶属于黄委三门峡库区水文水资源局库区勘测局,于 1929 年 2 月设站,位于陕西省潼关县秦东镇(黄河中游渭河、北洛河与黄河交汇处下游),位置坐标为东经 110°19′34″、北纬 34°36′17″。该站距黄河河源 4 326 km,距河口 1 138 km,控制着黄河近 91%的流域面积、89%的径流量和 98%的输沙量,是国家基本水文站、国家重要水文站、国家重点报汛站,黄河中游洪水编号站、省界控制站和三门峡水库入库控制站,属于一类水文站。

表 4.1-1　秋汛期间水文测报质量统计

站名	洪水情况		测报情况							
	洪峰流量/(m^3/s)	相应水位/m	实测最大			测次				洪峰控制幅度/%
			水位/m	流量/(m^3/s)	含沙量/(kg/m^3)	流速仪	ADCP	单沙	输沙率	
潼关	8 360	328.32	328.34	8 290	29.2	65	25	83	9	99.2
华县	4 860	341.90	341.91	4 840	35.2	72	11	82	4	99.6
黑石关	2 950	112.26	112.26	2 910	5.11	62	8	73	—	98.0
武陟	2 000	106.12	106.12	2 000	6.48	68	—	79	—	100
小浪底	4 460	136.25	136.27	4 380	29.8	7	38	94	—	96.3
西霞院	4 420	120.76	120.77	4 380	14.3	11	32	70	—	100
花园口	5 220	91.11	91.11	5 180	10.5	5	48	71	4	99.2
夹河滩	5 130	73.54	73.54	5 060	12.3	8	32	67	3	98.6
高村	5 200	60.23	60.23	5 120	12.2	26	21	63	2	98.5
孙口	5 050	46.48	46.48	4 960	10.5	29	30	69	2	98.2
艾山	5 300	40.50	40.59	5 300	12.8	31	15	64	1	100
泺口	5 250	29.23	29.23	5 200	11.3	21	32	67	1	99.0
利津	5 240	12.45	12.46	5 220	11.6	11	39	70	—	99.6

潼关站主要观测项目有降水、水位、流量、单沙、输沙量、颗分、比降、冰情、水质等，为黄河防汛、水量调度、重大治黄试验研究、三门峡水库和小浪底水库调度运用提供重要水文数据。

2. 秋汛测报情况

9 月下旬，黄河 2021 年第 1 号洪水期间，潼关站共实测流量 24 次，其中流速仪测流 20 次，ADCP 测流 4 次，洪峰控制幅度 98.7%。黄河 2021 年第 3 号洪水期间，潼关站共实测流量 22 次，其中流速仪测流 17 次，ADCP 测流 5 次，洪峰控制幅度 99.2%。潼关断面左岸受干流来水影响冲淤变化较大，右岸发生明显淤积。

10 月上旬，受渭河、黄河北干流来水共同影响，黄河潼关站 10 月 5 日 23 时流量 5 090 m^3/s，形成黄河 2021 年第 3 号洪水，10 月 6 日 15 时达到 7 080 m^3/s。根据水情部门会商分析研判，洪水将继续上涨，潼关站全体职工以及前来支援洪水测报工作的防汛预备队队员严阵以待，时刻准备迎战洪峰。

综合水位涨幅及上游水情，10 月 7 日 3 时 30 分，潼关站在站职工会商后预判洪峰即将出现，立即开展测验。测流过程中，由于含沙量较大，河面上水草多，还有上游冲下来的浮木、塑料等漂浮物，测深仪已无法使用，只能用传统的测深杆探测。由于测深员要在测船舷边操作，十分危险，为做好安全防护措施，需要在救生衣外再扣上安全带，另一头固定在船舱上。施测一条垂线需要将近 10 min，潼关（八）断面由于连日洪水加宽至 400 余米，需要 20 条垂线、近 40 个测点才能完成测验。6 时 54 分，最后一个测点完成，船舱内的工作人员一边校核一边计算，与此同时，收到测验数据的内业组在水情室进行紧张的复核及报汛。

4.1.1.2　华县水文站

1. 测站概况

华县站设立于 1935 年 3 月 14 日，是渭河把口站，位于陕西省渭南市华州区下庙镇滨坝村，位置坐标为东经 109°45′44″、北纬 34°35′08″，距河源 745 km，至河口距离 73 km，距上游临潼站 84 km，控制流域面积 106 498 km^2。该站最早由黄河水利委员会设立，1944 年 2 月改为水位站，1950 年改为水文站。

华县站是国家重要水文站和黄河重点报汛站、渭河把口站，属一类水文站，承担雨量、水位、流量、泥沙、冰情、水质监测等测报任务，向黄河防总及地方防汛部门拍报水情和水质监测数据，为渭河防汛、黄河防汛、水量调度、重大治渭治黄试验研究、三门峡水库和小浪底水库调度运用提供重要水文数据。

2. 秋汛测报情况

秋汛期间，渭河接连发生多场洪水。10 月 7 日，洪水从华县站的上游漫出主河槽，左岸 2 000 余米宽、右岸 400 余米宽的滩地一片汪洋，原本 300 余米宽的断面，陡然拉宽至将近 3 000 m，测验断面宽度增加了近 10 倍。同样由于洪水漫滩，为了完成测验任务，右岸要用橡皮舟或者水陆两用车才能把测验队员送到断面上，左岸更是需要开车绕行下游几十千米远的大华大桥把测验队员送到对岸，测验难度和用时大幅增加。

9 月 28 日，洪峰到来时，华县站附近河段的反“S”形下部出现“裁弯取直”，弯道下挫，河势发生改变（见图 4.1-1），原测验断面左岸钢塔处于主槽中间，且测验断面与主流夹角发生变化，无法控制整个测验断面，导致测船无法在原断面测验，测验队员临时在下游相对顺直的河道选择合适地点布设了一个测验断面。由于临时断面没有缆道设施，吊船无法定位测验，水文部门又紧急调运一只小型铁壳船，在激流中顶着巨大危险完成测验任务。

4.1.2　水文应急监测

本次秋汛期间，黄河龙门以下干流各站及汾河、渭河、伊洛河、沁河等支流主要站均派驻应急监测队支援洪水测报，同时为配合黄河口三角洲应急生态补水，向刁口河及相关引水口派驻应急监测队开展水沙及水生态应急监测。其间共出动 286 人次，投入包括雷达测速枪、无人机雷达测流系统、无人机倾斜摄影系统、水陆两用车等先进设备 71 台（套），抢测流量 62 次。

4.1.2.1　渭河、汾河应急监测

秋汛期间，渭河咸阳站发生 1981 年以来最大洪水，汾河河津站发生 1964 年以来最大

图4.1-1　华县河段河势变化

洪水,同时渭河、汾河部分河段均出现大面积漫滩,水文应急监测任务异常艰巨。根据应急测报方案,向汛情比较严重的咸阳、华县、潼关、河津、龙门、三门峡等站派出防汛预备队和应急监测队下站支援测洪。防汛预备队和应急监测队共计45人奔赴测站一线参与应急监测,并积极开展新仪器、新设备的比测试验,龙门、潼关、三门峡站进行了RG-30雷达在线测流系统比测。

咸阳站在持续高洪水测报过程中,咸阳(三)断面雷达自记水位计被洪水冲垮,但因滩面不稳定发生塌岸,无法架设临时水位计,只能采取人工实时观测水位;由于河水漂浮物异常增多,加上持续高频的洪水测报,咸阳站流速仪损毁严重。针对上述突发事件,水文部门及时抽调技术骨干和车辆支援该站测报,在咸阳(三)断面设立临时观测点,确保水位观测的连续性。

华县站河道主槽受 9 月下旬两次大洪水过程持续冲刷,导致河势改变剧烈,主流与原测验断面趋于平行,致使吊船缆道、低水吊箱缆道、自记水位计、人工水尺等设施脱流。为了保障洪水测报的正常进行,及时组织人员查勘河势,布设临时测验断面,紧急调拨铁壳船,增调测验力量开展洪水测报工作(见图 4. 1-2)。

图 4. 1-2 华县站开展流量测验工作

潼关站断面附近河道塌岸,测验道路被冲毁,车辆无法到达施测位置,测验人员手提肩扛、踏着泥泞将测验所需的物资、设备运送至测船上(见图 4. 1-3)后,一直驻守在河心滩的孤岛上。

图 4. 1-3 潼关站夜测洪水

河津站洪水期间左右岸均漫滩，自记水位计无法使用。紧急调运冲锋舟、回声测深仪保障测验工作，设置直立式水尺，采用视频方式观测水位。

4.1.2.2　黄河下游重要河段应急监测

为做好第 3 号洪水期间黄河下游重点河段洪水监测工作，黄河流域水文应急监测总队于 10 月 5 日紧急行动，当天完成无人机雷达测流系统、遥控船 ADCP 测流系统、无人机航测系统、无人船、GNSS 等各项监测仪器设备的准备工作，10 月 6 日上午到达夹河滩断面附近开展应急监测工作，随后前往高村站、孙口站附近河段开展应急监测工作，于 10 月 7 日完成此次应急监测任务。

本次应急监测时间紧、任务重，分布区域多，包括夹河滩断面下游右岸串沟流速、流量，夹河滩、高村站河段、孙口站赵堌堆断面上游河段、雷口断面卡口河段等 4 处航测原始地形。这几处均为易发生险情的关键卡口河段，其中夹河滩河段厂门口断面左岸、高村站卡口河段右岸、孙口站赵堌堆断面右岸、孙口站雷口断面左岸有堤防险工和控导工程。利用无人机根据现场情况在指定范围开展航测，分辨率优于 0.06 m。

10 月 6 日，应急监测队于夹河滩河段厂门口断面汊沟处，采用 ADCP 和无人机雷达现场完成了对汊沟流量、流速的测量及成果输出，并进行了河道查勘及无人机航测采集；10 月 7 日上午完成高村站附近卡口河段无人机测量以及视频、照片采集工作，下午完成赵堌堆和雷口断面的无人机航飞测量及视频、照片采集工作。本次应急监测取得了夹河滩断面汊沟流量、下游重要河段正射影像图、数字高程模型、点云成果、无人机拍摄照片等成果。

4.1.2.3　刁口河应急监测

为配合黄河口三角洲应急生态补水，9 月下旬开始，向刁口河及相关引水口派驻应急监测队进行水沙及水生态应急监测。黄委成立水沙监测领导小组，保障调水工作的有效进行，紧急组织测洪预备队、利津站技术人员 10 余人，车辆 2 部，GPS 接收机 2 台，ADCP 2 台，流速仪 1 架进行现场测验，共完成断面布设 6 处，设置水尺 18 支。

为更好地支撑本次应急监测工作，利津站按照任务要求，流量测验每日进行 1 次，根据水位变化，随时加测。刁口河流路布设罗家屋子、孤河路、飞雁滩、桩埕路、一千二、神仙沟等 6 处监测断面，监测项目包括水位、流量等。9 月 30 日，罗家屋子开闸分流引水，10 月 26 日结束，其间共完成水位观测 216 次，施测流量 108 次，罗家屋子断面过水量为 3 982 万 m^3，飞雁滩断面过水量 1 374 万 m^3。

4.1.3　异重流测验

4.1.3.1　异重流概念

异重流是指两种或者两种以上比重相差不大、可以相混的流体，因比重的差异而发生的相对运动。

对处于蓄水状态的多沙河流水库来说，异重流是一种常见的水沙运动形式，在小浪底水库拦沙运用初期，利用异重流排沙是减少水库淤积、改善水库淤积形态、进行调水调沙的主要手段之一。

小浪底水库地形复杂、库区支流众多、入库水沙条件多变、库水位变幅较大,导致异重流的潜入点变化范围大,异重流运行规律复杂,排沙特性特殊。因此,小浪底水库异重流的测验及分析研究十分重要。

小浪底水库异重流观测的主要任务是在小浪底水库出现异重流时,对异重流各种水文要素在垂线方向、横断面方向及沿程变化进行观测。具体的测验项目包括:异重流潜入点位置、时间,沿程各控制断面异重流的厚度、流速、水温、含沙量、泥沙颗粒级配的变化及泄水建筑物开启情况等,同时还要观测库区水位的变化和进出库水沙量的变化过程。

4.1.3.2 异重流测验方法

异重流测验断面布设应有利于反映异重流的形成条件和运动规律。因此,异重流测验断面应选设在潜入点下游附近、坝前和两者之间地形有显著变化的河段,如展宽、缩窄、弯道处,以及淤积三角洲的顶坡、前坡的坡脚和纵剖面变化等处。两断面的间距要考虑测验历时小于两断面间异重流的传播时间。测验断面应尽量与淤积断面和水位站附近断面结合。测验断面可分为基本断面和辅助断面两种,基本断面每次必测。

1. 潜入点测验

洪水泥沙进入水库时,在水流表面有较明显的清浑水分界线表示潜入点位置,并有较集中的漂浮物。

潜入现象是洪水泥沙入库形成异重流的标志。为了解潜入点的水力泥沙特性,应定位施测该处的水深、流速、含沙量(并进行颗分)、水温、库水位,并目测记载水面现象、风向风力、波高及天气状况等。潜入点位置与上游入库洪水大小和库水位变化有关,整个洪水异重流过程可探测1~3次。

2. 断面垂线测验

固定断面采用横断面法与主流线法相结合的测验方法,辅助断面采用主流线法测验。

横断面法要求在固定断面布设5~7条垂线,垂线布设以能够控制异重流在监测断面的厚度、宽度及流速、含沙量等要素横向分布为原则。

主流线法要求在断面主流区布置1~3条垂线,垂线位置每次应大致接近。

垂线上测点分布以能控制异重流厚度层内的流速、含沙量的梯度变化为原则,要求清水层2~3个测点,清浑水交界面附近3~4个测点,异重流层内均匀布设3~6个测点(见图4.1-4),垂线上的每个测沙点均需实测流速,并对异重流层内的沙样有选择性地做颗粒级配分析。

4.1.3.3 秋汛异重流测验情况

秋汛期间小浪底水库共实施2次异重流测验。

(1)第一次异重流测验。按照黄委调度安排,8月23日12时,三门峡水库开始敞泄运用。三门峡站12时18分流量起涨,并在15时12分达到4 240 m^3/s的洪峰流量,14时含沙量起涨,20时达到峰值410 kg/m^3。24日凌晨5时,库区测验组出船开始异重流监测,下午18时,在黄河09断面监测到厚度2.10 m的异重流浑水层。25日凌晨3时30分,小浪底站监测到水库出沙,并在上午8时达到含沙量峰值69.2 kg/m^3。26日20时,库区出沙过程结束。

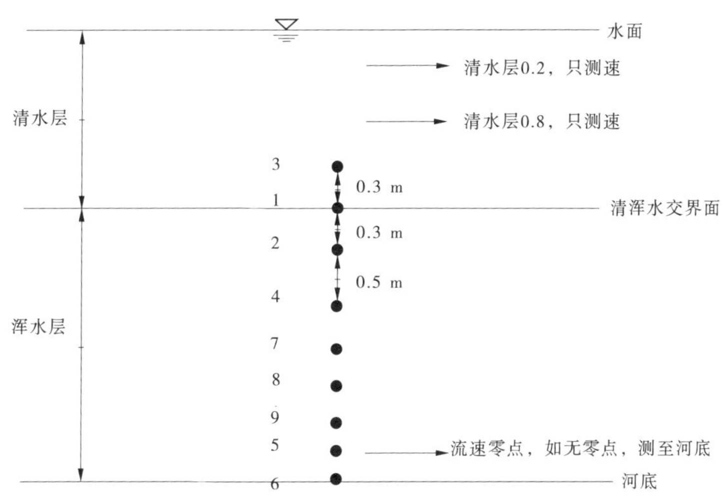

图 4.1-4　异重流垂线测点分布示意图

本次异重流过程,三门峡站实测含沙量 24 次,小浪底站实测含沙量 32 次,库区监测异重流 12 断面次,共施测垂线 30 条。三门峡水库(8 月 23 日 12 时至 8 月 25 日 18 时)下泄水量 4.04 亿 m^3,下泄沙量 0.48 亿 t。小浪底水库(8 月 25 日 3 时至 8 月 26 日 20 时)下泄水量 0.45 亿 m^3,出沙仅 0.014 亿 t,不足入库沙量的 3%。异重流过程较弱。

(2)第二次异重流测验。10 月上中旬,黄河 2021 年第 3 号洪水期间,三门峡站 10 月 8 日 0 时 24 分最大流量 8 210 m^3/s,6 日 20 时最大含沙量 27.2 kg/m^3,小浪底水库出现建库以来最大入库流量过程,6 000 m^3/s 流量持续时间接近 3 d。

本次异重流监测的主要范围为坝前到五福涧水位站 77 km 干流区段,60 km 范围内(黄河 1—黄河 36)进行水沙因子观测,共施测断面 14 处,其中黄河 1(桐树岭水沙因子站)、黄河 13、黄河 36 三个断面进行了全断面观测,其他 11 个断面进行了主流一线观测。黄河 36—黄河 39 四个断面使用遥控船搭载 ACDP 和测深仪进行了断面流速分布测验。黄河 39—黄河 43(五福涧水位站)五个断面使用冲锋舟进行了主流一线悬移质取沙,同时使用无人机航拍流态。

由于水库水位较高、水体庞大,入流动力消耗迅速,本次洪水过程中的库底泥沙输移总体较弱,在移动监测的 13 个断面中,有 3 个底部移动浑水层厚度为零(流速为零),其他多数厚度在 1 m 左右,流速在 0.2 m/s 左右。

4.2　预报预警

在秋汛前期、关键期和退水期,水文部门坚持以黄河防汛调度需求为导向,密切监视天气形势及雨水情变化,不断优化洪水预报方案,充分发挥预报人员的预报经验,开展主要洪水来源区基于降雨预报成果的洪水预警。多次将重点水文站的报汛升级为 6 级报汛(1 h 报汛 1 次),接收雨水情信息达 900 余万条,利用工作群发送实时雨水情信息 1 500 余次,通过手机短信发布各类实时雨水情信息、预警预报信息 1 万余人次,制作发布重要天气预报通报 23 期、降雨预报 74 期、洪水预报 132 期,蓝色、黄色、橙色洪水预警 14 期,径流预报 6 期;制作提供未来 7 d 洪水过程预报成果 280 余份,开展洪水常态化预报 1 633 站次;编写防汛雨水情会商材料 80 余份、水情通报和简报 10 期、黄河水情日报 71 期。

4.2.1 秋汛前期预报预警

8 月 20 日至 9 月 17 日为秋汛前期,预报预警的压力主要集中在预见期的长短,因为对水库调度来讲,既要尽早降低水位满足防洪要求,又要避免后期来水不足造成水资源浪费,因此在这个矛盾的取舍中,对降雨预报把握度有多大、洪水能不能出现成为预报焦点。对此,黄委要求水文部门密切监视天气变化,统筹做好后汛期雨情水情预测预报。

8 月中旬,黄河水文部门开始密切关注可能影响黄河流域的秋雨形势,经分析研判,预计 8 月下旬,欧亚中高纬环流径向度将有所增强,冷空气将频繁南下,西北太平洋副热带高压将调整向偏北、偏强的态势,有利于在黄河流域形成稳定的秋雨天气形势,并可能出现连续的降水过程。黄委水文部门对此高度重视,自 8 月 17 日开始连续发布降雨、洪水通报预报产品。8 月 21 日降雨如期而至,21—22 日黄河山陕区间南部、泾渭洛河、三花区间持续降大到暴雨,致使渭河、伊洛河出现明显洪水过程,黄河 2021 年秋汛由此拉开序幕。其间,水文部门依据降雨预报及雨水情实况,每天滚动估算黄河北干流、渭河来水,并据此预报潼关站未来 7 d 日平均流量;8 月 22 日发布洛河卢氏站洪水预报,预报洪峰流量 1 500 m^3/s,实况为 1 390 m^3/s,据此黄委调度故县水库提前按最大发电流量下泄,拦蓄洪水,有效削减了洪峰。

8 月 24 日,针对黄河流域秋雨天气变化,水文部门组织气象专业技术人员参加水利部秋季雨水情趋势预测会商,认真研判黄河流域秋雨形势。同时,根据气象资料分析,受高原槽、西北太平洋副热带高压、低空急流共同影响,预计 8 月 28—31 日,黄河中游南部将发生持续性较强降雨过程。自 8 月 27 日开始,水文部门加强天气系统监视,连续 5 d 发布重要天气预报通报,滚动分析降水强度及落区。

8 月 29 日、30 日及 9 月 1 日,随着降雨形势的发展,水文部门根据降雨落区、量级和水情实况,密集发布伊河东湾站、陆浑水库、洛河卢氏站、故县水库、渭河华县站、大汶河戴村坝站洪水预报。其中,预报伊河东湾站 3 次洪峰流量 1 600 m^3/s、1 300m^3/s 和 1 000 m^3/s,实况分别为 1 500 m^3/s、1 430 m^3/s 和 1 100 m^3/s;预报洛河卢氏站洪峰流量 2 500 m^3/s,实况为 2 440 m^3/s;峰现时间和次洪水量预报与实况也基本吻合。根据预报,小浪底、陆浑、故县水库对本次洪水进行了有效拦蓄。

9 月初,西北太平洋副热带高压仍维持强度偏强、偏西,亚洲中高纬环流呈西低东高型分布,影响黄河流域的秋雨天气形势进一步稳定维持。根据天气形势分析,预计 9 月上旬山陕南部、泾渭洛河、三花区间等地将有强度较大的降水过程。

9 月 3 日,新一轮秋雨过程开始,3—5 日黄河中下游部分地区连续出现中到大雨,局部暴雨,雨区与 8 月下旬基本一致。由于陆浑、故县水库蓄水位较高,考虑伊河、洛河后续仍有洪水过程,此时既要避免库区淹没损失,又要尽可能减轻其下游防洪压力,同时还要减少弃水,黄委防御局要求增加陆浑、故县 2 座水库未来 3 d 入库洪水过程预报。

9 月 5—6 日,水文部门连续发布洛河故县水库、渭河临潼站、渭河华县站、黄河潼关站洪水预报。6 日 11 时 20 分,预报华县站 7 日流量可能达到 2 500 m^3/s 左右,同时发布渭河下游河段洪水蓝色预警。本次洪水过程中,预报渭河临潼站洪峰流量 3 000 m^3/s,实况为 2 860 m^3/s;预报渭河华县站洪峰流量 2 500 m^3/s,实况为 2 380 m^3/s;预报黄河潼关站洪峰流量 3 300 m^3/s,实况为 3 300 m^3/s。本次洪水主要来源于渭河,被小浪底水库拦蓄。

4.2.2 秋汛关键期预报预警

9 月 18 日至 10 月 19 日为秋汛关键期,黄河中游干支流连续发生多次明显洪水过程,先后形成黄河第 1 号、2 号、3 号洪水,洪水发生时段集中、洪峰高、水量大,下游河道长时间处于大流量过程,小浪底、河口村等多座水库出现历史最高蓄水位,且水库运行达到极限,这个时期要求预报预警的预见期要长、精度要高、预报项目要多;同时,由于降水形势复杂多变,水库、淤地坝等水利水保工程改变了流域产汇流规律,对漫滩洪水演进机制认识不足等多方面因素影响,使得黄河洪水预报面临巨大挑战。为此,水文部门层层压实防汛责任,超前部署、精心组织,主动担当,领导坐镇指挥,狠抓暴雨洪水预警预报关键环节,预报员充分考虑黄河暴雨洪水的复杂性,结合最新雨水情实况,从降雨落区和强度、主要产流区下垫面条件、中小水库蓄泄变化情况等方面,详尽分析各类信息,利用最新洪水样本对模型参数进行率定优化,并最大限度地发挥预报经验,应对此次超常规洪水预测预报任务。

4.2.2.1 中秋前夕精确预报支流洪水

进入 9 月中旬,水文部门根据天气形势研判,预估 9 月 18 日前后黄河中下游将有一次强降水过程。16 日,降雨形势明朗,受西风槽、副高、切变线及低空急流共同影响,预计 17—19 日黄河中下游自西向东将有一次强降水过程,据此水文部门连续 4 d 发布重要天气预报通报。

9 月 17—19 日,泾渭洛河、山陕南部、汾河、三花区间及黄河下游大部降大到暴雨,局部大暴雨,受此影响,渭河、伊洛河、沁河、大汶河发生明显洪水过程。本次洪水正值中秋节期间,水文部门高度重视,召开专题会议对预报工作进行安排部署,要求严格执行 24 h 值班及领导带班制度,全体预报员坚守岗位,密切监视和滚动分析雨水情变化。9 月 18 日晚,中秋假期的前夕,洪水如期而来,预报员严阵以待,19 时,水文部门领导参加完黄委防汛会商会后,立即组织雨水情会商,分析研判伊河、洛河、渭河洪水形势。19 日 0 时 20 分,发布洛河卢氏站洪水预报,至当日 21 时 30 分发布华县站洪水预报,水文部门连续发布卢氏站、东湾站、黑石关站、华县站及陆浑、故县水库入库等洪水预报 9 期。本次洪水中,预报伊河东湾站洪峰流量 3 000 m^3/s,实况为 2 800 m^3/s;预报伊洛河黑石关站洪峰流量 3 000 m^3/s,实况为 2 950 m^3/s;预报渭河华县站洪峰流量 2 600 m^3/s,实况为 2 780 m^3/s;预报大汶河大汶口站洪峰流量 2 200 m^3/s,实况为 2 130 m^3/s。

4.2.2.2 黄河第 1 号、2 号洪水预报

9 月 22 日,中秋假期后第一天,水文部门根据最新天气形势分析,预计 9 月下旬,黄河中下游将发生连续多日的较强降雨过程。当日起,水文部门再次连续发布 5 期重要天气预报通报,精细预报逐日降雨强度、暴雨落区及笼罩面积。9 月 22—26 日,黄河中下游大部地区持续降中到大雨,局部暴雨,降雨落区主要位于山陕区间南部、汾河、泾河、渭河、

北洛河及三门峡至花园口区间，主雨区与前次降雨基本一致，其中以 24 日降雨强度最大。本次降雨过程持续时间长、笼罩面积广、累积雨量大，强降水在泾渭河与三花区间反复出现，导致形成了黄河 2021 年第 1 号、2 号洪水。渭河咸阳站 27 日洪峰流量 5 600 m^3/s，为 1981 年以来最大流量，临潼以下河段发生大面积漫滩；沁河武陟站 27 日洪峰流量 2 000 m^3/s，沁河下游发生严重漫滩；小浪底、陆浑、故县、河口村、东平湖等水库均处于高水位运行状态，同时，黄河下游花园口站流量从 27 日开始一直维持在 4 000 m^3/s 以上，27 日 12 时起黄河中下游水旱灾害防御Ⅳ级应急响应提升至Ⅲ级应急响应，防汛形势异常严峻。为保障黄河下游滩区不漫滩、190 万民众不受灾，需下足“绣花”功夫精细精准调度干支流水库，控制花园口站流量不超 4 800 m^3/s 左右，这对预警预报提出极高的要求。

面对严峻的洪水情势，水文部门在发布常规暴雨洪水预警预报的同时，每日早上 7 时前增发潼关站及陆浑、故县、河口村等水库入库的洪水过程预报。为满足防汛调度决策需要，全体预报员 5 时 30 分前到岗，根据雨水情变化随分析随会商，重要预报会商领导亲自参加，实时分析落地雨及其产汇流过程，并加强同水利部和省区有关单位的沟通协作、信息共享和滚动会商，及时发布降雨及洪水预报预警信息，其中 9 月 25—27 日，召开水情气象会商 25 次，发布洪水预报 18 期、洪水蓝色预警 4 期、洪水黄色预警 2 期、洪水橙色预警 1 期，为黄河中下游水库群联合调度争取了主动，为及时调整洪水防御应对措施提供了技术支撑。

自 9 月 27 日第 2 号洪水形成后，黄委统筹考虑水库运行安全、库区安全及下游河道行洪安全，将下游滩区安全放在第一位，要求精细调度中游干支流水库群，最大限度地挖掘伊河陆浑水库、洛河故县水库、沁河河口村水库的防洪运用潜力，精准控制花园口流量，因此对洪水过程预报提出了极高的要求。对此，水文部门再次部署，加强预报力量，气象、水情预报人员 24 h 驻守单位，协同配合，加密分析，会商研判降雨落区及产汇流情况，充分发挥预报人员的丰富经验，强化人工干预校正预报成果，多次与水利部信息中心、相关省区水文气象部门开展联合会商，滚动发布黄河潼关站以及陆浑、故县、河口村 3 座水库未来 7 d 流量过程预报，同时根据水库调度方案滚动预演花园口、黑石关、武陟 3 站的流量过程（见图 4.2-1）。本次洪水中，预报渭河华县站洪峰流量 5 100 m^3/s，实况为 4 860 m^3/s；预报伊洛河白马寺站、黑石关站洪峰流量 2 600 m^3/s，实况分别为 2 390 m^3/s、2 220 m^3/s；预报沁河武陟站洪峰流量 1 800 m^3/s，实况为 2 000 m^3/s；预报黄河 2021 年第 1 号洪水形成时间比实际仅偏晚 12 min；预报潼关站洪峰流量 6 500 m^3/s，因洪水漫滩后演进异常及未控区间加水等影响，实况为 7 480 m^3/s。

4.2.2.3　黄河第 3 号洪水预报

10 月 2—8 日，黄河中游再次迎来大范围的连续降水天气。本次降水日数多，过程较强，累积雨量大，山陕区间南部多条支流以及渭河、北洛河、汾河、沁河同时涨水，潼关站出现黄河 2021 年第 3 号洪水，其中北洛河、汾河、昕水河以及黄河潼关站发生 10 月历史同期最大洪水。在此期间，黄委气象水情预报人员 24 h 驻守单位，克服疲劳，毫不松懈，发扬连续作战的作风，密切配合，协同作战，加密分析和会商研判降雨落区及产汇流情况，充分发挥预报人员的丰富经验，强化人工干预校正预报成果，多次与水利部信息中心、相关省区水文气象部门开展联合会商，滚动预报关键站点及水库水情。

图4.2-1　夜间洪水预报会商

9月28日,黄委主任汪安南检查督导黄河水文测报工作,要求水文部门盯紧盯牢暴雨洪水过程,加密滚动分析,提前发布洪水预报和水情预警,准确预报重点水文站点洪水过程和洪量,及时向黄委和沿河受威胁地区发布预警信息,为防洪决策部署提供科学支撑(见图4.2-2)。

图4.2-2　黄委主任汪安南指导洪水预报工作

9月29日,水文部门分析认为,未来一段时间乌拉尔山以东为宽广的低槽区,副热带高压主体较常年明显偏西偏北,与西风带环流在黄河中下游形成较强气压梯度,南亚地区的低值系统将有利于孟加拉湾暖湿气流向西北地区东部输送,预计黄河中游将有一次大范围的连续降雨天气,其中强降雨过程将于10月3日开始,主雨区稳定少动,且与前期降雨基本重叠。对此,黄委水文局局长主持召开防汛视频会,要求滚动分析国庆期间的降雨情况,跟踪研判小浪底、陆浑、故县、河口村水库入库洪水过程,为水库调度提供基础支撑。

国庆节假期第一天,气象水文预报员参考欧洲中心数值预报模式、中央气象台指导预报及本地中尺度天气预报模式(WRF)等,结合黄河流域秋季极端降水特征,制作发布黄河中下游强降雨的重要天气预报通报(见图 4.2-3);洪水预报员根据降雨预报通报和雨水情实况,利用各家数值预报结果,考虑流域下垫面现状,调整预报参数,经过反复演算,结合历史洪水特性,初步给出了几种可能的预报结果,虽然结论存在分歧,但普遍认为潼关站未来 10 d 来水量与 9 月下旬洪水基本相当。12 时 30 分,水文部门领导坐镇指挥,经过两个小时的充分分析和会商,发布黄河中下游重大水情预警,预估黄河小浪底水库以上、小浪底至花园口区间 10 月 5—14 日 10 d 来水量分别可能达到 30 亿 m^3 以上、10 亿 m^3 以上,黄河下游河段大流量过程将持续 15 d 以上。提前 14 d 预报了此次洪水水量,这在几十年来黄河洪水预报的工作中尚属首次。

图 4.2-3　重要天气预报通报制作

10 月 2 日,小浪底水库水位超 271 m,按照不超 274 m 防洪运用目标要求,可用库容不足 8 亿 m^3,陆浑、故县、河口村等水库均高水位运行,考虑到水库安全及库区淹没损失,已基本无拦蓄洪水能力;而根据当日预报,5—14 日 10 d 小浪底以上来水量为 35 亿 m^3,小浪底至花园口区间为 13 亿 m^3,总水量将达到 48 亿 m^3。此外,黄河 2021 年第 1 号、2 号洪水正在中下游演进,下游河道大流量过程已持续较长时间,工程出险概率升高,防守压力巨大。因此,对预报预见期、预报精度提出了空前的超常规要求,预报要做到超前预测每条支流来水形势,精准预报各站洪水过程。

2 日下午,黄委主任汪安南到黄委水文局机关检查水文监测预报和防汛科技支撑工作,并看望慰问国庆节日期间坚守在防汛一线的工作人员;汪安南再次强调,要进一步强化预报、预警、预演、预案措施,密切关注雨水情变化,加密开展滚动预报会商,提前发布洪水预报和水情预警;要总结分析预报规律,不断努力提升预报精准度,延长预见期,为防洪部署和水库调度提供有力支撑。

3 日,黄委水文部门再次发布重大天气预报通报,预计 3—5 日降水极端性将显著加强,中游大部地区将有持续性强降雨,据此判断,黄河中游很可能再次发生编号洪水。当天中午，水文部门紧急召开秋汛洪水预警预报专题会议，要求坚决贯彻落实上级关于秋汛洪水防御的重要指示，确保人民群众生命财产安全，并发扬连续作战精神，强化值班值守，加密、滚动做好水文气象预测预报，坚决打赢黄河秋汛洪水防御这场硬仗。

3—5 日，黄河中游大部地区连续降中到大雨，部分地区暴雨，主雨区在山陕区间南部、泾渭洛河及汾河流域稳定少动。受持续强降雨影响，小浪底以上的山陕区间南部、渭河、北洛河、汾河和小浪底以下的沁河同时涨水。5 日，水文部门根据泾渭河来水形势，预计渭河下游河段将出现洪水黄色预警，华县站流量将于次日达到 4 000 m^3/s。当日 16 时，黄河龙门站流量 2 170 m^3/s、渭河华县站流量 2 780 m^3/s、北洛河洑头站流量 624 m^3/s，且水势均在上涨。预报员经过认真分析计算和研判会商后，17 时 30 分发布洪水预报，预计潼关站流量将于次日 4 时达到 5 000 m^3/s 并形成黄河 2021 年第 3 号洪水，实际于当日 23 时提前形成。

6 日，黄河中游降雨趋于减弱。根据最新雨水情实况，水文部门再次滚动预报潼关站 5—14 日 10 d 洪水总量将达 37 亿 m^3，其中 6—12 日 7 d 洪水总量将达 34 亿 m^3。当日 12 时 30 分，渭河临潼站洪峰流量 4 450 m^3/s（报汛值）；水文部门根据最新雨水情形势和 9 月下旬洪水特性，考虑渭河下游连续严重漫滩的河道条件，14 时 30 分发布预报，预计华县站将于次日 12 时前后出现 4 300 m^3/s 左右的洪峰流量。紧接着，预报员经过反复考虑前期洪水特点、当前雨水情实况以及区间加水等情况，并与水利部、各相关省区等水文单位充分会商后，15 时 20 分发布正式预报，预计潼关站将于 7 日 10 时前后出现 8 000 m^3/s 左右的洪峰流量，同时发布黄河三门峡库区河段洪水黄色预警（见图 4.2-4）。7 日 7 时 36 分，潼关站出现洪峰流量 8 360 m^3/s（报汛值），为 1979 年以来最大流量；15 时，华县站出现洪峰流量 4 330 m^3/s（报汛值）。

9 日 20 时，在三门峡水库投入防洪运用的情况下，小浪底水库出现历史最高水位 273.5 m。此后，防汛需要在控制黄河下游流量稳定的同时，尽快降低小浪底等水库水位，水文部门预测预报工作重心也相应地集中到陆浑、故县、河口村 3 座水库入库和潼关站未来 7 d 水量和流量过程预报方面。水文部门水情预报员继续发扬连续作战的精神，每天 6 时前根据最新雨水情实况及降雨预报信息，并充分考虑此期间汾河、北洛河洪水漫滩、堤防决口等复杂因素影响，进行认真研判会商，7 时前制作完成各项洪水预报成果并向防御部门提交。这段时期，气象水情人员 24 h 轮流值守，每小时通过工作群向防汛领导报告一次黄河重点水文站和水库最新水情，滚动分析雨水情形势，制作黄河潼关站、潼关至小浪底区间、小浪底至花园口区间以及陆浑、故县、河口村 3 座水库未来 7 d 流量过程预报，同时根据水库调度方案实时预演黑石关、武陟及花园口站可能出现的流量过程。

4.2.3　退水期预报预警

10 月 20 日，小浪底水库水位降至 270 m，21 日，黄河花园口站流量降至 4 000 m^3/s 以下，至此，2021 年秋汛全面转入退水阶段。水文部门继续坚持每日早上 6 时制作黄河潼关站、潼关至小浪底区间、小浪底至花园口区间以及陆浑、故县、河口村 3 座水库未来 7 d 流量过程预报，并根据雨水情变化及时修正预报成果，同时根据水库调度方案预演花园口、黑石关及武陟 3 站可能出现的流量过程（见图 4.2-5）。

图 4.2-4　潼关站洪水预报制作

图 4.2-5　退水期洪水预报会商

10 月 27 日，黄河中下游河道流量全线回落至 2 000 m^3/s 以下，黄委宣布解除黄河中下游水旱灾害防御Ⅳ级应急响应，至此秋汛结束。

4.2.4　预报精度分析

按照《水文情报预报规范》（GB/T 22482—2008）评定，2021 年秋汛期间洪峰流量预报合格率为 86.5%，峰现时间预报合格率为 73.1%。秋汛关键期提供未来 7 d 洪水过程预报成果 280 余份，潼关站 7 d 水量预报合格率 84.4%，预报平均误差 10.2%。总体预报精度较好，有效支撑了 2021 年秋汛洪水防御工作。

但面对洪水预报的超常规要求，现有预报能力仍显不足，部分预见期较长的预报，其误差较为明显。9 月 29 日,黄河潼关站出现 7 480 m^3/s 的洪峰流量,小浪底等水库高水位运行,防汛形势严峻。根据降水预报,10 月 2—8 日黄河中游将有持续大范围强降雨过程,其降雨产洪过程将进一步增大小浪底等水库防洪压力。为此,对潼关站 10 月 5—14 日来水量进行了预估,9 月 30 日结果为 31.39 亿 m^3,10 月 1 日降雨预报较前 1 日略有减小,水量预估结果修正为 30.23 亿 m^3,10 月 2 日降雨预报变化不大,考虑流域下垫面状况和北干流来水,结果修正为 30.70 亿 m^3,10 月 3 日预报降雨加强,结果为 32.18 亿 m^3,10 月 4 日预报降雨进一步加大,结果为 32.59 亿 m^3,10 月 5 日部分降雨已经落地,黄河北干流、渭河、北洛河、汾河洪水均在上涨,预计华县站可能出现 4 000 m^3/s 以上的洪水,北洛河、汾河可能出现 800 m^3/s 左右的洪水,龙门站将出现 3 000 m^3/s 的洪峰流量,各站实际洪水较之前预计结果偏大,同时根据最新降雨预报后续降雨还将持续,据此预报潼关站 10 月 5—14 日水量将达 37.27 亿 m^3。以上水量预估、预报结果均在 30 亿~40 亿 m^3,实况为 42.58 亿 m^3。此次洪水过程中降雨落地之前的预报误差在 25%左右,降雨落地之后的预报误差逐步降低至 20%以内。造成误差较大的原因主要包括降雨预报的不确定性、未控区间加水以及中小水库群、淤地坝蓄泄影响等。

随着降雨过程的结束及洪水过程的演进,预报精度开始明显提高。10 月 6 日预报潼关未来 7 d(6—12 日)来水量为 33.95 亿 m^3,实况为 34.47 亿 m^3,10 月 7 日预报潼关未来 7 d(7—13 日)来水量为 31.90 亿 m^3,实况为 31.39 亿 m^3,预报误差分别仅有 1.5%和 1.6%。

2021 年秋汛洪水预报过程中,产生洪水预报误差的主要因素有以下 3 个方面:

(1)降雨预报存在不确定性。

2021 年秋汛形势异常严峻,水库调度对洪水预报提出了超常规的要求,预见期 3 d 以上的洪水预警预报精度主要受降水预报影响,而降雨预报具有不确定性,有时与实际降雨时空分布有一定差异,从而制约了洪水预报精度。秋汛期间,对降雨过程的预报较为准确,但是降雨落区和强度会有一定的偏差,尤其是这种极端的秋汛天气形势,降雨预报难度大,多次出现实际降雨较预报降雨偏大的情况,因此洪水预报需要随着降雨预报进行实时滚动修正。

(2)水利水保工程影响较大。

目前流域内中小水库、淤地坝、橡胶坝等水利水保工程众多,改变了流域产汇流规律,影响洪水预报精度。2021 年秋汛前期中小型水库对洪水进行了拦蓄,但因洪水历时长、水量大,后期又基于水库安全进行泄洪,造成来水和洪峰流量偏多偏大。由于水库数量较多,不能完全掌握工程实时运行信息,给洪水预报带来较大的困难。

(3)未控区间加水及漫滩洪水演进复杂。

黄河龙华河洑区间、潼小区间、小黑武花区间等未控区集水面积较大,支流较多,产汇流规律复杂,加水难以准确估算。黄河小北干流及渭河、汾河、北洛河下游为宽浅河道,大洪水期间易发生漫滩,洪水漫滩后出现滩槽水量交换及河床冲淤变化,漫滩洪水演进规律复杂,使得洪水预报难度大。

第 5 章　水工程调度

水工程调度是调控洪水的重要方法和有效举措，能有效防御流域、区域洪涝灾害。面对 2021 年严峻的秋汛洪水，黄委按照"系统、统筹、科学、安全"的黄河秋汛洪水防御原则，依法依规、科学有序开展干支流控制性水工程的联合优化调度。突出大空间尺度，大小水库能用尽用，充分发挥调度合力，利用引调水工程为洪水寻找出路。在调度精度上下足"绣花"功夫，精准控制花园口站 4 800 m^3/s 左右流量，艾山站流量不超过 5 200 m^3/s，小浪底水库水位不超过 274 m，用好洪水演进的时间差和空间差，在确保水库安全和滩区不漫滩的前提下，极限运用了水库拦蓄洪功能，极致发挥了下游河道排洪能力，有效处置了复杂的汛情。

5.1　洪水调度思路

在 2021 年秋汛洪水防御中，黄河流域干支流水工程联合防洪调度发挥了关键的、重要的作用。如果把这次防御工作比作一次"战役"的话，分布于干支流上的各骨干水工程就是镇守一方的"主力军"，水工程调度就好比指挥官指挥这一支支"部队"相互策应、配合，迎战洪水这个"敌人"。水工程调度既有诸如来水总量的空间调配，水库、下游滩区、滞洪区、河道等各自的防洪安全及作用等"战略"问题，又包含水库的蓄泄时机、干支流流量过程精准对接等这些具体"战术"问题。在这场历史罕见秋汛中，一方面，水库库容是有限定量，考量枢纽大坝及库区安全，不可能把上游来水全部吃到水库"肚子"里；另一方面，又要在最大限度拦洪、削峰、错峰的同时，确保下游河道承载能力和滩区人民安全，不能随意把洪水排出去。既要审时度势，又要统筹平衡，是一个复杂、系统、科学的决策过程。做好调度方案预演，是保障调度有序、支撑科学决策的关键环节。

秋汛洪水防御期间，黄委牢固树立"两个坚持、三个转变"防灾减灾救灾新理念，坚持人民至上、生命至上，以确保水库河道标准内洪水防洪安全，尽量控制黄河下游河道不漫滩为目标。紧盯下游滩区防洪安全和小花间无控区洪水防御，充分利用支流水库拦蓄洪水，削峰错峰，实施水工程科学精细调度。在保证防洪安全的前提下，兼顾减淤、供水、生态、发电等综合效益，实现洪水资源利用，汛末水库尽可能多蓄水。

秋汛前期，8 月 20 日至 9 月 17 日，科学调度干支流水库群，在确保水库安全的前提下，充分发挥干支流水库拦洪、削峰、错峰作用，减轻下游防洪压力。

秋汛关键期，9 月 18 日至 10 月 20 日，按照水利部提出的"系统、统筹、科学、安全"的黄河秋汛洪水防御原则，联合调度黄河中游干支流水库群防洪运用，在确保防洪安全前提下，最大限度地挖掘伊河陆浑水库、洛河故县水库、沁河河口村水库的防洪运用潜力，最高运用可至移民水位或蓄洪限制水位；及时调整小浪底水库下泄流量，凑泄花园口站流量 2 600~4 800 m^3/s，尽量缩短小浪底水库 270 m 水位以上运用时间。三门峡水库视情况投入滞洪运用。同时利用黄河上中游刘家峡、万家寨及支流张峰等水库拦蓄基流。黄河下游实施东平湖滞洪区与金堤河补偿泄洪调度,实时动态调控东平湖、金堤河向黄河泄水流量,有效应对大汶河洪水,确保艾山流量控制在 5 200 m^3/s、东平湖老湖水位控制在 42.72 m,减轻金堤河洪水灾害。在确保涵闸安全的前提下,通过 16 座引黄涵闸分洪,减轻滨州、东营等下游河段防洪压力。

退水期,10 月 21 日至 10 月 31 日,综合考虑河南、山东河段水位变化、工程出险和河势变化等因素,小浪底水库逐步压减流量至发电流量下泄,控制库水位不超 270 m。万家寨、三门峡、陆浑、故县、河口村水库水位逐步向非汛期正常蓄水位过渡。

5.2 调度方案预演

5.2.1 预演范围及要求

针对本次秋汛洪水来源组成,调度方案预演范围主要为潼关至花园口区间,随着雨水情势发展,进入秋汛关键期后,预演范围扩展至龙羊峡至河口干流河段,以及中游汾河、泾渭河、伊洛河、沁河支流河段,水工程调度预演以三门峡、小浪底(含西霞院)、陆浑、故县、河口村水库为主,统筹考虑刘家峡、万家寨、张峰水库,以及金堤河张庄闸、张庄提排站,东平湖陈山口、清河门退水闸等。

水工程调度要求在精度上下足"绣花"功夫,每 2 h 滚动修订调度方案,水库以时段 30 min、流量 50 m^3/s 为控制单元,精准对接花园口流量,充分发挥水库拦洪、削峰作用。

5.2.2 预演工作机制

为实现干支流水库群精细调度,黄委建立了实时预报调度方案滚动交互计算的工作机制和工作流程,紧急成立秋汛防御方案组专班,下设水情预报组和水库调度组。

水情预报组每日根据欧洲中心、中央气象台等机构上午 6 时发布的降雨预报数据及当前的水库调度方案,预报潼关、潼关—小浪底区间、陆浑入库、故县入库、河口村入库、黑石关、武陟、花园口、小浪底—黑石关—武陟至花园口区间等 9 处站点(区间)的洪水过程,并于上午 7 时分批向水库调度组提供预报成果。

水库调度组根据最新洪水预报成果,首先确定支流陆浑、故县、河口村水库的调度方案,支流水库的关键控制指标主要是允许最高库水位和最大下泄流量,其中允许最高库水位考虑征地水位、人员紧急转移水位、历史最高库水位并结合预报来水过程综合选定;允许最大下泄流量依据年度预案确定。支流水库按照下泄流量逐级调整的方式控制最高库水位,即根据各水库确定的允许最高库水位,逐级调整下泄流量,每个级别流量持续时间应尽可能长,且每次流量调整的变幅不宜过大,从而形成相对稳定的支流来水过程,减小因流量大幅变化造成的河道演进模拟误差,提高小浪底水库与支流水库的对接精度。

水库调度组将确定后的支流水库出库过程和小浪底水库当前调令提供给水情预报组,后者根据水库出库过程重新演算黑石关、武陟、花园口洪水过程,并进行反馈。水库调度组复核黑石关、武陟站预报洪水过程,必要时进行修正,按照花园口的控制流量目标要求提出小浪底水库下泄流量调整方案。水情预报组再次演算—反馈—再演算—再反馈，经过多次交互，最终得到满足花园口控制流量和水库最高库水位要求的调度方案。

秋汛防御方案组按照上述流程，实时跟踪雨水情势，每 2 h 滚动预演一次，当雨水情、工情发生较大变化时，加密滚动计算预报调度方案。实时预报调度方案预演流程见图 5.2-1。

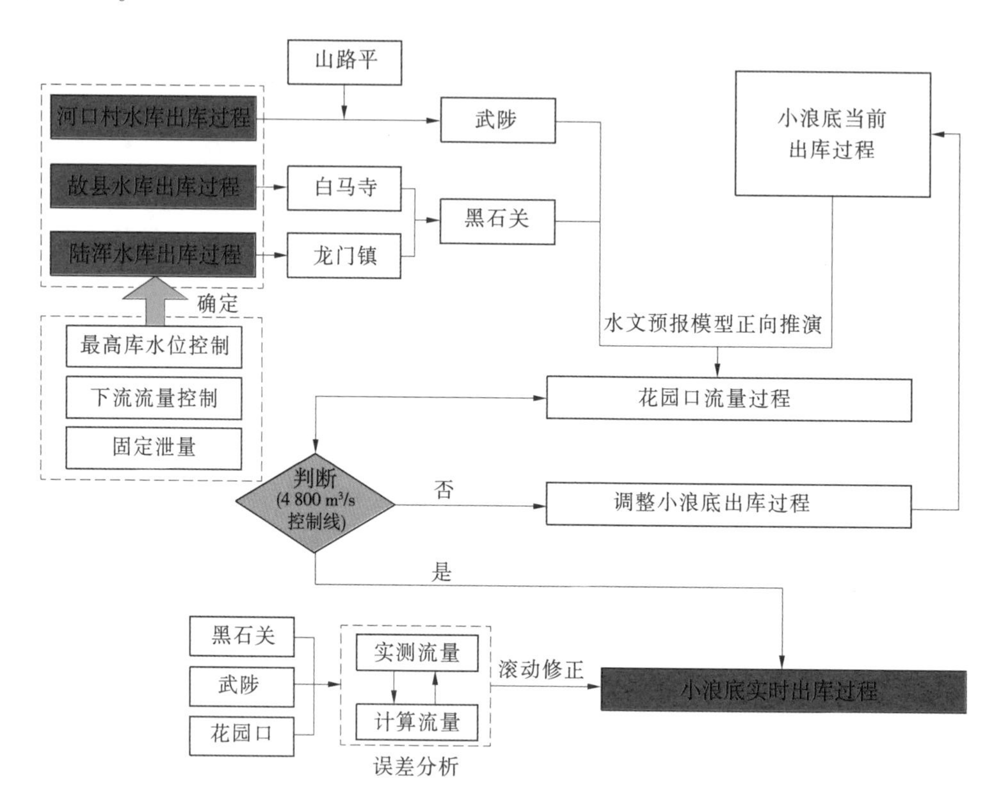

图 5.2-1　**实时预报调度方案预演流程**

水库调度方案确定后，防御局在防汛会商会上汇报调度意见，水库调度组从技术层面补充说明方案预演结果，经会商决策后，水库调令统一由黄委分管防汛的领导签发，再由防御局将调令发送到水库管理单位。由于每 2 h 就要进行一次方案预演，在水情平稳时，采取简化的水库调令签发方式，秋汛防御调度方案工作组直接向分管防汛的领导汇报调度意见（见图 5.2-2），经小范围会商讨论后，签发水库调令。

5.2.3　预演技术路线

5.2.3.1　调度方案制订

本次秋汛洪水黄河中游干支流同时来水，参与调度的水库群为串并混联关系。洪水从河口村水库传播到花园口站需 15~19 h，从小浪底水库传播到花园口站需 10~18 h，从陆浑水库传播到花园口站需 24~34 h，从故县水库传播到花园口站需 26~40 h。实际传播时间与流量大小、河道边界条件等关系密切，洪水调度既要考虑传播时间，又要考虑区间加水，要做到干支流水库精准对接、确保花园口流量控制在目标流量附近，同时由于雨水

图5.2-2　秋汛防御调度方案工作组向分管防汛的领导汇报调度意见

情势变化快、调度窗口期短,需要快速确定调度方案,是一个很大的挑战。

秋汛防御方案组在充分考虑秋汛洪水预报精度水平、干支流水库调蓄能力后,提出了“先细后粗、先支流后干流”调度方案制订路线。

水情预报组每天预报未来7~10 d主要站/区间来水过程,其中未来1~3 d来水过程预报精度较好,未来7~10 d水量预报精度较好。结合洪水预报精度水平,调度方案的制订采用“先细后粗”的方法,即重点考虑未来1 d、聚焦未来4 h,精细预演水库下泄过程,考虑未来7~10 d来水过程,粗匡水库下泄流量范围,控制水库水位不超允许最高库水位。

针对水库群空间分布及蓄洪能力,小浪底水库位于干流,主要控制潼关以上来水;陆浑、故县、河口村水库位于支流,分别控制伊河、洛河、沁河洪水。秋汛前期小浪底水库与支流水库防洪库容比例为4:1左右,相对而言,小浪底水库调度空间要大得多,提出“先支流后干流”方法,即先确定陆浑、故县、河口村水库调度方案,再根据花园口控制流量目标反算小浪底水库调度方案。在方案制订过程中,尽量控制支流水库下泄过程维持在一个固定流量,避免下泄流量大幅增加或减小,从而减小河道洪水演进模拟误差,也是保证干支流水库流量精准对接的关键。

5.2.3.2　逐时段实时修正

依托防汛业务应用系统预演水库调度后花园口站洪水过程时,考虑了干支流水库到花园口站的洪水演进规律。但由于降水时空分布和河道洪水涨落过程不同,以及中小水库、橡胶坝的运用,有时对花园口洪水对接过程影响较大,需要实时修正调度方案。主要思路如下:

(1)根据黄河干流、伊洛河、沁河前几次洪水演进资料,跟踪分析不同量级洪水在主要控制站之间如小浪底至花园口、黑石关至花园口、武陟至花园口的洪水传播时间,以及水库下泄流量明显增加或减小情景下的洪水传播时间。

(2)不考虑洪水坦化,以宜阳、白马寺站、龙门镇站实时洪水过程修正黑石关站$Q_{黑}$未来 8 h 的洪水流量。

(3)河口村以下区间来水较小时,武陟站洪水涨落速率与润城站有一定的相似性,以润城站实时洪水过程修正武陟站 $Q_{武}$ 未来 14 h 的洪水过程。

(4)不考虑洪水坦化,以黑石关站和武陟站实时+预报洪水过程、小花干 $Q_{小花干}$ 预报洪水过程、小浪底出库 $Q_{小}$ 洪水过程,预估花园口 $Q_{花}$ 未来 18~20 h 洪水流量。其中黑石关站、武陟站、小浪底洪水过程需要考虑传播时间。计算公式为:

$$Q_{花} = Q_{黑} + Q_{小} + Q_{武} + Q_{小花干}$$

(5)以预估的 $Q_{花}$ 与调度方案计算的 $Q_{花}$ 对比分析,修正小浪底水库未来 4 h 调度方案。

5.2.4　预演效果评价

水库调度方案预演依托黄河中下游洪水预报调度一体化平台等信息化系统,综合考虑河道洪水传播规律、中小水库影响、伊洛河橡胶坝影响等多种因素,通过专家经验实时滚动修正调度方案,精细调度、精准对接花园口站流量,取得了较好的调度效果。

5.2.4.1　水库预演结果与实际比较

根据 9 月 25 日至 10 月 21 日期间水库调度方案单,比较小浪底、陆浑、故县、河口村水库库水位预演计算值与实测值的差异,结果见表 5.2-1。整体来看,各水库库水位预演计算值与实测值基本一致,小浪底、陆浑、故县、河口村水库库水位预演计算值与实测值误差均值依次为 0 m、0.05 m、0.12 m、-0.07 m。经初步分析,水库预演结果的误差主要受预报来水误差、水库调令执行误差影响。以河口村水库为例,9 月 26 日 16 时库水位预演值与实测值误差最大,此时预演值 275.66 m,实测值 276.59 m,相差-0.93 m。误差主要来源于预报来水与实测来水的偏差,当日预报日均入库流量 1 713 m^3/s,实测日均入库流量 1 771 m^3/s,预报相比实测流量偏小 58 m^3/s,水量偏小 500 万 m^3。

表 5.2-1　各水库预演结果与实测值比较　　单位:m

场次洪水(月-日)	项目	小浪底	陆浑	故县	河口村
09-25—10-05	水位误差范围	-0.12~0.14	-0.19~0.10	-0.11~0.25	-0.93~0.08
	平均误差	-0.03	0.03	0.12	-0.20
10-05—10-21	水位误差范围	-0.10~0.10	-0.01~0.14	-0.03~0.26	-0.35~0.16
	平均误差	0.02	0.07	0.12	0.01
09-25—10-21	水位误差范围	-0.12~0.14	-0.19~0.14	-0.11~0.26	-0.93~0.16
	平均误差	0	0.05	0.12	-0.07

5.2.4.2　河道预演结果与实际比较

根据 9 月 25 日至 10 月 21 日期间花园口站调度目标、流量预演结果与实测值分析,见表 5.2-2、图 5.2-3。整体来看,9 月 25 日至 10 月 21 日调度目标与实测流量平均偏差 32 m^3/s。其中,9 月 25 日至 10 月 5 日次洪水过程的偏差均值为 136 m^3/s;10 月 5 日至

10 月 21 日次洪水过程的偏差均值为-21 m^3/s。9 月 25 日至 10 月 21 日预演结果与实测流量平均误差 23 m^3/s。

表 5.2-2 花园口站调度目标、预演结果与实测值的比较 单位：m^3/s

日期（月-日）	调度目标	预演平均流量	实测平均流量	调度目标与实测流量差值	预演流量与实测流量差值
09-25	不超 4 000	2 633	2 619	—	14
09-26	不超 4 000	2 966	2 803	—	163
09-27	不超 4 500	3 884	3 883	617	1
09-28	不超 4 700	4 606	4 668	32	-62
09-29	不超 4 700	4 206	4 157	543	49
09-30	不超 4 700	4 587	4 613	87	-25
10-01	不超 4 700	4 970	4 812	-112	158
10-02	4 800 左右	4 842	4 763	37	80
10-03	4 800 左右	4 862	4 816	-16	46
10-04	4 800 左右	4 862	4 899	-99	-37
10-05	4 800 左右	4 824	4 794	6	29
10-06	4 800 左右	4 783	4 763	37	21
10-07	4 800 左右	4 834	4 844	-44	-10
10-08	4 800 左右	4 864	4 811	-11	53
10-09	4 800 左右	4 822	4 849	-49	-27
10-10	4 800 左右	4 908	4 908	-108	0
10-11	4 800 左右	4 867	4 840	-40	27
10-12	4 800 左右	4 862	4 823	-23	40
10-13	4 800 左右	4 872	4 860	-60	12
10-14	4 800 左右	4 917	4 908	-108	9
10-15	4 800 左右	4 824	4 827	-27	-2
10-16	4 800 左右	4 855	4 832	-32	23
10-17	4 800 左右	4 814	4 841	-41	-27
10-18	4 800 左右	4 819	4 798	2	21
10-19	4 800 左右	4 847	4 828	-28	20
10-20	4 800 左右	4 617	4 607	193	10
09-25—10-05	09-26 前 4 000 09-27 前 4 500 10-02 前 4 700 10-02 后 4 800	4 242	4 203	136	39
10-05—10-21	4 800 左右	4 833	4 821	-21	12
09-25—10-21	—	4 606	4 583	32	23

注：日均流量计算为当日 08:00 至次日 06:00。

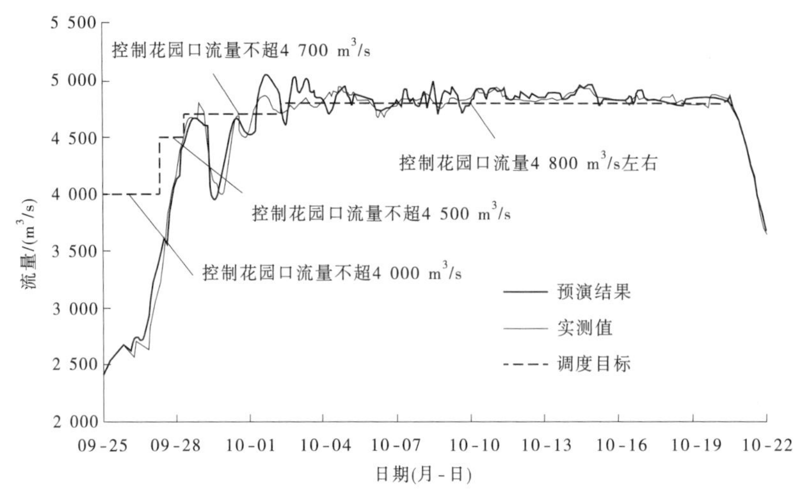

图 5.2-3　花园口站预演结果、调度目标与实测值的比较

初步分析认为,本次秋汛洪水过程中影响调度预演精度的原因主要有以下几个方面:

(1)无控区间加水、滩面水量归槽过程预报难。本次调度以流量 50 m³/s 为控制单元,花园口允许的流量范围为±50 m³/s,小花间无控区面积 1.8 万 km²,在经历 8 月、9 月连续降雨后,土壤基本饱和,降雨即可能产流,要把无控区洪水预报误差控制在 50 m³/s 以内非常难,这直接影响了调度预演的精度。另外,前期滞留滩面水量的归槽过程预报不准也是重要影响因素之一,例如 10 月 14 日前后,小花间无控区并无明显降雨过程,根据黑石关、小浪底、武陟等控制站预演得到的花园口过程较实测值系统偏小,通过复核沁河下游卡口河段平滩流量,判断是沁河前期滞留于滩面水量归槽所致。

(2)不同量级水流演进坦化过程、传播时间差别大,河道上拦河建筑物影响不可控。例如 9 月 27—30 日期间,干支流水库出库流量调整幅度比较大,小浪底水库在 600~2 700 m³/s、陆浑水库在 100~500 m³/s、故县水库在 200~1 000 m³/s、河口村水库在 300~1 800 m³/s 调整,由于不同流量级水流在河道演进传播时间差别很大,洪水演进规律未完全把握准确,再加上各水库下泄流量演进到花园口时间相差也比较大,在对接花园口流量时,模型计算结果可靠度比较低,需要更多地依赖于专家经验分析。另外,伊洛河上橡胶坝运用也是影响精准调度的重要因素,例如 10 月 11—12 日,故县水库下泄流量从 0 增加到 150 m³/s,根据该量级水流演进规律,预估 28 h 后演进到黑石关,但实际黑石关站流量起涨时间滞后很多,故县水库加大到 150 m³/s 以后,保持该流量稳定出库历时 8 d,其间水库以下区间无明显降水过程,但沿程宜阳站、白马寺站流量过程表现出明显的波动过程,经调查分析,是橡胶坝蓄泄运用所致。

(3)水库调度存在系统误差。水库闸门开度允许误差范围为-3%~2%,以小浪底为例,出库流量调令 3 000 m³/s,则下泄 2 910~3 060 m³/s 都是合理范围,但却不能满足本次“下足绣花功夫”的要求。

由于黄河中游多年未发生此等量级洪水,尤其在秋汛期间,调度预演及会商决策过程实质也是不断总结经验、校正校准的过程。9 月下旬调度相对保守,河道水流演进规律摸不准、水库加大下泄操作考虑稳妥再稳妥,导致实际调度结果较预期偏差较大;10 月通过总结反思前两场洪水的调度经验,掌握了影响预演误差的关键因素及规律,预演效果明显提高。

5.3　调度过程

5.3.1　秋汛前期调度

(1)8月20日至8月26日,水库调度以洪水资源化为主。

本时段预报中下游来水量较为平稳,渭河、洛河出现多次明显洪水过程,但量级不大,潼关站洪峰流量2 390 m^3/s、次洪水量8.93亿m^3,伊洛河黑石关站洪峰流量490 m^3/s、次洪水量1.02亿m^3。干支流各水库正处于由前汛期汛限水位向后汛期汛限水位过渡的阶段,库水位处于主汛期汛限水位附近,中游承担防洪任务的5座水库后汛期汛限水位以下库容22.63亿m^3、后汛期汛限水位至防洪运用水位之间库容约125亿m^3,足以“吃下”本次洪水,水库调度以洪水资源化为主。

三门峡水库自8月23日12时潼关流量大于1 500 m^3/s时开始按敞泄运用,25日8时停止敞泄,按不超305 m控制运用。小浪底水库按照300 m^3/s控泄,全力拦蓄洪水,向后汛期汛限水位过渡。8月22—25日伊洛河洪水过程,洛河卢氏站8月22日18时洪峰流量1 350 m^3/s,伊河东湾站8月23日4时24分洪峰流量295 m^3/s,为有效减轻水库下游防洪压力,陆浑水库按照发电流量14.4 m^3/s、故县水库按照发电流量36~108 m^3/s下泄拦洪削峰作用,洪水过后水库向后汛期汛限水位过渡。

本次洪水小浪底、故县水库拦蓄洪水较多,削峰率较高。小浪底水库拦蓄洪水5.94亿m^3,占潼关站次洪水量66.5%,削峰率达到76.2%;故县水库拦蓄洪水0.78亿m^3,占卢氏站次洪水量的83.9%,削峰率达到92.1%。洪水经中游干支流水库大量拦截后,花园口站次洪水量仅2.33亿m^3。其中黑石关站次洪水量1.02亿m^3,占花园口站次洪水量的43.78%;沁河武陟站来水较少,占花园口站次洪水量的5.15%。

(2)8月28日至9月11日,水库调度以控制黄河下游不出现编号洪水为目标。

此次洪水过程主要集中在8月28日至9月11日,泾渭河、伊洛河、金堤河、大汶河发生明显洪水过程。潼关站洪峰流量3 300 m^3/s、次洪水量17.13亿m^3,伊洛河黑石关站次洪水量10.29亿m^3。中游三门峡、小浪底、陆浑、故县、河口村水库库水位处于后汛期水位附近,防洪运用水位以下防洪库容约125亿m^3,水库调度以控制黄河下游不出现编号洪水为目标。根据《2021年黄河中下游洪水调度方案》,陆浑、故县水库最大下泄流量不超1 000 m^3/s,小浪底水库适当压减流量拦洪,控制花园口站流量小于4 000 m^3/s,减轻黄河下游河道和滩区防洪压力。

三门峡水库在洪水过程中敞泄运用,9月8日18时洪水过后回蓄至305 m进出平衡运用。小浪底水库拦蓄潼关以上洪水,与小花间洪水错峰运用。陆浑、故县水库以减轻下游龙门石窟景区和河道防洪压力、同时避免库区淹没为目的,拦洪错峰运用,初期库水位低于后汛期汛限水位前按照发电流量下泄,水位达到汛限水位后视来水过程实时调整下泄流量,陆浑水库依次于8月30日13时、8月30日15时、9月3日10时、9月3日18时、9月4日11时按200 m^3/s、500 m^3/s、200 m^3/s、500 m^3/s、100 m^3/s下泄,洪水过后按最大发电流量 58 m^3/s 下泄;故县水库分别于 9 月 1 日 13 时、1 日 18 时、2 日 10 时、3 日 10 时、3 日 18 时按 300 m^3/s、600 m^3/s、400 m^3/s、200 m^3/s、500 m^3/s 下泄,洪水过后按最大发电流量 108 m^3/s 下泄。9 月 6—7 日洛河洪水过程中,故县水库 9 月 5 日 19 时按 600 m^3/s 下泄,6 日 9 时起按最大发电流量 108 m^3/s 下泄,控制库水位不超过征地水位 534.8 m。河口村水库按发电流量 2~20 m^3/s 控泄,控制库水位不超过 275 m。

本次洪水潼关以上来水大部被小浪底水库拦截,水库拦蓄水量 6.74 亿 m^3,削峰率达到 91.9%。由于伊洛河洪水较大,陆浑、故县水库既要避免库区淹没损失,又要尽可能减轻水库下游防洪压力,同时还要尽可能减少弃水,洪水过后故县水库库水位 534.52 m,陆浑水库库水位 318.78 m。花园口站水量主要由小花区间来水组成,表现为一个历时 17 d 的洪水过程,9 月 3 日 6 时 24 分洪峰流量 2 390 m^3/s,次洪水量 17.99 亿 m^3。

5.3.2　秋汛关键期调度

5.3.2.1　9 月 18 日至 10 月 4 日调度

9 月 18 日至 10 月 4 日,水库调度以控制花园口站流量 2 600~4 800 m^3/s、缩短小浪底水库高水位运用历时为目标。

1. 调度思路

9 月 18—23 日,洪水干支流水库延续上阶段调度思路,陆浑、故县水库按下泄流量不超 1 000 m^3/s 进行防洪运用,河口村水库按控制水位不超 275 m 运用,小浪底水库拦蓄潼关以上洪水、与小花间洪水错峰,凑泄花园口流量小于 4 000 m^3/s。22 日洪峰过后花园口控制流量压减到 2 600 m^3/s 左右,为东平湖泄洪入黄、降低湖水位创造条件。

9 月 27 日,黄河 2021 年第 1 号、2 号洪水相继形成。9 月 25 日至 10 月 4 日洪水过程,三门峡入库洪水总量 35.61 亿 m^3,三小间洪水总量 1.15 亿 m^3,小花间洪水总量 17.19 亿 m^3,其中陆浑、故县、河口村水库入库洪水总量依次为 2.73 亿 m^3、4.69 亿 m^3、6.49 亿 m^3。9 月 25 日 8 时,小浪底、陆浑、故县、河口村水库库水位分别为 261.77 m、317.22 m、532.88 m、268.68 m,剩余防洪库容总计仅 39.92 亿 m^3,其中小浪底、陆浑、故县、河口村水库分别剩余防洪库容 32.55 亿 m^3、2.38 亿 m^3、3.96 亿 m^3、1.03 亿 m^3。

与此同时,黄河下游出现干流洪水与大汶河、金堤河洪水遭遇的不利情况,大汶河洪水总量 3.43 亿 m^3、金堤河 1.89 亿 m^3,9 月 25 日 8 时,东平湖水位 41.73 m,金山坝安全水位 42.72 m 以下库容仅 1.99 亿 m^3,超过该水位将涉及东平湖老湖金山坝以西近 3 万人的转移安置。

针对即将发生的洪水过程,如何同时保证水库大坝及下游防洪安全成为焦点,会商现场的气氛一天比一天紧张。水库防洪方面,若水库继续按上阶段调度思路执行,小浪底水库将超 270 m,水库设计最高拦洪水位 275 m,历史最高蓄水位 270.11 m,小浪底水库蓄到 275 m 大坝安全有保证,但 270.1 m 以上缺少相应监测数据支撑,超 270 m 以后每蓄高 1 m 都要慎重,需要重点考虑库周地质灾害问题的影响;河口村水库 2018 年汛期投入正常防洪运用以来,历史最高蓄水位为 262.65 m,水库高水位运用有待检验。下游防洪方面,若小浪底水库按最高水位控制不超 270 m、其他水库按《2021 年黄河中下游洪水调度方案》运用,花园口控泄流量需要加大到 5 000 m^3/s 以上,目前黄河下游最小平滩流量

4 600 m³/s,超过平滩流量将涉及河南、山东百万老百姓转移安置和滩区耕地淹没,这样的调度无疑是失败的。最糟糕的是,10月4—6日黄河中游还有一轮降雨过程,强度和范围不亚于本轮降雨。

面对黄河中下游严峻的防洪形势,水利部提出了"系统、统筹、科学、安全"的黄河秋汛洪水防御原则,黄委统筹考虑水库运行安全、库区安全及下游河道行洪安全,将下游滩区安全放在第一位,以花园口站流量和小浪底水库水位为主要控制目标,联合调度黄河中游干支流水库群防洪运用,最大限度地挖掘伊河陆浑水库、洛河故县水库、沁河河口村水库防洪运用潜力,最高运用可至移民水位或蓄洪限制水位;调整小浪底水库下泄流量,凑泄花园口站流量4 000~4 800 m³/s,尽量缩短小浪底水库270 m水位以上运用时间。上中游利用刘家峡、万家寨、张峰等水库拦蓄基流。下游为有效应对大汶河洪水、减轻金堤河洪水灾害,东平湖滞洪区与金堤河按控制艾山以下河段不超漫滩流量进行补偿泄洪入黄调度,多举措分泄东平湖洪水,尽可能降低老湖区水位、控制金堤河不超保证水位。中下游水工程抓住洪水到来前后的窗口期尽量下泄流量、降低蓄水位,为迎接下一场洪水做好准备。

2. 调度过程

(1)干流洪水调度。

9月18日,受渭河来水影响,潼关站洪水起涨,10时潼关站流量达到3 510 m³/s,三门峡水库开始按敞泄运用,9月21日20时,水库停止敞泄运用,控制库水位不超305 m运用。9月27日,潼关站2021年第1号洪水正在形成,三门峡水库于9时起再次敞泄运用,10月3日,潼关站流量回落,三门峡水库停止敞泄,于0时起按控制库水位不超305 m运用。

为与小花间洪水错峰,控制花园口站流量不超4 000 m³/s,9月18日18时,小浪底水库压减至500 m³/s下泄。9月19日11时,进一步压减至300 m³/s。根据上游来水和伊洛河洪水过程,小浪底水库于9月21日起,按凑泄花园口站2 600 m³/s量级进行调度运用,14时、20时、22时分别按600 m³/s、900 m³/s、1 200 m³/s下泄,9月22日2时按1 700 m³/s下泄。为有利于东平湖泄洪入黄,降低老湖水位运用,9月22日20时起,小浪底水库适当压减流量,按1 200 m³/s下泄,控制艾山站流量2 300 m³/s以上、利津2 100 m³/s以上。25日16时,小浪底进一步压减下泄流量至600 m³/s。

9月27日,上游来水持续增大,潼关站形成2021年第1号洪水,8时小浪底库水位达264.34 m,为减缓水位上涨速度,12时、21时,小浪底水库分别加大至1 200 m³/s、1 500 m³/s下泄。9月28日10时,为与小花间洪水过程错峰,小浪底水库果断压减至500 m³/s下泄,随着小花间洪水回落,9月29日2时起加大至900 m³/s下泄,29日6时至30日16时,由1 100 m³/s逐级加大至3 300 m³/s下泄,与支流水库联合调度,控制花园口站流量不超4 700 m³/s。

10月1日10时,根据支流水库泄流及无控区间加水情况,小浪底水库调整下泄流量至3 100 m³/s,1日14时至2日2时,逐时段加大下泄至3 600 m³/s。2日8时至3日0时,为防止花园口站流量超过4 800 m³/s的控制目标,逐级压减下泄流量至3 300 m³/s。2日16时,小浪底水位达到271.18 m,为1号洪水期间的最高水位,之后小浪底水库按照控制花园口流量不超4 800 m^3/s的目标,继续以最大流量下泄,尽力降低库水位,为迎接下一场洪水腾出库容。

鉴于9月下旬以来黄河中下游严峻的防洪形势,为减小黄河进入中游基流,减轻中下游防洪压力,万家寨、龙口水库联合调度,自9月28日12时起按500 m^3/s下泄,待万家寨水库水位蓄至975 m时,按进出库平衡运用。

(2)伊洛河洪水调度。

9月18—21日,伊洛河流域发生较大洪水过程,洛河卢氏站9月19日7时12分洪峰流量2 430 m^3/s,伊河东湾站19日12时48分洪峰流量2 800 m^3/s。为应对本次洪水过程,陆浑、故县水库预泄腾库,洪水到达后全力拦洪运用,控制库水位尽量不超过征地水位。陆浑水库分别于18日16时、19日10时、21日7时按照300 m^3/s、1 000 m^3/s、500 m^3/s下泄,洪水过后按200 m^3/s下泄;故县水库分别于17日9时、18日10时、18日17时、18日23时、21日7时按照200 m^3/s、600 m^3/s、800 m^3/s、1 000 m^3/s、600 m^3/s下泄,洪水过后按300 m^3/s下泄。

9月25—30日,伊洛河流域发生一场洪水过程,洛河卢氏站9月25日17时洪峰流量1 380 m^3/s,伊河东湾站9月25日7时24分洪峰流量1 560 m^3/s。为应对此次洪水,陆浑、故县、水库持续降水位运用,为后续洪水防御腾出库容。陆浑水库于25日9时加大至500 m^3/s下泄。故县水库25日9时加大至500 m^3/s下泄,11时加大至1 000 m^3/s下泄。为迎战黄河1号、2号洪水,充分发挥支流水库拦洪错峰作用,为小浪底加大下泄流量腾出空间,陆浑水库分别于27日12时、28日6时、29日21时、30日11时按照300 m^3/s、100 m^3/s、300 m^3/s、200 m^3/s下泄。故县水库持续压减下泄流量,分别于28日12时、29日17时、30日11时按照800 m^3/s、300 m^3/s、200 m^3/s下泄。10月1—4日,本场洪水进入退水期,为给小浪底水库争取更大的调度空间,陆浑水库分别于10月2日19时、4日18时按照300 m^3/s、200 m^3/s下泄;故县水库分别于10月2日15时、3日21时、4日21时按照250 m^3/s、200 m^3/s、150 m^3/s下泄。

(3)沁河洪水调度。

9月18—20日,沁河发生一次洪水过程,山里泉站19日15时51分洪峰流量765 m^3/s。为应对此次洪水,河口村水库于17日9时按300 m^3/s下泄,提前预泄腾库,拦蓄洪水。

9月25—28日,沁河流域发生较大洪水过程,河口村水库26日最大入库流量2 360 m^3/s。为应对本次洪水过程,统筹下游和库区防洪安全,河口村水库下泄流量于25日20时起由600 m^3/s逐级加大至26日18时1 800 m^3/s下泄,尽力控制库水位。27日0时30分水库出现最高水位278.17 m。9月27日黄河第1号、2号洪水先后形成,为应对1号、2号洪水,统筹考虑水库运行安全、库区安全及下游河道行洪安全,河口村水库于27日12时至28日21时下泄流量逐渐由1 500 m^3/s压减至300 m^3/s,为小浪底水库加大泄量腾出空间。

9月29日至10月6日,为实现花园口站4 800 m^3/s左右流量凑泄目标和控制水库水位不超过280 m,河口村水库下泄流量基本控制在300~700 m^3/s。

(4)大汶河洪水调度。

根据孙口站—庞口—艾山洪水演进情况,考虑金堤河加水,根据实时水情调度出湖闸闸门，控制艾山以下河段不超漫滩流量，自9月29日起，东平湖滞洪区进行补偿泄洪入黄。期间东平湖老湖最高水位10月2日16时42.47 m，超警戒水位0.75 m，最大分洪流量693 m^3/s（9月29日2时），其中最大泄洪入黄流量385 m^3/s（10月1日23时）。

（5）金堤河洪水调度。

金堤河泄洪入黄工程主要为张庄闸、张庄提排站。7月17日以来，金堤河末端张庄闸就已开启向黄河泄水，根据黄河水位情况，适时启闭闸门相机向黄河泄水。9月24日14时，张庄提排站开启。秋汛期间受降雨来水影响，金堤河持续高水位运行，9月26日濮阳县站出现最大流量140 m^3/s，最高水位50.98 m，超警戒水位（50.13 m）0.85 m；9月28日范县站出现最大流量280 m^3/s，最高水位47.37 m，超警戒水位（45.00 m）2.37 m；10月3日台前站出现高水位44.30 m，超警戒水位（42.40 m）1.9 m。

10月1日金堤河张庄闸最大下泄入黄流量162 m^3/s，10月2日10时至3日14时为控制艾山以下河段不超漫滩流量，关闭张庄闸。2日21时由于金堤河上游来水增大，金堤河南关桥水位已达44.19 m，并快速上涨，接近保证水位44.97 m，张庄提排站23时30分起所有机组全开排泄洪水，日均外排流量控制在100 m^3/s左右。

5.3.2.2 10月5—20日调度

10月5—20日，水库调度以控制花园口站流量4 800 m^3/s左右、小浪底库水位不超过274 m并尽量能减少高水位持续时间为目标，利用引调水工程为洪水寻找出路。

1. 调度思路

10月5日23时，潼关站形成2021年第3号洪水。10月5—20日洪水过程，三门峡入库洪水总量60.97亿 m^3，三小间洪水总量0.75亿 m^3，小花间洪水总量10.62亿 m^3，其中陆浑、故县、河口村水库入库洪水总量依次为0.82亿 m^3、1.86亿 m^3、5.73亿 m^3。10月5日8时，小浪底、陆浑、故县、河口村水库库水位分别为269.89 m、317.60 m、534.16 m、274.58 m，剩余防洪库容13.29亿 m^3、2.23亿 m^3、3.71亿 m^3、0.70亿 m^3。

本次洪水防御重点是下游滩区、小浪底和河口村水库，中游水库群继续按照上一场洪水的调度思路，以控制花园口站4 800 m^3/s左右为目标进行凑泄，尽力挖掘支流水库防洪潜力，陆浑、故县水库逐步压减下泄流量直至关闭闸门，分别控制库水位不超过移民高程319.5 m、544.2 m，河口村水库控制库水位不超280 m，尽力为小浪底水库加大下泄创造条件，缩短小浪底水库高水位运行时间。三门峡水库视情投入滞洪运用。继续利用刘家峡、万家寨、张峰等水库拦蓄上游基流，实时动态调控东平湖、金堤河向黄河泄水流量。东平湖采取“拦”“蓄”“送”“排”等综合措施，在保证黄河滩区安全的同时，确保东平湖水位有序回落。

2. 调度过程

（1）干流洪水调度。

10月3日14时至4日0时，根据支流来水消落过程，小浪底水库逐级加大下泄流量至3 800 m^3/s，之后在3 600~3 800 m^3/s范围内微调。10月5日18时，小浪底水库降低至269.75 m，为1号、3号两场洪水间隙的最低水位；5日23时，潼关站流量达到5 090 m^3/s，形成2021年第3号洪水。5日22时至7日7时30分，小浪底水库由3 850 m^3/s逐级加大至4 150 m^3/s下泄。7日11时至8日10时，由于沁河上游发生洪水，入黄流量加大,小浪底水库下泄流量由4 050 m^3/s减小至3 400 m^3/s。随着支流水库全力压减下泄流量,给小浪底水库加大下泄创造了条件,8日10时至10日1时起,小浪底水库下泄流量由3 400 m^3/s逐级加大至4 250 m^3/s。9日20时,小浪底水库达到本次秋汛洪水拦蓄过程的最高蓄水位273.5 m,创历史新高。10日9时30分至16日11时,根据支流水库泄流变化,小浪底水库下泄流量在4 100~4 300 m^3/s微调,最大下泄流量为4 300 m^3/s(12日19时至14日8时)。

为减轻小浪底水库及黄河下游防洪压力,3号洪水期间,三门峡水库前期敞泄运用。10月9日8时,小浪底水库水位超过273 m,接近设计洪水位。为控制小浪底水库水位上涨,保证水库防洪安全,经深入研究并与水利部多次会商,三门峡水库于10月9日17时10分投入滞洪运用,按照小浪底出库流量4 200 m^3/s控泄。10月10日20时、11日10时分别根据小浪底出库流量同步调整下泄流量至4 100 m^3/s、4 150 m^3/s。考虑到上游来水减小,小浪底水库水位开始缓慢回落,三门峡水库于10月11日18时起,按回蓄到315 m后,进出库平衡运用。至10月12日10时,共拦蓄洪水2.612亿m^3。

10月黄河上游进入非汛期,面对严峻的中下游防洪形势,为减小进入中游基流,10月上旬,刘家峡水库日均出库流量由900 m^3/s压减至600 m^3/s,10月中旬日均出库流量调整为700 m^3/s。此后,考虑黄河中下游防洪形势趋缓,为做好防汛防凌衔接,根据上游来水及下游引水情况,自10月15日12时起,日均出库流量加大至按1 400 m^3/s控制,结束配合中下游防洪调度运用。

中游万家寨水库自10月4日0时起出库流量继续按500 m^3/s控制,适当拦蓄来水,待水库水位蓄至977 m时,按进出库平衡运用,10月7日20时起,又调整为按控制库水位不超980 m运用。黄河中下游汛情趋于稳定后,10月20日起,万家寨水库恢复按正常蓄水位977 m运用,加大下泄流量,库水位逐步回落。整个秋汛防洪运用期间,万家寨水库最高蓄水位为978.94 m(10月10日15时55分),为建库以来汛期最高运用水位,最大拦蓄洪水3.09亿m^3。

(2)伊洛河洪水调度。

10月5—12日,考虑伊洛河流域未来几天无明显降雨,为给小浪底水库争取更大的调度空间,同时迎战黄河第3号洪水,陆浑、故县水库持续压减下泄流量直至关闭闸门。陆浑水库分别于10月5日9时、6日12时按照50 m^3/s、0 m^3/s下泄;故县水库分别于5日12时、6日22时按照50 m^3/s、0 m^3/s下泄。考虑小浪底水库水位降至273 m以下,呈下降趋势,陆浑水库12日12时按照5 m^3/s下泄;故县水库分别于11日18时、12日10时按照100 m^3/s、150 m^3/s下泄,故县水库10月12日出现最高水位537.75 m。

(3)沁河洪水调度。

10月5—9日,沁河上游出现一次明显洪水过程,沁河飞岭站6日16时5分最大流量1 190 m^3/s,为应对此次洪水,凑泄花园口4 800 m^3/s流量,并控制河口村水库水位不超过280 m,河口村水库分别于10月6日22时、7日2时、7日6时、7日9时、7日10时、7日14时、7日18时按照400 m^3/s、500 m^3/s、600 m^3/s、800 m^3/s、900 m^3/s、1 000 m^3/s、1 100 m^3/s下泄。洪水过后,为给小浪底水库增加下泄流量创造条件,河口村水库逐步压减下泄流量,并控制库水位不超过280 m,水库于8日12时至13日12时逐渐由1 000

m^3/s 压减至 300 m^3/s。

(4)大汶河洪水调度。

受大汶河持续来水和泄洪入黄受限影响,东平湖水位持续上升。为确保东平湖防洪安全,自10月3日起,在补偿泄洪入黄运用的基础上,东平湖多举措全力泄洪,发挥大汶河拦河闸坝拦蓄洪水作用和大汶河琵琶山引汶闸、南水北调济平干渠、穿黄工程、八里湾船闸等分水作用,利用南水北调东线工程加大向胶东地区和华北地区的送水,其中利用南水北调济平干渠向小清河送水,最大流量36 m^3/s,利用南水北调穿黄河工程送水,最大流量40 m^3/s;打通南排渠道,利用八里湾船闸、八里湾泄洪闸通过柳长河、梁济运河向南四湖分泄东平湖洪水,八里湾船闸最大流量88 m^3/s,八里湾泄洪闸最大流量49.4 m^3/s,其中利用东平湖八里湾泄洪闸实施南排泄水为首次。

10月11日1时,东平湖老湖水位降至42.20 m,防洪形势趋缓。为减轻黄河干流艾山以下河段防守压力,自10月11日起,压减东平湖老湖区排入黄河的水量,继续利用引调水工程分泄洪水,降低湖区水位,确保东平湖防洪安全;10月18日23时,东平湖老湖水位降至41.72 m,为防止庞口闸前淤积,清河门闸按30~40 m^3/s 下泄。10月19日12时,由于设备出现故障,关闭清河门闸,改开陈山口入黄闸。10月20日12时,关闭八里湾船闸和八里湾泄洪闸,停止向南四湖分泄东平湖洪水。

(5)金堤河洪水调度。

为降低金堤河南关桥水位,10月3—9日张庄闸开闸共5次,入黄水量总计613.62万 m^3,持续放水80 h。由于10月中旬金堤河上游来水减少水位降低,张庄闸不具备排水条件,张庄闸自10月10日起关闭。张庄提排站日均外排流量控制在100 m^3/s 左右;10月18日8时,考虑金堤河上游来水减少,水位降低,张庄提排站流量压减至64 m^3/s,10月19日8时,关闭金堤河张庄提排站。10月2—19日通过张庄提排站累计排洪量为1.4亿 m^3。

5.3.3　退水期调度

5.3.3.1　调度思路

10月20日4时,小浪底水库水位降至270 m,黄河秋汛正式进入退水期。综合考虑退水期河南、山东河段水位变化、工程出险和河势变化等因素,小浪底水库逐步压减流量至发电流量下泄,控制库水位不超270 m。万家寨、三门峡、陆浑、故县、河口村水库水位逐步向非汛期正常蓄水位过渡。

5.3.3.2　调度过程

(1)干流洪水调度。

10月21日0时起,根据《2021年黄河中下游洪水调度方案》,三门峡水库按满发流量逐步回蓄至非汛期水位318 m运用。10月20日4时,小浪底水库水位降至270 m,水库下泄流量由4 200 m^3/s 减小至4 000 m^3/s,20日8时、12时、16时分别连续压减至3 800 m^3/s、3 600 m^3/s、3 400 m^3/s 下泄,之后每6 h压减200 m^3/s,于23日10时压减至1 200 m^3/s 下泄。10月25日21时,考虑上游来水加大,小浪底水库加大至1 400 m^3/s 下泄。10月27日起,小浪底水库按控制库水位不超过270 m正常运用,至此,小浪底水库秋汛洪水调度过程结束。

(2)伊洛河洪水调度。

陆浑水库于21日16时按50 m^3/s 下泄,向正常蓄水位过渡,10月24日14时出现最高水位319.39 m;故县水库分别于23日10时、23日19时按150 m^3/s、200 m^3/s 下泄,向正常蓄水位过渡。10月26日,黄河下游各站基本降至2 000 m^3/s 以下,10月26日起故县水库继续降水位运用,待库水位降至534.8 m后,按控制库水位不超过534.8 m运用,10月27日起陆浑水库按控制库水位不超过319.5 m正常运用。

(3)沁河洪水调度。

10月20日,河口村水库水位降至275 m,10月21日16时起按照最大发电流量下泄。考虑下游汛情趋缓,为使库水位尽快降低至正常蓄水位以下,河口村水库于23日10时、23日12时分别按照300 m^3/s、260 m^3/s 下泄。10月25日17时30分河口村水库水位最低降至271 m。10月25日17时起按最大发电流量下泄,向正常蓄水位275 m过渡。10月26日,黄河下游各站基本降至2 000 m^3/s 以下,支流水库按正常运用,10月27日起河口村水库按控制库水位不超过275 m正常运用。

(4)大汶河、金堤河洪水调度。

考虑山东省雨季已结束,降水明显减少,10月25日20时关闭东平湖出湖闸,停止向黄河干流泄洪,转入后汛期运用。考虑金堤河上游来水减少,水位降低,10月18日8时,金堤河张庄提排站流量压减至64 m^3/s。10月19日8时,关闭金堤河张庄提排站。

5.4 调度成效

5.4.1 最大程度降低了洪水灾害损失

2021年秋汛洪水期间,干流洪水经三门峡、小浪底水库调蓄后最大削峰率85%,故县、陆浑、河口村水库最大削峰率在50%~91%。经干支流水库群联合防洪运用,花园口站洪峰流量由最大12 500 m^3/s 削减至5 220 m^3/s 左右,削峰率58%,花园口站流量在4 800 m^3/s 左右历时约470 h。经沿黄各级全力抢护,黄河堤防、河道工程等没有出现重大险情,确保了河道行洪安全和下游滩区安全,避免了下游滩区140万人转移和399万亩耕地受淹。

5.4.1.1 黄河干流

干流潼关站出现4次洪水量级超过3 000 m^3/s 以上洪水过程,经三门峡、小浪底水库调蓄后,平均削峰率为62%,最大削峰率为85%。潼关站10月7日出现最大洪峰8 360 m^3/s,小浪底、三门峡水库共同削减洪峰4 130 m^3/s,相应削峰率49%。花园口站秋汛洪峰期间出现4次较大的洪水过程,经三门峡、小浪底、陆浑、故县、河口村等水库作用,将花园口站6 180~12 500 m^3/s 的洪峰削减为2 390~5 220 m^3/s,最大削峰率61%,黄河干流水库及控制站削峰率情况见表5.4-1。

5.4.1.2 伊洛河与沁河

伊洛河陆浑水库、故县水库均相继出现5次洪水量级超过1 000 m^3/s 以上入库洪水过程,陆浑水库、故县水库平均削峰率分别为67%、54%,最大削峰率分别为89%、91%,最高运用水位达到 319.39 m、537.75 m，故县水库水位创历史新高。陆浑水库入库水文站东湾站 9 月 19 日出现最大洪峰 2 800 m^3/s，陆浑水库削减洪峰 1 800 m^3/s，相应削峰率 64%。故县水库入库水文站卢氏站 9 月 19 日出现最大洪峰 2 430 m^3/s，故县水库削减洪峰 1 060 m^3/s，相应削峰率 44%。伊洛河黑石关站秋汛洪峰期间出现 3 次较大的洪水过程，经陆浑、故县水库联合作用，将黑石关站 3 360~3 750 m^3/s 的洪峰削减为 1 870~2 950 m^3/s，最大削峰率 50%。伊洛河流域水库及控制站削峰率情况见表 5.4-2。

表 5.4-1　黄河干流水库及控制站削峰率统计

	洪峰出现时间		9 月 7 日	9 月 20 日	9 月 30 日	10 月 7 日
三门峡、小浪底水库	洪峰流量/(m^3/s)	潼关站	3 300	4 320	7 480	8 360
		小浪底站	486	1 150	4 550	4 230
		削减量	2 814	3 170	3 020	4 130
	削峰率/%		85	73	40	49
花园口站	洪峰出现时间		9 月 3 日	9 月 21 日	9 月 28 日	10 月 8 日
	洪峰流量/(m^3/s)	还原计算值	6 180	8 560	12 500	11 000
		实测值	2 390	3 780	5 220	4 920
		削减量	3 790	4 780	7 280	6 080
	削峰率/%		61	56	58	55

表 5.4-2　伊洛河水库及控制站削峰率统计

	洪峰出现时间		8 月 29 日	9 月 1 日	9 月 19 日	9 月 25 日	9 月 28 日
陆浑水库	洪峰流量/(m^3/s)	东湾站	1 500	1 100	2 800	1 560	1 040
		陆浑站	497	572	1 000	511	111
		削减量	1 003	528	1 800	1 049	929
	削峰率/%		67	48	64	67	89
故县水库	洪峰出现时间		8 月 22 日	9 月 1 日	9 月 19 日	9 月 25 日	9 月 28 日
	洪峰流量/(m^3/s)	卢氏站	1 390	2 440	2 430	1 380	1 750
		长水站	122	637	1 370	985	1 160
		削减量	1 268	1 766	1 060	390	590
	削峰率/%		91	73	44	28	34
黑石关站	洪峰出现时间			9 月 2 日	9 月 20 日		9 月 29 日
	洪峰流量/(m^3/s)	还原计算值		3 750	3 630		3 360
		实测值		1 870	2 950		2 220
		削减量		1 880	680		1 140
	削峰率/%			50	19		34

沁河河口村水库相继出现 3 次洪水量级超过 500 m³/s 以上入库洪水过程,河口村水库平均削峰率为 31%,最大削峰率为 59%,最高运用水位达到 279.89 m,创历史最高水位。河口村水库入库站山里泉站 9 月 26 日出现最大洪峰 2 210 m³/s,水库削减洪峰 450 m³/s,相应削峰率 20%。沁河武陟站秋汛洪峰期间出现 3 次较大的洪水过程,经河口村水库作用,将武陟站 760~2 320 m³/s 的洪峰削减为 518~2 000 m³/s,最大削峰率 50%。沁河流域水库及控制站削峰率情况见表 5.4-3。

表 5.4-3　沁河流域水库及控制站削峰率统计

河口村水库	洪峰出现时间		9 月 19 日	9 月 26 日	10 月 8 日
	洪峰流量/(m³/s)	山里泉站	765	2 210	1 090
		五龙口站	315	1 760	1 110
		削减量	450	450	170
	削峰率/%		59	20	13
武陟站	洪峰出现时间		9 月 20 日	9 月 27 日	10 月 7 日
	洪峰流量/(m³/s)	还原计算值	760	2 320	1 950
		实测值	518	2 000	977
		削减量	242	320	973
	削峰率/%		32	14	50

5.4.2　进一步减轻了水库河道淤积

8 月 20 日至 10 月 31 日秋汛期,三门峡水库进行了多次敞泄运用,库区发生明显冲刷,累积冲刷 0.886 亿 t。小浪底水库拦洪运用,库区以淤积为主,共计排沙 0.198 亿 t,库区淤积 2.090 亿 t。下游河道发生了显著冲刷,全下游共冲刷泥沙 0.913 亿 t,主要集中在高村以上河段。

5.4.2.1　水库冲淤

8 月 20 日至 10 月 31 日,三门峡水库入库水量为 162.52 亿 m³,入库沙量为 1.402 亿 t;出库水量为 169.61 亿 m³,出库沙量 2.288 亿 t,库区冲刷 0.886 亿 t。其中,8 月 21 日至 10 月 3 日几次洪水期间三门峡库区均发生不同程度的冲刷,10 月 4 日至 10 月 20 日洪水期间,三门峡水库蓄水运用,库区发生少量淤积,淤积量为 0.011 亿 t(见图 5.4-1)。

8 月 20 日至 10 月 31 日,小浪底入库水量为 169.61 亿 m³,入库沙量 2.288 亿 t;出库水量为 106.51 亿 m³,出库沙量为 0.198 亿 t;库区淤积 2.090 亿 t(见图 5.4-2),几场洪水期间小浪底库区均发生不同程度的淤积。

5.4.2.2　下游河道冲淤

由于进入下游的水流含沙量较低,秋汛期下游河道发生了显著冲刷,共冲刷泥沙 0.913 亿 t(见表 5.4-4)。冲刷主要集中在高村以上河段,冲刷 0.841 亿 t,占小浪底—利津冲刷量的 92.1%。其中,花园口以上河段冲刷量最大,为 0.439 亿 t;花园口—高村河段次之,冲刷量为 0.402 亿 t;高村—艾山和艾山—利津河段冲刷量较小,冲刷量均为 0.036 亿 t。

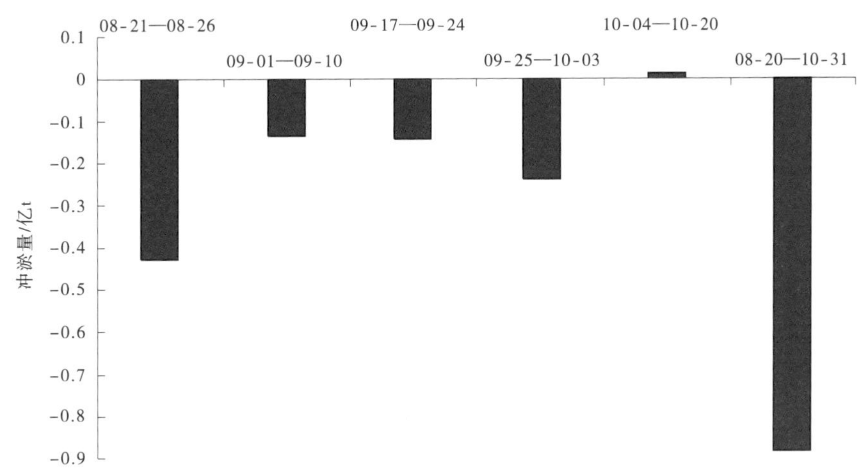

图 5.4-1　2021 年秋汛三门峡水库各场洪水冲淤量对比

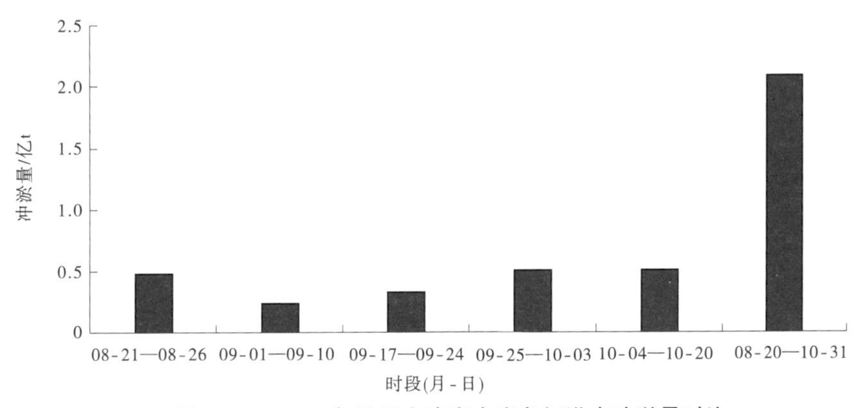

图 5.4-2　2021 年秋汛小浪底水库各场洪水冲淤量对比

表 5.4-4　2021 年秋汛期黄河下游各河段冲淤量　　单位:亿 t

河段	08-20—08-28	08-29—09-13	09-14—09-23	09-24—10-22	10-23—10-27	10-28—10-30	08-20—10-31
小浪底—花园口	0.002 6	−0.042 0	−0.043 5	−0.322 3	−0.017 3	−0.016 2	−0.439
花园口—夹河滩	0.004 0	−0.011 8	−0.019 8	−0.162 5	−0.014 1	−0.013 0	−0.217
夹河滩—高村	−0.001 4	−0.007 3	−0.036 3	−0.137 3	−0.000 8	−0.001 8	−0.185
高村—孙口	0.002 3	0.000 6	0.029 8	0.092 3	0.005 5	−0.000 2	0.130
孙口—艾山	−0.000 4	−0.017 9	−0.033 5	−0.107 6	−0.005 9	−0.000 7	−0.166
艾山—泺口	0.000 4	−0.011 3	−0.009 9	−0.027 1	−0.001 0	−0.001 4	−0.050
泺口—利津	0.001 5	−0.019 3	−0.015 6	0.047 2	−0.001 7	0.001 8	0.014
小浪底—利津	0.009	−0.109	−0.129	−0.617	−0.035	−0.032	−0.913

注:计算中考虑了洪水演进时间和沿程引水引沙,洪水时段为小浪底站的。

5.4.2.3　下游过流能力变化

同流量水位变化在一定程度上可以反映河道的冲淤表现。秋汛期黄河下游水文站同流量水位表现，当流量在 2 000~4 500 m^3/s 时，花园口、夹河滩、高村三个水文站在整个秋汛期同流量水位均下降，下降幅度为 0.1~0.32 m，孙口站同流量水位均抬升，水位升幅为 0.1~0.33 m，艾山站除 4 500 m^3/s 流量水位降低了 0.2 m 外，其他同流量水位均抬升，抬升幅度为 0.01~0.22 m，泺口、利津同流量水位均下降，下降幅度为 0.02~0.15 m；当流量为 5 000 m^3/s 时，花园口同流量水位降低 0.08 m，其他水文站同流量水位变幅在 0~0.04 m，水位变化不大。

秋汛末黄河下游各水文站的平滩流量，花园口 7 300 m^3/s、夹河滩 7 400 m^3/s、高村 6 600 m^3/s、孙口 4 800 m^3/s、艾山 4 800 m^3/s、泺口 4 900 m^3/s、利津 4 700 m^3/s，与秋汛初相比，下游平滩流量略有增加，利津以上河段最小平滩流量为陈楼（陈楼在孙口上游 12.46 km）等断面的 4 600 m^3/s，与 2021 年汛初相同，见表 5.4-5。

表 5.4-5　2021 年水文站断面平滩流量及其变化　　单位：m^3/s

水文站	花园口	夹河滩	高村	孙口	艾山	泺口	利津
汛初	7 200	7 100	6 500	4 800	4 700	4 800	4 650
秋汛初	7 240	7 220	6 540	4 800	4 740	4 840	4 670
汛末	7 300	7 400	6 600	4 800	4 800	4 900	4 700
秋汛期变化	60	180	60	0	60	60	30

5.4.3　实现了水资源综合利用

在确保防洪安全的前提下，通过水工程分阶段有计划拦洪蓄洪，最大限度储备水资源。截至 10 月 31 日，龙羊峡、刘家峡、小浪底等干支流 10 座大型水库总蓄水量 367.3 亿 m^3，为当年冬季及翌年春季沿黄工农业用水、流域抗旱、调水调沙和生态用水储备了充足水源。

秋汛洪水期间，黄河下游河槽全面过水，河流水面区域扩展约 1 倍以上，对黄河下游河漫滩湿地水分进行了充分补给。在湿地面积方面，提取的卫星影像资料显示，河流水面范围由 2020 年 10 月的 54 km^2 增加至 116 km^2；在陆生植被方面，湿地调查区内物种菊科和禾本科最多，从新乡曹岗及开封柳园口采集的 14 个样地中，10 个样地的平均覆盖度均大于 80%，开封柳园口的平均盖度及平均生物量普遍高于新乡曹岗，其生物量的分布规律与覆盖度基本相似。

河口地区，通过刁口河生态分洪和清水沟流路漫溢补水，对黄河三角洲淡水湿地规模扩大和生物多样性提高起到了积极作用。经统计，秋汛期共向刁口河流路生态分洪 3 981 万 m^3，向黄河三角洲国家级自然保护区北部湿地修复区补水 2 292 万 m^3，向刁口河口近海水域补水 1 374 万 m^3。此外向黄河三角洲国家级自然保护区南部核心区实现自然漫溢，共新增补水范围约 40 km^2。从植被生长情况上看，黄河三角洲自然补水区的自然植被的面积和覆盖度明显增加，植被块面积增加了 25.7 km^2。

第6章　巡查防守与险情抢护

巡查防守是及时发现险情并采取有效措施，将险情消除在萌芽状态的重要途径。黄委坚持"防住为王"，全面压实责任，黄委党组以身作则、靠前指挥，7名正厅级领导带队赴下游检查督导，1 870名黄委机关和委属单位干部下沉一线参与巡堤查险，49个工作组现场指导工作。河南、山东两省按照1:3落实专群结合的巡查防守队伍，坚持"抢早、抢小、抢住"，不间断开展工程隐患排查，重点部位实行24 h蹲查，第一时间除险加固，高峰期共有3.3万人奋战在抗洪一线，有效预防了较大以上险情的发生，有效保证了黄河下游河势基本稳定，避免了下游滩区140万人转移安置和399万亩耕地受淹。

6.1　巡查防守部署与督导

黄河秋汛洪水发生后，黄委贯彻落实水利部党组决策部署，把下游防守作为重中之重，提出"把隐患当险情对待，把小险当大险处置"，坚持每日会商，及时启动应急响应机制，紧密跟踪雨水情变化，动态调整工程巡查防守工作，对重点河段部位采取无人机航拍、卫星遥感监测措施，从严从紧、从细从实抓好各个环节工作。

6.1.1　巡查防守部署

6.1.1.1　秋汛前期

秋汛前期，降雨主要集中在山陕区间、泾渭洛河上游部分地区，宁夏、内蒙古、山西、陕西四省(区)为主要防御区域。黄委强化流域面强降雨防范督导，重点做好小水库、淤地坝、病险水库、中小河流和山洪灾害防御工作。及时启动应急预案，严格落实各项应急措施，严防局地强降雨形成的城市内涝，提前转移受威胁人员，确保人员安全。山西、陕西黄河河务局加强值班值守，扎实做好工程巡查，预置抢险力量，做到险情早发现、早处置。

随着降雨持续不断，雨区重叠，黄河中游干流及支流渭河、汾河、沁河等河流出现明显涨水过程，部分河流发生超警戒洪水。防御重点为黄河下游小花间无控制区洪水，主要是沁河洪水。黄委要求山西、陕西、河南、山东四省水利厅在思想上高度重视，进一步压实防汛责任，抓细抓实各项防御措施，组织做好重要防洪河段的工程巡查防守工作。特别要加强黄河小北干流、下游干流堤防及沁河堤防工程的巡查防守，及时处置各类险情。

8月29日至9月5日，黄河中下游地区发生强降雨过程，黄河中游干流和支流渭河、伊洛河、沁河、大汶河等河流出现涨水过程。受强降雨影响，伊河东湾站8月29日17时30分洪峰流量达到1 500 m^3/s，为2011年以来最大值。黄河下游主要防御伊洛河洪水，黄委要求河南、山东全面部署洪水防御工作，防汛责任人迅速上岗到位，靠前指挥，强化河道、水库安全运行管理，加强河势、工情观测与堤防巡查防守，发现险情及时抢护，果断提前转移危险区群众，严格控制管理洪水威胁区域人员交通，全力确保人民群众生命安全。

6.1.1.2　**秋汛关键期**

9 月 18—27 日，渭河和伊洛河流域发生强降雨过程，小浪底、故县、陆浑水库均已超汛限水位，为迎接即将到来的更大洪水，水库开始蓄泄兼筹，下游河道内洪水流量不断增大。黄委要求山西、陕西、河南、山东四省高度重视此次强降雨过程，切实落实各项防汛责任，周密安排部署，全力做好各项防御工作；有针对性地做好直管工程、水库、淤地坝和在建工程等安全度汛工作，特别要加强黄河中下游干流河道工程、沁河堤防等巡查防守，安排专门力量盯紧重点河段、薄弱部位、险工险段，提前预置防汛队伍和料物；一线河务和水文职工要严格按照有关规定开展外业工作；及时向地方防汛指挥部门通报汛情，及时发布预警信息，确保人民群众生命安全。特别要求河南、山东周密安排部署，防汛责任人迅速上岗到位，靠前指挥，强化河道水库安全运行管理，加强河势、工情观测与堤防巡查防守，发现险情及时抢护，果断提前转移危险区群众，严格控制管理洪水威胁区域人员交通，全力确保人民群众生命安全。

9 月 27 日，黄河干流潼关站、花园口站相继出现黄河 1 号、2 号洪水，黄河下游花园口站洪峰流量超过 4 000 m^3/s，黄河中下游防御形势趋于严峻。黄委提出要重点防守黄河下游防洪工程，要求河南、山东黄河河务局按照大洪水运行机制全员上岗到位，充实一线力量，逐坝落实责任人，加强控导工程 24 h 巡查防守，并预置抢险设备和料物，做好可能受威胁工程的防护措施，抓紧做好水毁工程修复，维持工程完整；督促河南、山东两省落实群防队伍，同时制订可能受洪水威胁地段人员的撤离方案。

同时，黄委要求充分发挥各级防御洪水应急抢险专家和一线实用性人才的专业技术优势，强化工程巡查和应急抢险的技术支撑：一是设立靠水险工、控导工程巡查防守技术专责，必要时设立技术组，明确技术组组长。技术专责要驻守一线，提出工程巡查防守工作建议，为应急抢险提供技术支撑。二是黄河下游的险工、控导工程一旦靠水，从县级河务部门防御洪水应急抢险专家库、一线实用性人才群体中，选取精通业务、熟悉所在工程基本情况的人员，担任工程巡查防守技术专责。三是市级河务部门组织成立流动专家组，巡回指导所辖区域防洪工程的查险抢险工作，遇较大以上级别险情，及时进行现场指导。

10 月 4—6 日，黄河下游河道持续 4 800 m^3/s 左右大流量，且仍将维持 10 余天，河道工程受大流量过程长时间冲刷极易出险。黄委要求各级河务部门坚持“防住为王”，在控导工程坝头、坝裆、偎水堤防等关键部位增加防守力量，确保 24 h 不间断巡查，遇突发险情及时抢护，做到抢早、抢小；对紧靠主流和根石短缺坝段，强化抛石预加固措施，加强石料等防汛料物补充采运等保障工作；督促地方党委、政府进一步加强滩区和生产堤防守力量，全力以赴确保大堤、控导工程和滩区绝对安全。

10 月 7—10 日，鉴于此次防御工作的重点转向黄河下游滩区的防守，下游防洪工程受长历时、大流量洪水影响，险情频发，少数工程已出现漫顶，后期工程防守压力更大，黄委再次做出部署。一是各级工程巡查防守人员要足额到位，巡坝查险人员按照 1∶3专群配备的数量只能加强不能削弱；对工程实行 24 h 不间断巡查，特别要做好夜间和恶劣天气情况下的工程巡查，切实做到险情早发现、早处置。二是根据河势变化、工程靠溜和运行情况，对根石坡度未达到 1∶1.3 的靠溜坝垛加大抛石加固力度，科学配比铅丝笼和散抛石用量。加固所用石料优先使用不靠河坝段或安全坝段备石，并及时做好石料补充采运工作,避免影响工程抢险用石。三是各级机关下沉一线人员要积极参与工程巡查,协助做好工程巡查记录分析和防汛值守,并做好巡查人员的生活保障。

10月11日,鉴于黄河下游4 800 m^3/s 量级仍将持续10 d以上,下游工程防守面临更大的风险和压力。黄委再次发出通知,要求坚持“不松懈、不轻视、不大意”,确保河道工程不跑坝、洪水不漫滩。一要坚持全面防守,确保不留死角、没有遗漏。二要突出重点,对工程大溜顶冲部位提前预加固,对没有裹护的坝裆等薄弱环节密切关注、严加防范。三要做好抢险料物供应。加强抢险料物外采工作,确保出险部位有料可用,石料不足的,要及时联系当地政府,足额补充,做好储备。四要加强夜间照明布设和安全措施。重点坝岸、重点险段应尽快设置夜间照明设备,为夜间工程巡查、险情抢护提供保障;巡查防守人员要注意自身安全,救生衣等安全措施要确保到位。五要做好后勤保障。天气已转冷,要关注一线人员的食宿问题,帐篷、板房、保暖衣物等要足额到位,安排好生活保障,热水、热饭要供应到位。

10月13—14日,黄委再次对巡查防守工作进行部署,要求河南、山东黄河河务局进一步调配防守力量,确保河道工程不跑坝、洪水不漫滩。一是发挥不怕疲劳、连续作战的伟大抗洪精神,全面加强河道工程和滩区生产堤的防守。二是明确防守工作重点,做好靠水、偎水河道工程和生产堤的防守。三是对河道工程和滩区巡查防守再排查,重点加强对畸形河势、畸形河湾的预判和处置,避免洪水抄河道工程后路。四是严格落实水利部工作组和黄委工作组、督导组发现问题及提出工作建议的整改落实。五是备足防汛料物,做好打持久战的准备。

小浪底水库降低水位运用时期,为确保河道工程安全,10月19日,黄委要求河南、山东黄河河务局在开展工程巡查、险情抢护的同时,有序开展以下工作:一要加强河势监测,密切关注河势变化,跟踪掌握河势发展,将无人机监测和人工观测结合起来,重点观测工程靠溜情况、出险情况和畸型河势发展情况。二要加强分析研判,根据河势变化情况,预估分析可能对工程造成的影响;对已出险的工程,从结构、河势、管理等方面深度分析出险原因。三要结合河势遥感监测资料和河势观测成果做好分析总结。

6.1.1.3　退水期

鉴于小浪底水库水位已降至270 m以下,黄河花园口站流量已降至4 000 m^3/s 以下,黄委自10月21日17时起将黄河中下游水旱灾害防御Ⅲ级应急响应调整至Ⅳ级。

10月22日,为进一步做好退水期巡查防守和抢险工作,黄委就有关事项进行再次部署安排。一是强化组织领导。退水期间防洪工程易发、多发险情,各级各单位要坚决克服麻痹松懈思想,进一步强化组织领导,彻底打赢这场防御秋汛洪水攻坚战。二是加强分析研判。密切关注河势变化,预估河势发展趋势,跟踪河道整治工程坝岸靠溜情况,分析研判可能出险的重点工程、重点部位,预筹应对措施。三是强化工程巡查防守。全面落实工程巡查防守责任制,特别要加强对重点防洪工程及近期新修工程的巡查,及时发现险情,做到抢早、抢小、抢住,坚决杜绝跑坝现象发生。四是及时补充抢险料物。

10月27日,黄河中下游河道流量全线回落至2 000 m^3/s 以下,汛情整体趋于平稳。黄委于10月27日12时终止黄河中下游水旱灾害防御Ⅳ级应急响应。同时,要求各级河务部门继续做好工程巡查和险情抢护等工作,确保黄河安全度汛。

6.1.2　督促检查

为打赢秋汛洪水防御攻坚战,黄委党组以身作则、靠前指挥,夜以继日地会商调度,马不停蹄地开展检查指导,为各项决策部署落地生根发挥了重要作用。黄委党组强化下游洪水防御督导,派出由 7 名正厅级领导带队的督导组分段包干、巡回督导,秋汛关键期及时调整督导区域,山东省按照南、北岸划分 2 个分区,河南省按照市局河段划分 4 个分区,共计 6 个分区;黄委纪检组加强秋汛洪水防御工作监督检查,16 个机关部门、8 个委属单位的 1 870 名干部下沉一线,参与巡堤查险;派出各类工作组 49 个,指导流域省(区)及水库管理单位做好强降雨防范、巡堤查险、险情抢护、水库高水位安全运行等工作。

6.1.2.1　7 名正厅级领导带队赴下游检查指导

自 9 月下旬至 10 月下旬,黄委先后派出由 7 名正厅级领导带队的督导组,到河南、山东现场督导工程巡查防守等工作。

在秋汛前期,督导组重点督导防汛责任制和班坝责任制落实、各级领导靠前指挥、机关人员下沉一线等情况,并查看了解河势工情、防汛物资储备、通信设施、后勤保障等情况,进一步压实地方行政首长负责制。在秋汛关键期,督导组重点督导防汛责任制和巡查值守制度落实、重点工程重要险段预抢险预加固进度、防汛料物储备及补充、安全生产管理运行等工作,鼓舞士气、凝心聚力。在退水期,督导组重点督导巡查值守和抢险预抛石工作,要求一线防守人员克服麻痹思想和厌战情绪,慎终如始做好各项防汛工作。

1. 山东北岸督导组

9 月 28 日至 10 月 26 日,由黄委副主任薛松贵带队的防御洪水督导组赴山东段检查督导(见图 6.1-1)。督导组先后辗转菏泽、东平湖、聊城、德州、济南、淄博、滨州、东营等地,风雨无阻,从聊城至河口折返 4 次,行程达 7 200 多千米,沿河督导山东黄河险工 72 处、控导工程 50 处,查看工程累计 320 点次,完成督导组每日工作动态 29 份,与市、县局等开展会商座谈 6 次,进行重点工程夜间突击检查 4 次,确保各相关单位把黄委部署要求落细、落实。

图 6.1-1　山东北岸督导组在河口八连控导现场检查

2. 新乡、濮阳督导组

10 月 1—25 日,由黄委副主任牛玉国带队的督导组赴河南新乡、濮阳督导

(见图6.1-2)。督导组检查了两市6县共43处险工、控导工程、闸管所、生产堤及水文站,总计113次,覆盖了两市范围内所有靠河的险工、控导工程和生产堤。

图6.1-2 新乡、濮阳督导组在濮阳台前白铺护滩工程现场检查

3. 山东南岸督导组

9月26日至10月2日,由黄委副主任周海燕带队的督导组对沁河、伊洛河、河口村水库等河流水库的河势工情、险情抢护及责任制落实情况进行了检查指导(见图6.1-3)。

图6.1-3 山东南岸督导组在濮阳台前白铺护滩工程现场检查

10月3—26日,督导组按照黄委安排,赴山东黄河南岸,先后对菏泽、济南、滨州、淄博河务局,东平湖、河口管理局,德州、聊城河务局的重点、薄弱工程进行了督导检查。

4. 焦作、豫西督导组

10月2—24日,由黄委副主任徐雪红带队的督导组,对焦作、豫西河务局黄河、沁河防汛工作开展督导检查(见图6.1-4)。督导组到防洪工程现场查看河势、工情、险情,检查防汛抢险人员、设备、料物到位情况,到南水北调穿黄、穿沁等重点工程查看防守情况,到黄河、沁河滩区调查了解社会经济情况和防御洪水能力，由此确定工作重点，提出应对措施，做到心中有数。

图 6.1-4　焦作、豫西督导组在焦作博爱县丹河入沁口(陈庄村)现场检查

5. 郑州、开封督导组

9 月 28 日至 10 月 25 日，由黄河工会主席王健带队的督导组，先后奔赴濮阳、新乡、开封、郑州等地 13 个县级河务局、3 个水文站，对 40 处控导工程、险工、护岸(护滩)工程、浮桥开展了 268 次督导(见图 6.1-5)，并慰问了 21 个一线班组，历时 29 d，行程达 6 000 多千米，圆满完成各项督导任务。

图 6.1-5　郑州、开封督导组在开封兰考东坝头现场检查

6. 豫西、郑州督导组

10 月 2—24 日，由黄河设计院总经理安新代带队的督导组奔赴豫西河务局、郑州河务局开展黄河、沁河防汛检查督导(见图 6.1-6)，历时 23 d，查看了 17 处靠河工程情况，

并赴伊洛河入黄口查看了汇流区河势，了解地方管辖的沙渔沟护滩工程情况。

图6.1-6　豫西、郑州督导组在沁河河口村水库现场检查

7. 黄委督查组

由黄委纪检组组长孙高振带队的督查组采用“四不两直”的方式，对黄河秋汛防御的各部门进行工作检查。督查组先后对三门峡、故县、河口村、小浪底等水库的运行管理、防汛值守以及库周安全预防措施等进行检查；对潼关、润城、利津等水文站，九堡控导工程、邢庙险工等工程段的值班值守、水情测验、巡堤查险等进行暗访抽查（见图6.1-7），同时了解了黄委机关下沉一线人员工作、值班值守情况。

图6.1-7　黄委督导组在濮阳范县邢庙险工现场检查

6.1.2.2　黄委机关部门和委属单位职工下沉一线

9 月 30 日,黄委紧急安排 14 个机关有关部门和委属有关单位参加市级河务部门一线防汛工作。接到通知后,各部门和单位积极响应、迅速行动,第一时间完成对接,并到达一线参加下沉工作。10 月 7 日,委属单位和机关部门增派 326 人下沉一线参加秋汛洪水防御工作。下沉一线参加工程巡查防守人员统计情况见表 6.1-1。10 月 13 日至 14 日,黄委主任汪安南在山东济南、淄博、滨州、东营等黄河河段,现场查看河势、水情、工情,代表黄委党组看望慰问坚守在防汛一线的干部职工(见图 6.1-8)。

表 6.1-1　黄委机关和委属单位下沉一线参加工程巡查防守人员统计

单位部门	人数	下沉市局
办公室	12 人	濮阳河务局
规计局	16 人	开封河务局
政法局	8 人	东平湖管理局
财务局	12 人	聊城河务局
人事局	14 人	焦作河务局
水调局	8 人	菏泽河务局
节约保护局	5 人	新乡河务局
建设局	6 人	新乡河务局
河湖局	6 人	淄博河务局
水保局	9 人	济南河务局
监督局	11 人	河口管理局
纪检组	9 人	郑州河务局
审计局	7 人	豫西河务局
离退局	6 人	濮阳河务局
直属机关党委	10 人	德州河务局
黄河工会	4 人	濮阳河务局
黄科院	68 人	开封河务局、新乡河务局、濮阳河务局
黄河设计院	219 人	濮阳河务局、郑州河务局、开封河务局、豫西河务局、新乡河务局、焦作河务局、济南河务局、河口管理局、东平湖管理局、德州河务局、聊城河务局、菏泽河务局、淄博河务局、滨州河务局
移民局	13 人	德州河务局
机关服务局	25 人	滨州河务局
信息中心	30 人	济南河务局、河口管理局、聊城河务局
河湖建安中心	21 人	东平湖管理局

图6.1-8　10月13日，黄委主任汪安南看望慰问基层职工和黄委下沉人员

对下沉一线的人员，黄委提出明确要求：一是科学安排驻一线工作。进驻一线后，原则上接受对接单位防汛工作的指挥，重点从事值班值守、巡堤查险、协调保障等具体工作。按照基层防汛工作需要和驻一线人员的年龄、专业等情况科学安排分工，安排驻守地点要考虑基层生活住宿条件。鼓励驻一线部门和单位选派年轻同志参加。二是不搞层层陪同。省、市、县局有关领导在完成与驻一线部门和单位工作对接后，除一同参与一线具体工作外，其余情况不得陪同。三是合规合理安排日常生活。驻一线人员日常食宿要和基层同志一致，不搞特殊化。因工作开展支付的住宿费、交通费、伙食费，严格按照黄委相关规定执行，不得增加基层单位负担。四是严格防汛工作纪律。驻一线人员要严格遵守防汛工作纪律，禁止工作期间饮酒。开展工作要遵守相关操作规程，注意人身安全，切实做好安全生产工作。

黄委办公室：从10月7日开始到下沉工作结束，组织3批共12人到濮阳第一河务局下沉，每批一周时间。按照濮阳第一河务局安排，参与南小堤控导工程防汛值守和巡坝查险工作。同时，下沉人员还采写了一线巡堤日记，依托办公室建立的"办阅谈"微信公众号进行宣传推广，及时反映了下沉工作和防汛一线真情实景。

黄委规计局：派出16人次下沉一线25 d，参加欧坦、府君寺、蔡集控导工程及东坝头险工的巡坝查险工作，共上报下沉日志25次、巡河报告14次，开展根石探测3次，清理水位尺1次。

黄委政法局：派出8人分3批次下沉到东平湖管理局，政法局局长亲自挂帅、靠前指挥。下沉人员查看了14座控导工程、险工，5座出、入湖涵闸，9座浮桥的巡查值守情况、出险情况，并驻守清河门出湖闸管理所，负责闸堤巡查、闸门值守，及时报告出湖流量。

黄委财务局：派出12人，其中副局长3名，处长及副处长5名，分为两个工作组，分别在牛店管理段和大李管理段参加一线巡堤查险和全时段值班值守。牛店管理段有2处险工、1处控导工程，单趟巡查路程5.2 km；大李管理段有2处险工、2处控导工程，单趟巡查路程 8.52 km。

黄委人事局:10 月 1—24 日,派出 14 人分 4 批次奔赴老田庵、化工等控导工程和留村、老龙湾等险工,实地查看河势工情及洪水防御情况,并编入老田庵控导工程班,与一线职工一起巡堤查险、防汛值守。

黄委水调局:派出 8 人下沉一线,主要参与鄄城、郓城、东明河务局所辖工程的巡堤查险、技术指导、安全监测、协调保障等工作,并定点参与高村险工的巡堤查险、值班值守工作。

黄委节约保护局:派出 5 人分两批赴长垣河务局,实地了解榆林、大留寺、周营等控导工程及堤防工程出险和预加固情况,参与一线巡堤查险、防汛值守。

黄委建设局:派出 6 人到新乡河务局所辖县局开展巡河查险工作,并在古城控导工程驻守,承担巡坝查险和除险加固工作。

黄委河湖局:选派 6 人,实地查看了高青县 7 处控导工程、2 处险工的防洪预案落实、防汛值守情况,了解了大刘家防汛仓库物资储备和抢险设备预置待命情况,并参与了堰里贾、大郭家控导工程险情抢护,还参加了一线巡坝查险工作。

黄委水保局:10 月 1—27 日派出 9 人下沉到济南河务局,圆满完成责任片区巡坝查险、防汛值守等任务。下沉人员每人每天的巡查里程都在 20 km 左右。

黄委监督局:监督局局长身先士卒,带领第一组下沉队伍 10 月 1 日中午到达河口管理局。10 月 1—27 日,监督局先后派出 4 组共计 11 人下沉一线,现场查看了 9 处控导工程、3 处浮桥、4 处险工、2 处引黄涵闸和 4 个管理段,重点了解巡坝查险、防汛备料、防汛队伍及抢险机械预置和工程抢险加固情况。自 10 月 3 日起,下沉人员驻守垦利河务局路庄管理段,参与巡堤查险、值班值守工作。

黄委纪检组:先后选派 9 人分两个小组,分别参加马渡险工、赵口险工的巡坝查险工作。

黄委审计局:分 3 批派出 17 人下沉豫西河务局一线班组,参与 9 处黄河防洪工程、2 处沁河防洪工程的巡坝查险工作,其中 6 个防洪工程靠水,为重点防守堤段。

黄委离退局:派出 6 人,历时 26 d,参与濮阳河务局所辖重点险工险段、生产堤、浮桥和护滩工程等的巡查防守。其间,还了解了孙口到张庄入黄闸临背河群众向黄河排水情况。共计向黄委防御局报送工作动态 19 期。

黄委直属机关党委:派出 10 人下沉德州河务局所辖 14 处险工、4 处控导工程、4 处涵闸和 3 处管理段所进行调研,并参与了易出险工程巡查,巡查险工 116 次,根石探摸 39 次,劝导群众远离河岸 219 次,退水期水位观测及记录 73 次,处理突发事件 1 次。

黄河工会:派出 4 人下沉至濮阳第一河务局,参与南下延控导工程的巡坝查险和抢险工作,完成巡坝查险 84 次,参与一般工程险情抢护 8 次。

黄科院:派出 68 人下沉一线,观察根石走失、坝坡裂缝、坦坡塌陷、坝垛迎水面回溜淘刷等情况,技术指导险情抢护及“抢险情况统计表”的规范整编。

黄委移民局:10 月 7—27 日派出 13 人跨越 430 多千米,在一线坚守了 21 d。下沉人员编入程官庄、韩刘、官庄 3 个河务段的一线班组,每天值守 8 h,分段包干落实巡查防守责任。

机关服务局：先后派出3批共25人下沉滨州河务局，参与惠民河务局、滨开河务局所辖河段巡堤查险工作。27 d内，共参加巡堤查险2 500余次，总计行程4 500余千米。

黄委信息中心：派出30名遥感、监控、视频会议等专业的业务骨干，参与山东东阿、莘县、阳谷、济阳、东营、河口河务局所辖工程的巡查防守工作。下沉人员成立3个临时党小组，将党组织建在攻坚一线，投身一线防汛抢险的同时，发挥自身技术优势，在网络通信、视频会议、监控设备等方面助力防汛工作。

河湖建安中心：10月7—27日派出21人赴山东菏泽、东平湖防御一线下沉，经过短暂的现场培训，按照职责开展防汛工作。

黄河设计院：10月7—24日派出219人下沉到14个市级河务局，积极投入到坚守坝堤、巡坝查险、勘察河势等工作中，确保了黄河堤防安全。

山东黄河河务局：10月1日下发了《关于机关人员下沉分包县局参加防汛工作的通知》，要求机关各部门除参加正常防汛值班、工作组和保障部门正常运转人员外，其他人员下沉至分包县局，参加工程巡查和防汛值守等一线工作，累计下沉1 000余人。

河南黄河河务局：组织专业人员2 348人，县、乡政府组织群防队伍11 970人，开展24 h不间断巡查，持续坚守近30 d。增派人员对重点工程重要部位实行定点蹲查，做到了险情早发现、早处置。

6.1.2.3　水库安全运行指导

1. 小浪底工作组

9月29日至10月22日，黄委派出由国科局局长带队的工作组4人赴小浪底水库检查督导水库高水位运行和洪水防御工作。

检查督导期间，工作组查看了小浪底水利枢纽管理中心防汛应急预案和各项调度规程，以及各项责任制落实情况；检查了防汛物资储备及防汛抢险演练情况；查看了小浪底水利枢纽建筑物及库岸；参加了小浪底高水位专题会商和小浪底水利枢纽管理中心的日防汛会商；对西霞院水利枢纽工程进行了检查；对在巡检和查看过程中发现的问题及时与小浪底水利枢纽管理中心沟通，并督促改正或采取防范措施；每晚对当日工作进行总结，向黄委提交工作动态报告，并对次日工作进行安排部署。

工作组共计参加小浪底水利枢纽管理中心防汛会商22次、小浪底水库高水位运行监测数据分析会商12次，向黄委提交工作动态报告23期，现场查看小浪底水库大坝及泄水建筑物11次，现场查看小浪底水库库周滑坡体、塌岸及水库淹没区4次。

2. 小浪底专家组

10月2日，黄委派出由黄河设计院副总经理带队的专家组赴小浪底水库指导工作。后又根据工作需要，抽调数名技术水平高、熟悉小浪底工程的业务骨干赶赴现场，进一步充实专家组力量。

专家组认真勘查小浪底水库和西霞院水利枢纽主要建筑物、辅助洞室和观测设施的运行情况；对规模较大、对工程影响较大的滑坡体、塌岸等库周潜在灾点开展查勘研究。与运行管理人员一起深入分析渗流、变形等重要监测数据，结合长系列监测数据分析和当前建筑物运行情况，分析排查每个数据异常，对小浪底工程各主要建筑物安全运行状况进行研判；参加小浪底大坝安全日专题会商和小浪底水利枢纽管理中心防汛会商，及时反映问题,提出改进建议或防范措施,为小浪底水库超高水位安全运行提供了有力的技术支撑。

3. 小浪底库周地质灾害调查组

9 月 29 日,黄委派出两支由黄河设计院地质专家组成的地质灾害调查组,分赴河南省和山西省小浪底库区,了解库区灾情和交通状况,商议工作方法,确定工作原则。10 月 6 日,调查组根据调查情况及前期资料,完成了《小浪底水库高水位运行库周地质灾害调查报告》,提出:"小浪底库岸整体稳定,局部地质灾害突出,不容忽视。水利部、黄委及地方政府的巡查、督导等防汛应急布置是必要的,措施基本合理。目前在综合防汛应急措施下,小浪底库周不会出现大的地质灾害险情,水库具备蓄水 275 m 的库周地质环境条件。"根据岸坡临水历程粗略分析,预测 270 m 以下岸坡可以称为基本稳定的"老岸坡"。

4. 三门峡库区工作组

9 月 27 日至 10 月 20 日,黄委派出由山西黄河河务局专家组成的工作组赴三门峡库区督导洪水防御工作。工作组检查了三门峡库区平陆段、三门峡段、灵宝段 24 处工程的运行情况,重点查看了古贤、礼教等工程出险抢护、值班值守情况。工作组还对有关防汛物资库、芮宝高速黄河大桥补偿项目、三门峡水利枢纽泄洪情况等进行了实地查看。针对检查发现的问题,要求立即进行整改落实。

10 月 13 日,黄委派出应急抢险专家组,赴三门峡库区灵宝东古驿工程现场指导险情抢护。受主流顶冲、回流淘刷影响,10 月 9 日东古驿下段工程 5 个丁坝共计 145 m 工程发生根石走失、护坡石滑塌、土胎裸露的险情。10 月 13 日,东古驿下段工程再次出险。10 月 14 日,东古驿下段工程 10 号丁坝坝头已抢险位置再次出现根石走失、坦石下沉险情。虽经过临时抢护,得到暂时控制,但仍需对出险工程进行水毁修复,恢复原结构和原有防洪标准。

5. 故县水库工作组

10 月 7—27 日,黄委派出由黄河设计院专家和技术人员组成的 10 人工作组驰援故县水库。工作组了解水库基本情况后,立即成立监测数据采集组、数据分析组、库区河道巡查组 3 个小组。数据采集组与水库工程分局人员一起对 4 层廊道及坝顶的监测设备进行核查、测读、采集数据。数据分析组负责搜集整理近期大坝监测资料,建立监测数据库,分析高水位运行期间异常监测数据产生原因及运行管理问题,并对下一阶段运行管理提出建议,编制《故县水库高水位运行安全监测日报》。库区河道巡查组协助库区管理分局人员巡查洛河河道、库区,对库区淹没区、坝肩等危险位置进行密切观察,劝阻游客及当地人员远离河道、库区及其他危险区域。

6. 陆浑水库工作组

10 月 7—24 日,黄委派出由黄河设计院安全监测专家和防汛抢险人员组成的 10 人工作组,前往陆浑水库参与防洪抢险工作。工作组参与了陆浑水库大坝、溢洪道、泄洪洞、输水洞、灌溉洞、电站厂房等建筑物,库岸周边、库区附近下游河道等区域的巡查,并对已安装的安全监测仪器设施进行数据采集、分析等工作。

7. 河口村水库工作组

9 月 26 日至 10 月 24 日,黄委派出由节约保护局、黄河设计院专家组成的 3 人工作组，赴河口村水库，核查黄委调度指令的执行落实情况，持续收集分析大坝安全监测资料，分析研判高水位、大泄量下的工程运行状况，并及时向黄河防总汇报上游张峰水库调度情况，累计提交工作日报28份。

6.1.2.4　防汛专家一线指导应急抢险

为强化查险技术支撑，提高风险排查主动性与精准度，黄委先后派出3个专家组赴黄河下游一线指导应急抢险工作。

1. 河南开封专家组

由黄科院专家组成，10月11—26日现场工作15 d。专家组主要对黑岗口下延控导、夹河滩护滩、柳园口险工等工程易出险坝段进行查勘，关注大溜顶冲、回溜淘刷变化及根石走失，记录出险位置、险情类型，对工程加固方式、预加固时机及方法提出指导建议。

专家组先后参加防护抢险48次，其中黑岗口下延控导工程"巡查+蹲点"防护抢险11次，占防护抢险总数的23%；现场发现问题54个，除险加固或安全监测54处，问题消除率100%；提出抢险建议34个，全部被采纳。

2. 河南濮阳专家组

由黄科院专家组成，10月16—26日现场工作10 d。专家组重点查勘了6处险工和13处控导、护滩工程查险抢险及工程附近河势变化情况，现场指导险情抢护；在孙口滩查看了生产堤偎水情况；查看了生产堤抛石加固情况；在张庄闸查看了黄河、金堤河水位变化情况。

专家组跟踪掌握工程防汛动态，与一线防汛人员交流沟通，及时反映、报告工作情况，提出意见建议，预判防汛形势，为防汛决策提供了技术支撑。

3. 山东滨州河口专家组

由黄河设计院专家组成，10月16—27日现场工作12 d。专家组先后对6处险工、17处控导工程、打渔张引黄闸进行了巡查，提出了防汛抢险意见和建议。

考虑到滨州河务局、河口管理局所辖防洪工程类型多、线路长、易出险，且高水位、大流量洪水持续时间长，专家组现场指导一线防汛人员收集和了解水雨情信息、熟悉防洪应急预案，督促增设水位标尺等水雨情测报系统，帮助分析河势变化原因。专家组预判可能出险工程部位，提醒防汛人员加强巡查、观测，备好除险设备、料物等。此外，还就安全防护方面提出具体措施，宣传、推广根石探测新技术、新方法，协助做好抢险人员、物资安排及应急响应、应急演练等工作。

6.1.2.5　派员指导黄河支流洪水防御

1. 渭河洪水防御工作组

按照水利部指令，黄委派黄河上中游管理局领导带队的洪水防御工作组，奔赴渭河咸阳、西安和渭南段，着眼险工段、临水段等重点地段，关注雨势水势、抢险排险等重点环节，昼夜不分开展了23 d的防汛督导工作。工作组采取现场查看、走访了解和无人机航飞等手段相结合的方式，对渭河大堤的堤顶、临河坡、背河坡、堤基堤脚、险工险段等堤防工程进行现场检查，并抽查了抢险料物、工具、设备的储备情况，询问了相关管理单位防汛责任落实、防汛预案编制、抢险队伍履职等情况。对于发现的问题，现场提出整改建议，并与地方有关部门交换意见，督促整改落实；对存在严重安全隐患的工段，提出明确意见，要求立即组织抢险排险。

渭河洪水期间,9 月 21 日临潼区南韩水库出险,9 月 26 日周至县仰天河西库、临潼区南刘水库出险,9 月 27 日临潼区龙河水库、华州区小华山水库出险。9 月 22 日,黄委代表水利部派出工作组,对 5 座水库开展抢险排险督导,商讨应对本阶段和下一阶段洪水措施。

2. 山西汾河洪水防御工作组

按照水利部指令,黄委派上中游管理局和陕西黄河河务局领导带队的工作组,于 10 月 4—17 日,赴山西省开展淤地坝安全运用、山洪灾害防御、中小水库安全运行、汾河河津段洪水防御等督导工作。工作组冒着山体滑坡和堤岸坍塌的危险,克服极端天气等恶劣条件,发扬不怕吃苦连续作战的作风,行程 2 000 多千米,连续 13 d 每天工作到 23 时,与各级水行政主管部门共同奋战在防汛最前沿,及时发现并督导了一系列问题,对有关工作提出意见和建议,为筑牢防洪抗洪防线发挥了重要的作用。

10 月 7—13 日,按照水利部指令,黄委派山西黄河河务局组建工作组,协助指导汾河新绛段决口堵复、磁窑河孝义段决口堵复、平遥五曲湾水库险情处置工作。工作组日夜兼程,直奔现场掌握第一手资料,采取果断措施排除险情,圆满完成了交办任务。

3. 北洛河洪水防御工作组

由于渭河、北洛河流域强降水频繁,朝邑生产围堤发生决口险情 2 处,出险堤段均属地方管理。10 月 7 日 23 时,朝邑生产围堤紫阳段发生决口。10 月 9 日 2 时 30 分,朝邑生产围堤乐合段发生决口,出险部位位于紫阳段决口下游约 2 km 处。10 月 9 日,黄委派出由陕西黄河河务局副局长带队的专家组赶赴北洛河一线指导洪水防御工作。

专家组在查勘现场后,提出"堤面拓宽、裹头加护、立堵合龙、防渗闭气"堵口方案。大荔县组织 1 000 余名党员干部、民兵、抢险突击队员以及周边群众参加抢险封堵,出动大型挖掘机、铲车、大型运输车 200 余辆,紫阳段决口和乐合段决口分别于 10 月 12 日 17 时 36 分和 10 月 13 日 16 时 35 分成功合龙。

4. 山西省汾河流域险情灾情调研组

黄委派出由黄河设计院和黄科院 6 名专家组成的险情灾情调研组赴山西省开展工作。山西省水利厅配合成立了协调工作组,共 2 名成员。对山西省汾河流域运城、临汾、晋中、太原 4 个地级市下辖的 13 个县(市、区),以现场查看、交流座谈、收集基本资料等方式进行调研。

调研组共现场查看险点、灾点 30 多处,详细了解当地降雨洪水和出险致灾情况、抢险救灾情况及灾后恢复重建的想法,提出工作建议。工作组编写资料收集清单,发给省、市、县相关单位,清单内容涉及降雨洪水、河道现状及治理、水利工程出险、致灾损失、各类穿堤跨河建筑物等情况,以及规划设计成果、汇报材料等。在此基础上,编写完成《山西省汾河流域"21 · 10"洪水险情调研报告》。

6.2　下游河南段巡查防守

为迎战本次秋汛洪水,9 月 30 日河南黄河河务局启动防汛Ⅲ级应急响应和全员岗位责任制,全局7 000余名职工全力投入抗洪抢险,沿黄各级党政军民勠力同心、严防死守,利用卫星遥感、无人机航拍、无人船测量天空地立体化监测技术提高巡查能力,夺取了黄、沁河秋汛洪水防御工作的全面胜利。

6.2.1　秋汛前期

6.2.1.1　部署安排

8月21日,河南黄河河务局召开紧急防汛视频会商会,安排部署全局应对强降雨和黄、沁河防汛工作,要求各级切实加强工程巡查防守:一要加强巡查力量,指导督促地方政府按照河务职工、群防队伍1∶3的比例上足巡查防守人员,配备抢险技术专家,特别要加密薄弱堤段和险工险段的巡查频次,全力保障重要堤防、工程安全;二要细化制订险情应急处置预案,提前预置抢险力量、物资和设备,做好险情处置准备;三要落实好个人安全防护措施,注意强降雨引发的塌方、塌陷、滑坡等危险情况,确保生产安全。

9月3日,河南黄河河务局召开紧急防汛视频会商会,指出这次洪水持续时间长,加上前期雨水浸泡时间久,工程极易出险,各级要加强巡查力量,对辖区工程进行全面排查,对有出险迹象的坝垛提前预加固,一旦发生险情,第一责任人到现场指挥,确保不出现较大险情。

6.2.1.2　组织、巡查方式

落实局领导班子成员分包工程责任制,明确各工程一线防汛抢险技术责任人,局属各单位抽调科级干部进驻一线班组,严格落实班坝责任制。每处靠河工程安排一名科级干部24 h驻守,每天安排人员按照2 h一巡查的频率对河道工程进行巡查,全面做好黄河防洪工程的巡查、观测、报险、抢险等工作。根据辖区实际情况,安排机关人员下沉一线,联合一线专业队伍、社会企业支援队伍、群防队伍共同对靠河工程进行巡查,确保不发生较大险情,确保工程安全。

6.2.1.3　落实情况

8月21日12时,河南黄河河务局启动全员岗位责任制,局领导班子分别带领工作组进驻黄、沁河工程防守一线,指导强降雨防范应对工作。沿黄各县(区)靠河控导工程由科级干部驻守,机关人员下沉一线班组充实巡查力量,群防人员按照1∶3的比例配备,抢险机械设备和抢险物资全面落实。

6.2.2　秋汛关键期

6.2.2.1　部署安排

9月19日,河南黄河河务局启动第二次防洪运行机制,召开紧急防汛视频会商会,要求各级对辖区工程全面排查,对有出险迹象的坝垛提前预加固;加强巡查力量,特别要加密薄弱堤段和险工险段的巡查频次,靠河工程要明确一名科级干部驻守;6支抢险队在各辖区河段集结待命,易出险工程预置1台大型机械设备,备足必要抢险料物,细化制订险情应急处置预案,一旦发生险情,抢早抢小。

9月24日、9月26日,河南黄河河务局召开防汛视频会商会,对工程巡查防守再部署。

9 月 27 日,河南黄河河务局召开紧急防汛视频会商会,要求各级一要对偎水堤段和靠河工程开展一次全面排查,及时发现隐患,提前对隐患和薄弱工程进行预加固;二要与地方行政首长和应急部门提前沟通,及时汇报辖区汛情、险情,一旦发生险情,充分发挥行政首长作用,按照“政府领导、应急统筹、河务支撑、部门协同、联防联控”的抢险机制有效抢护抢险,确保不出现较大险情;三是 6 支机动抢险队务必集结待命,不搞变通,做好人员准备、设备准备、车辆准备,严阵以待,一旦发生险情,做到快速出动、高效处置。同时,各级要对社会抢险力量和设备做到心中有数,做好多处工程集中出险的抢险准备。

9 月 29 日,河南黄河河务局召开紧急防汛视频会商会,要求严格按照专业人员与群防人员 1∶3的比例落实巡查力量,开展 24 h 不间断巡查,重点关注险工险段、控导工程和靠河偎堤工程以及卡口河段;全面预置救援力量,6 支机动抢险队要集结待命、严阵以待,至少预置 1 支社会抢险救援队伍;每处靠河工程至少落实 1 台大型抢险设备,备足抢险料物;一旦发生险情,充分发挥行政首长作用。

10 月 3 日,河南黄河河务局召开防汛视频会商会,要求进一步加强险工险段的巡查力量;抓住有利时机,对根石走失严重和可能出险的工程进行抛石预加固,防止关键坝段形成“空白坝”;全面预置救援力量和物资,做到料物充足、设备满载、队员待命、专家到位;确保 27 处重点防洪工程架杆并接通大电。

10 月 4 日,河南黄河河务局召开防汛视频会商会,要求各级严格落实设备配置、照明设备、基本配置和抢险队组织标准。一是对于河道工程,巡查防守要按坝垛编号以每 4 道坝为 1 个基本巡查单位,至少配备 16 人;每个巡查单位分 4 班,每 6 h 一班,每班 4 人,每小时巡查一遍;每处靠河工程配置 2 部挖掘机、2 部装载机、5 部自卸车;沿靠河工程架设照明线路,安装照明设备;配置 1 部应急照明车用于险情抢护;每个县(区)预置 1 支消防救援抢险队伍;巡查人员自带铁锨、雨具,每人配备手电筒、救生衣,每个防守单位配备 1 个探水杆、1 顶帐篷。二是对于偎水生产堤,巡查防守按每千米为 1 个基本巡查单位,至少配备 60 人;每个巡查单位分 4 班,每 6 h 一班,每班 15 人,每小时巡查一遍;巡查人员自带铁锨、雨具,每人配备手电筒、救生衣,每个防守单位配备 1 顶帐篷;每处生产堤配备专业技术人员 2 名;每处偎水生产堤要预置挖掘机、装载机及运输车辆等;按生产堤长度适当配备彩条布、编织袋、柳秸料等。

10 月 6 日,河南黄河河务局召开防汛视频会商会,要求:一要确保巡查防守各项要求落实到位,充分认识巡坝查险的“前哨”“探头”作用,全力做好巡坝查险工作。二要切实做好工程除险加固。要预判可能出险部位,提前进行预加固,对于根石坡度未达到 1∶1.3 的靠溜坝垛,要应抛尽抛进行除险加固,科学配比铅丝笼和散抛石用量,做到抛铅丝笼不少于 50%。加固所用石料优先使用不靠河坝垛或安全坝段备石,并及时做好石料补充采运工作,避免影响工程抢险。

10 月 8 日,河南黄河河务局召开防汛视频会商会,要求切实做好除险加固工作,一要根据工程河势情况,对紧靠主溜和根石断面不足、缺石量较大的工程坝垛,制定处置措施,及时进行除险加固。二要科学配比铅丝笼和散抛石用量,抛投铅丝笼比例要达到 50%以上,并抛出水面;少抛散石,减少石料损失,保障防汛石料得到充分利用,提高工程抗冲能力。三要严格按照要求,加强对除险加固过程中影像、文字资料的收集、整理,坚决杜绝弄虚作假。

10 月 14 日，河南黄河河务局召开紧急防汛视频会商会，要求工程巡查不放松，重点加强“二级悬河”发育严重、易发生“横河”威胁堤防安全的重点部位的巡查，确保第一时间发现险情。

10 月 17 日，河南黄河河务局召开紧急防汛视频会商会，要求不打折扣，继续加大工程巡查力度；做好巡查人员轮换，巡查人员已坚守 20 余天，未来还有半个月时间，各市、县要考虑巡查队伍的综合条件，协调地方政府有组织、有计划地对巡查人员进行轮换，保证充沛体力、战斗力；确保工程巡查不留空当，巡查防守按坝垛编号以每 4 道坝为 1 个基本巡查单位，各县局要注意，每个巡查单位之间，即每相邻 4 道坝结合部的巡查，确保有岗有人。

10 月 19 日，河南黄河河务局召开紧急防汛视频会商会，要求：一要超前做出专业性的研判，结合退水期工程运行规律，提前预判可能出现的险情，制定抢护措施。二要加强巡查，尤其是夜间巡查，做到责任到位、力量到位、措施到位。三要主动防守，重点部位重点防范，可以借鉴推广开封市的做法，做到“三个变”，即重点险点险段 24 h 巡查变为定点蹲查，设备预置每处靠河工程两套变为三套，每处靠河工程由县级干部带班值守变为固定两名县级干部值守。

6.2.2.2　组织、巡查方式

河南黄河河务局对 75 处靠河工程、1 883 道靠河坝垛设置了巡查单元。全部靠河工程巡查防守以每 4 道坝为 1 个基本巡查单位，至少配备 16 人巡查（专业人员、群防人员按 1∶3配备）；每个巡查单位分 4 班，每 6 h 一班，每班 4 人，每小时巡查 1 次。及时协调组织人员下沉一线，弥补人员不足，其间对巡查防守人员进行巡坝查险技术指导，并督导各巡查单位严格按照要求巡查，对重点坝垛增加巡查频次，进行重点蹲守，保证险情早发现、早处理（见图 6.2-1、图 6.2-2）。

图 6.2-1　9 月 26 日，焦作河务局职工夜间在沁河马铺低滩 7 垛巡堤查险

图 6.2-2　10 月 12 日,豫西河务局在白鹤控导工程进行根石探摸

6.2.2.3　落实情况

秋汛洪水期间,沿黄各级责任人亲临一线检查指导,及时协调解决有关问题;河南省防指派出分别由省应急、河务、水利 3 个单位厅级领导带队的联合督查组进行明察暗访。河南黄河河务局派出 6 个局领导带队的工作组分赴沿黄 6 市抗洪抢险一线,全过程督促指导;分派由监察局、监督处有关负责人带队的两个督查小组分赴沿黄 6 市开展现场巡回督查,重点对重要措施落实情况和薄弱环节整改情况进行督查;同时,还采取不定时电话抽查的方式,督查市、县局和一线班组防汛值守情况,累计电话抽查 700 余次,覆盖全局 243 个工作组以及市、县局防办、一线班组、机动抢险队、防汛仓库等;向河南省委、省政府报送《河南黄河秋汛督查通报》19 期,及时通报督查情况及存在问题,确保了各项措施落实到位。

沿黄各县(区)分别成立抗洪抢险前线指挥部,县(区)主要领导干部担任指挥长,相关单位为成员。固定县级干部带队驻守抗洪一线,靠前指挥,各乡镇干部分坝分段,明确责任,每名乡镇干部分段包干,24 h 值守,为黄河防汛提供了坚实的组织保障。沿黄各县(区)在一线均预置了消防救援队伍、群防队伍、社会应急力量以及二线、三线抢险力量,形成了分梯次、多层级的黄河防汛抢险队伍(见图 6.2-3、图 6.2-4)。

专业队伍:河南黄河河务局组织专业巡查人员 2 348 人,河南黄河河务局 6 支专业机动抢险队持续奋战在抗洪抢险一线。

社会队伍:15 支 2 132 人组成的消防救援抢险队伍和 470 名民兵预备役队员驻守大堤;与省军区建立抗洪抢险任务对接机制,驻豫部队做好随时抗洪抢险准备;中国安能集团抢险队 200 人、中铁七局抢险队 350 人列装备勤。

群防队伍:县乡政府组织群防巡查人员 11 970 人开展 24 h 不间断巡查,持续坚守近 30 d。

抢险设备预置情况：预置大型抢险设备1 323台(套)，满载集结；对75处靠河工程紧急架设照明线路234 km，配置应急照明车101部，落实帐篷或活动板房501顶(个)，全面做好抗大洪、抢大险的准备。

图6.2-3　10月7日，豫西河务局职工带领群防人员在花园镇控导工程巡查

图6.2-4　10月8日，开封河务局对应急消防人员进行调度动员

6.2.2.4　典型做法

1. 郑州

首次按照专业和群防 1∶3的要求落实群防队伍。按照“16+3+1”模式配备巡查人员，每 4 道坝为一个巡查单元，配备 1 名专业巡查队员和 3 名群防队员，巡坝查险责任落实到了河务、属地政府，河务部门负责专业队员及群防队员日常管理，属地政府负责群防队员组织工作（见图 6.2-5、图 6.2-6）；每名巡坝查险队员负责的工程、时段、内容全部明确公示，由谁干、什么时候干、干什么、怎么干一目了然。

图 6.2-5　10 月 3 日，中牟群防队伍在九堡下延工程巡坝查险

图 6.2-6　10 月 5 日，中牟河务局开展群防队伍防汛业务培训

2. 开封

黄河开封段作为下游最险河段之一，受到了各级领导的高度重视，在本次秋汛防御中总结了五大经验：一是党委、政府坚强领导。水利部部长李国英赴开封检查指导秋汛防御工作，并连夜在兰考主持召开会商会；黄委主任汪安南多次到开封督导检查秋汛防御工作。开封市委书记、市长、主管副市长深入一线检查指导防汛工作，沿黄各县(区)主要领导靠前指挥、一线作战，为开封黄河安全度汛提供坚实保障。二是防汛责任严格落实。全市建立健全"政府领导、应急统筹、河务支撑、部门协同、联防联控"的抢险机制。在市防指的统一领导下，应急、消防、电力、公安等部门各负其责，参与抗洪抢险。开封河务局实行统一指挥、全面落实岗位责任制和"四固定一协调"领导模式。3个党组成员副局长固定驻守3个县局。指导县局秋汛防御工作，主管防汛的副局长坐镇市局机关指挥，党组书记、局长总协调秋汛防御工作。每处靠河工程安排一名县局副局长驻守。机关各职能组准确提供各项调度信息。全市落实专群队伍，24 h不间断巡查防守(见图6.2-7)。防汛责任制实现从"有名挂名"到"有实有效"的转变。三是精准分析科学决策。根据工情、险情及河势变化，做好"四预"工作，提出参谋意见，制订防汛工作方案，为领导决策提供科学依据。省、市、县三级河务局实行24 h视频连线机制，先后召开会商会议35次。安排专人每2 h通过"市、县(区)政府主要领导微信群"通报水情、工情、险情，市委、市政府实行群内实时会商，及时进行工作部署。各驻守领导及主要负责人深入一线，进行汛情研判，定时、定期向防指汇报。通过"线上、线下、现场"及时会商研判，提升了决策水平，提高了工作效率。四是物资设备保障到位。沿黄各级克服重重困难，主动购买石料10万m^3，预置大型抢险机械264台、车辆76台，架设照明线路40.58 km。针对抢险需要大量铅丝笼的情况，多方筹措，紧急补充铅丝网片1万余张。抢险物资保障到位，确保了秋汛防御工作的顺利进行。五是防御措施转变到位。遵循"抢早、抢小、抢住"的原则，立足于"防在前，抢在初"，把隐患当险情对待，把小险当大险处置，提前预设"备塌体"。制定"谋在河势变化之前，抢在险情发生之初，护在工程重点部位"的防御战术。提前根据河势预判，对重点工程进行主动除险加固。实行重点坝垛"蹲查"机制，在重点险工险段加密巡查，变24 h巡查为定点蹲查，同时机械设备处在热启动状态，抢险人员严阵以待，真正做到了严防死守、与时间赛跑，化解了工程出险隐患，跑赢了工程出险速度。洪水防御措施从"被动抢险"转变为"前置主动"。

3. 濮阳

典型做法主要有两个方面：一是沿黄三县认真落实行政首长负责制为核心的各项防汛责任。坚持黄河防汛"政府领导、应急统筹、河务支撑、部门协同、联防联控"的抢险机制。各县成立了由县长任组长的黄河抗洪前线指挥部，在每处黄河防洪工程和偎水生产堤安排至少1名副县级领导干部和乡镇主要负责人进行驻守，切实加强领导责任。以每4道坝为一个巡查单位，配备16名人员，每个巡查单位分为4个班，河务局派出1名技术骨干、县直单位派出1名工作人员、乡镇派出2名群众组成一班，每小时巡查1次，确保台前黄河安全，充分形成防汛合力。二是重点坝垛蹲守。靠河工程靠主溜和易出险位置均搭建值守点，24 h不离人。工程名称、坝号、带班领导、巡查人员、换班时间、巡查内容、注意事项等均登记上报，并设立了巡查人员公示牌，人员名单全部公示。按照每4道坝为1

图 6.2-7　10 月 6 日,开封河务局职工在欧坦工程巡查

个基本巡查单位,分为 4 个班,每 6 h 一换班,每班 4 人,每小时巡查 1 遍,并要求巡查人员不定时巡查重点位置,确保第一时间发现险情、报告险情、处置险情(见图 6.2-8)。

图 6.2-8　10 月 12 日,濮阳河务局职工在孙楼控导工程探摸根石

4. 新乡

由长垣市防指牵头,市委办、政府办、应急局、河务局、气象局等单位共同构建黄河防汛工作机制,将天气情况、黄河水情、汛情分析、值班抽查等内容每天进行通报,为行政首

长防汛指挥决策提供依据。各乡镇政府在黄河一线工程设立巡坝查险管理站,具体负责管理各乡镇群防队伍、布置工作任务、协调有关事项,以及分发救生衣、安全绳等防护工具,确保群防队伍巡坝查险工作有序开展(见图6.2-9)。由纪委牵头,应急局、水利局、河务局组成黄河防汛督查组,每天对防汛值守、料物储备、巡坝查险等情况开展现场监督检查,并将黄河防汛督查情况公布在工作群中。

图6.2-9 10月12日,长垣群防队伍在周营上延控导工程巡坝查险

6.2.3 退水期

10月19日,河南黄河河务局制订退水期重点工程防守方案。10月26日起终止黄河防汛Ⅲ级应急响应。10月31日结束全员岗位运行机制,转入正常防汛状态。

6.2.3.1 部署安排

河南黄河河务局要求:一是各单位继续保持高度警惕。强调退水期间决不能有一丝侥幸心理,必须保持思想之弦不松、防汛救灾标准不降、巡堤查险力度不减,不怕疲劳、连续作战,坚决夺取防汛抗洪的全面胜利。二是严格规范巡堤查险。继续做好抢险人力、物资、机械准备,及时处置险情。三是严明防汛纪律责任。严格落实防汛责任制,各级领导干部要坚守一线,靠前指挥,靠前督战,进一步压实、压紧各项责任,细化、实化各项措施,严密防守。四是做好水毁工程的修复准备工作。整理完善资料,积极争取水毁修复等资金,恢复工程抗洪能力。

6.2.3.2 组织、巡查方式

退水初期采取与防汛关键期一致的防守方式,后期按照退水期重点工程防守方案加强巡查。

6.2.3.3 落实情况

专业队伍仍然执行关键期的巡查范围与强度,带领并指导群防队伍进行巡堤查险,社会队伍、群防队伍有序撤离。抢险设备预置情况基本保持关键期设备数量,并预置在重点部位。

6.2.3.4 典型做法

1. 郑州

组织专业人员对重点坝垛进行 24 h 不间断巡查+蹲查防守,密切监测河势工情,防止退水期发生较大险情,全力保障工程安全和群众安全。

2. 新乡

重点坝垛蹲查的具体做法是原巡坝查险单元组成不变,每小时巡查 1 次,在此基础上,对重点坝负 1 坝、1 坝,选取 8 人,组成“蹲查小组”。原阳河务局每道坝 4 人,由一名科级干部和抢险队长带班,每人蹲守 6 h,轮流作业。封丘河务局组织抢险专家现场排查,结合工程近两年出险情况及近期除险加固情况,确定顺河街控导工程 23 坝、禅房控导工程 10 坝需要蹲守,每道坝选取 10 人,组成“蹲查小组”。长垣河务局对大留寺控导 32 坝、榆林控导 29 坝等增派技术人员进行蹲守(见图 6.2-10),确保安全。蹲查人员发现河势突变及溜势改变,立即上报,做到“早发现、早报告、早处置”。

图 6.2-10　10 月 22 日,长垣河务局职工带领群防人员在大留寺控导工程蹲守

6.3 下游山东段巡查防守

为迎战本次秋汛洪水,9月21日,山东黄河河务局启动防汛Ⅲ级应急响应和全员岗位责任制,对标执行水利部、黄委和山东省委省政府决策部署要求,防御力量从专业到群防群治、防御措施从被动抢险到主动前置,巡查方式从人工到利用卫星遥感、无人机航拍等新技术进行巡查工作,严防死守,圆满完成了秋汛洪水防御工作任务。

6.3.1 秋汛前期

6.3.1.1 部署安排

8月20—24日,黄河中游干流及渭河、汾河、沁河等支流出现明显涨水过程。为做好本轮强降雨工作,山东黄河河务局要求切实压实责任,坚决克服麻痹思想,相关责任人按照相应要求即刻到岗到位,密切关注汛情,重点加强对河道工程的巡查防守,增派巡查人员、加密巡查频次,对可能出险的工程视情开展24 h不间断巡查,同时要密切关注大汶河、金堤河汛情,按要求做好浮桥拆除,强化对各类防汛责任的督查,确保各项工作落到实处。8月24日,山东黄河河务局下发通知,要求巡查人员落实周报制,各管理段(所)每周要提前安排好下一周巡查人员名单及联系方式、巡查频次、巡查责任人,并上墙公示,确保巡查责任落地、落实、落到位;各级河务部门严格按通知要求做好强降雨防范工作,落实各项防汛责任,做好预报预警,加强对防汛业务知识和相关规定、办法、预案等的学习,每周在办公自动化系统公示巡查人员责任落实情况,根据河道流量变化情况及时调整巡查次数。

6.3.1.2 组织、巡查方式

1. 黄河干流

此阶段黄河山东段河道流量全部低于3 000 m^3/s,工程巡查全部由河务部门基层一线职工按照班坝责任制的安排,开展工程巡查和值守。针对靠水险工、控导、顺堤防洪防护工程和有防洪任务的水闸,在花园口站与山东河道流量均小于2 000 m^3/s时,每日巡查一次;流量2 000~4 000 m^3/s时,每日早晚各巡查1次。不靠水的工程每周至少巡查一次。8月21日,黄委启动黄河中下游水旱灾害防御Ⅲ级应急响应,山东黄河河务局各管理段根据所辖工程情况以及班坝巡查责任分工,对重点工程加密观测次数,采取相邻责任段巡查责任人组成联合巡查小组方式开展巡查,巡查小组3人,携带安全绳、摸水杆、记录本,采用汽车、电动车、步行等方式相结合对工程雨水毁、险情等情况进行巡查。

2. 金堤河

金堤河水位上涨但均在警戒水位以下,聊城河务局严格按照班坝责任制开展巡查,靠水险工、控导及堤防工程每天巡查1次,每日上报北金堤堤防险工偎水情况统计表。

3. 东平湖

东平湖管理局对大汶河下游南堤、北堤、东平湖围坝及二级湖堤的靠水险工、控导工程和水闸、堤防工程加密巡查防守,对三类、四类涵闸和新建改建工程加密观测次数。东平湖专业机动抢险队第一支队、第二支队全体队员集结待命,做好应急抢险的准备。

6.3.2　秋汛关键期

6.3.2.1　部署安排

9月20日10时,花园口站流量3 570 m^3/s,大汶河大汶口站流量1 730 m^3/s,金堤河范县站流量96 m^3/s,黄河山东段面临“三线作战”的紧张局面。山东黄河河务局9月20日10时启动山东黄河水旱灾害防御Ⅳ级应急响应,次日10时又将应急响应提升至Ⅲ级,并下发通知,要求各级河务部门主要负责人、分管负责人、防办全体人员和工程巡查人员立即到岗到位,强化巡查值守,严格落实防汛班坝责任制,对于重点工程、易出险工程,加大巡查力度、加密巡查频次;加强东平湖防汛调度和防洪工程巡查防守,同时据情提请当地政府做好金山坝以西群众迁安准备工作;加强对北金堤防洪工程巡查防守,并派出由聊城河务局领导带队的洪水防御工作组督导金堤河防汛工作。

9月28日,山东黄河河务局再次下发紧急通知,要求各防汛单位一要取消国庆假期休假,全员上岗;二要及时向当地党委、政府报告汛情,落实好行政首长责任制,督促落实群防队伍,开展工程防守、河道巡查、滩区观测、低洼地带群众迁安准备工作;三要按照班坝责任制和巡堤查险办法,加强对险工、控导工程巡查和引黄涵闸的运行观测,做到抢早、抢小,同时要对重点靠水着溜坝岸及时开展根石探测,发现缺石尽早加固,争取工作主动;四要提前预置物资和人员,专业机动抢险队全部集结待命,做好随时参加抢险的各项准备;五要充实一线防汛力量,省局机关部门除职能组抽调人员和值班人员外,其他人员下沉充实到分包县局,局直单位也要对接对口联系市局,按照职责要求开展各项工作;六要强化防汛督查,省局成立由4个局领导带队的防汛工作组,下沉各市局督导防汛工作,市局也要视情派出工作组,指导基层单位做好防汛工作;七要加强浮桥和涉水安全管理,督促浮桥管理单位加强巡查观测,将拆除的浮舟锚固到位,同时做好国庆假期涉水作业人员、巡查人员和游客的安全管理。

9月29日,山东黄河河务局进一步对工程巡查防守做出部署:一是根据汛情通报,及时统计上报各河段防守重点及其可能发生的险情;二是根据摸排情况,迅速在重点工程、易出险工程等防守重点部位搭设帐篷、活动房,架设照明设备,实行24 h不间断巡查(见图6.3-1);三是切实加强工程巡查,做到抢早、抢小,同时对重点工程、靠溜坝岸进行根石探测,根据缺石情况提前开展预抢险,确保大流量长时间冲刷下工程安全;四是工程巡查人员要穿上救生衣,系好安全绳,戴上袖标,切实做好自身防护。

10月2日,山东黄河河务局对秋汛防御工作进行再强调、再落实,一是要求各级机关除参加职能组、工作组和必要留守值班人员外,其他人员下沉至一线管理段开展工程巡查防守工作,下沉人员要服从安排,不得增加基层单位负担。二是要坚决克服厌战情绪,扎实、细致开展工程巡查,对薄弱工程、易出险工程、险点险段和出水高度较小的工程等开展24 h不间断巡查,确保险情早发现、早处置。同时充分利用防汛视频监视系统、无人机等信息化手段搞好辅助巡查,每次巡查后要如实将巡查时间、巡查人、巡查坝垛、巡查情况等记录下来,巡查记录要经得起检查与问询,确保巡查记录资料规范、真实。三是工程出险后,要第一时间将险情基本情况上报省局工情灾情组,随后在规定时间内按流程上报。四是各级要及时向地方党委、政府通报汛情,督促地方政府严格落实防汛行政首长负责制,

图6.3-1　9月29日，牡丹河务局刘庄管理段职工夜间巡堤查险

督促其重点做好防洪工程和滩区巡查防守，做好低洼地带和洪水威胁区域人员转移准备。

10月5日，黄河山东段流量维持在5 000 m^3/s左右，干流艾山站最大流量5 160 m^3/s，东平湖最高水位达42.74 m（超警戒水位0.75 m）。山东省防指下发紧急通知，要求严格按照专群1∶3的比例，逐段逐坝落实防守力量，扎实细致开展巡查防守，做到24 h不间断巡查；对紧靠主溜和根石短缺的坝岸，迅即开展预加固，对生产堤薄弱段根据河道水情及时加高加固，并覆压彩条布、覆膜编织布；充分利用社会力量、专属渠道，足量预置抢险机械和料物。

10月6日，山东黄河河务局转发黄委《关于进一步加强黄河下游防洪工程巡查防守的通知》，并提出如下要求：一是切实提高思想认识，充分认识当前黄河防汛抗洪工作的严峻性和重要性，全力以赴统筹安排，千方百计严防死守，确保工程不跑坝，坚决保障黄河防洪工程安全；二是强化工程巡查防守，严格按照专群1∶3的比例落实巡查防守力量（见图6.3-2），24 h不间断巡查，重点做好靠河险工、控导工程坝岸及坝裆巡查；三是加快工程预加固进度，将靠主溜、边坡陡于1∶1.3、近几年出险多的坝岸作为加固重点，尽快抛护，每天按要求将抛石进度及时上报省局工情灾情组；四是做好技术指导，各市局要成立流动技术专家组，现场巡回指导一线巡查防守和抢险。

10月7日，山东黄河河务局派出2个防汛医疗保障工作组，为巡查防守人员提供医疗健康服务。10月8日，山东黄河河务局对各级督导组发现的共性问题提出整改要求，要求规范记录巡查资料，优化配置巡查人员，增加现场照明设备和预置机械。10月10日，山东省防指下发通知，要求保证巡堤查险人员数量和质量，合理轮换，派专人对已开启涵闸开展24 h不间断巡查观测。

10月14日，山东省委书记李干杰要求继续盯紧、严防死守，坚决打赢防御秋汛这场大仗硬仗。10月15日，山东省代省长周乃翔主持召开防汛工作视频调度会，进一步安排

图 6.3-2　10 月 6 日，东阿县公安人员在毕庄险工认领责任段

部署黄河秋汛洪水防御工作。

10 月 18 日，山东黄河河务局下发通知，要求强化重点工程防守，对靠溜的主要坝段、回溜淘刷的坝裆、已出险坝岸等易出险部位严防死守，必要时派人 24 h 蹲守；对出险多、缺根石多的坝岸，继续加大预抢险加固力度，多抛铅丝笼，确保抛投到位；积极争取地方财政支持，尽快补充石料等防汛料物。

6.3.2.2　组织、巡查方式

1. 黄河干流

9 月 17—26 日，山东黄河河务局各级主要负责人、分管负责人、防办全体人员和基层工程巡查人员全部上岗到位，严格落实防汛 24 h 带班值班制度，加密巡查防守，梳理盘点防汛物资，做好抢险准备；各级河务部门向当地政府报告秋汛形势、可能发生的险情，督促有关单位、沿黄乡镇做好相关工作；河口管理局率先在卞庄险工、宁海控导、义和险工、十八户老控导、苇改闸控导、清四控导 6 处险点坝段安设移动板房，架设防汛照明设备。

9 月 27 日至 10 月 3 日，沿黄防汛行政责任人、群众转移避险分包责任人全部上岗到位；在 66 处重点工程搭建守险房(帐篷)414 处，全部配备照明设备；沿黄各级政府召开秋汛洪水防御专题会，滨州沿黄政府在黄河工程一线设立了 6 个前线指挥部，各类指挥人员 94 人；东营区在麻湾管理段设立区委、区政府主要领导任指挥的黄河秋汛防御指挥部，8 个乡镇在防守责任段设立分指挥部，全部驻扎一线指挥调度，同时还制订了《2021 年东营区黄河秋汛防御工作方案》，设立东营区防汛抢险协调服务组；各级防指共组织群防队伍 9 651 人上堤防守，加固生产堤 64 处 51.4 km，堵复串沟 13 处 6.21 km。自 10 月 2 日起，各级河务部门机关人员下沉到管理段(所)，协助开展工程巡查、防汛值守、查险抢险等防汛工作；多地的民兵应急连、应急救援大队、社会志愿者等多支机动队伍陆续上堤防守(见图 6.3-3～图 6.3-5)。

这一期间暴露出四类问题：一是群防队伍落实难。由于防守压力大、巡查任务重，按照 1∶3的专群比例落实群防队伍较困难，联络各乡镇、街道办组织人员时效率低。经过地

图 6.3-3　9 月 30 日,齐河河务局职工在阴河险工巡查

图 6.3-4　10 月 3 日,章丘河务局职工冒雨巡查土城子险工

图 6.3-5　10 月 2 日,天桥河务局大桥管理段职工带领群防队伍夜间巡查

方行政首长的积极协调，建立临时乡镇联络册子，解决了群防队伍落实问题。二是基层单位专业技术力量薄弱。基层单位技术人员少，部分人员业务不熟练，经过老带新、点对点、点对面培训，提升了基层技术人员的业务水平。三是群防队伍对巡查报险方法、注意事项掌握不到位。各级河务部门组织防汛专家对一线、二线群防队伍进行现场培训，提升其防汛技能。四是群防队伍年龄结构不合理。普遍年龄偏大，绝大部分在 55 周岁以上，难以长时间满足巡查需求，通过安排县直部门机关人员、企业职工等到一线防守，该问题得到缓解。

10 月 4—20 日，各级河务部门组织黄河抢险流动专家组和技术专责人员进行巡查抢险技术指导，制定了《控导工程巡查管理办法》《顺河路巡查管理办法》《交接班管理办法》等管理办法，实行交接班签到制度，将巡查防守任务落实到单位，具体到个人（见图 6.3-6）。同时，充分利用驻守点地理位置优势加强巡查防守（见图 6.3-7、图 6.3-8），对所辖工程进行精细摸排并逐一登记造册、分类处置。县局对汛前签订的大型机械设备抢险协议进行了联系确认，确保抢险需要时能及时赶赴现场。加强对工程巡查和其他涉水作业的检查，严格配备和使用安全救生器具，杜绝涉水安全生产事故发生。

图 6.3-6　10 月 4 日，章丘河务局土城子险工防守点的巡查培训

图 6.3-7　10 月 8 日，齐河河务局女职工在席道口险工巡查

图6.3-8　10月8日,槐荫河务局职工在杨庄险工探摸根石

各级防指高度重视,形成市—县—乡(镇、街道)三级黄河防汛指挥体系。电力部门紧急搭设临时线路,满足工程巡查用电需求,梁山、齐河等县所有靠水险工、控导工程、生产堤全线亮化;聊城市防指、齐河县应急管理局紧急支援一批应急照明灯。地方政府还对巡查防守人员履职情况和机械设备预置情况进行检查、抽查。

这一期间暴露出两类问题:一是人困马乏。在巡查防守中遇到较长时间降温、降雨等恶劣天气,加之长时间高强度的工作,致使部分人员精神疲惫,给巡查工作带来困难。各级河务部门多方筹措,申请调拨或购买棉帐篷、雨具、棉衣等物资,同时在保证防汛安全的前提下,适时安排轮休。二是基层人员严重不足。黄河山东段范围广、距离长,尤其是长平滩区控导工程分散,在巡查车辆有限、巡查设备不足、照明设备缺乏等情况下,巡查工作难以顺利开展,巡查人员的人身安全难以保障。随着黄委和省、市、县局下沉人员的到位,问题得到缓解。

2. 金堤河

阳谷、莘县河务局机关下沉人员到位后立即编入巡查小组,结合雨情、工情增加巡查频次;专群结合,专业队伍加强重点部位、重点工程的巡查,一线基干班在黄河职工指导下开展巡查(见图6.3-9)。

莘县河务局与莘县防指、水利局、应急管理局及古云镇政府、樱桃园镇政府、古城镇政府等地方单位通力合作。9月28—29日,受莘县防指委托,莘县河务局为沿北金堤四乡镇紧急培训群防队伍600人,在巩固往年防汛巡查知识的同时,加强了对险情判别的授课,弥补了巡查知识短板。9月30日,莘县河务局派出两名专家参加了莘县防指举办的迁安救护、渗水、管涌3项科目的实战演练及堤防限宽墩紧急破除演练。

3. 东平湖

东平湖管理局每日召开防汛会商会,及时通报天气及降雨预报情况,传达上级通知精神,研判分析东平湖防汛形势,安排部署东平湖、大汶河下游洪水防御工作。东平县黄河防指、东平县东平湖防指共安排群防队伍825人上堤防守,全力开展黄河、东平湖、大汶河下游防洪工程巡查。

图 6.3-9　9 月 24 日夜,阳谷河务局职工在莲花池险工冒雨探摸根石

6.3.2.3　抢险预置

9 月 17—26 日,各级河务部门根据汛前开展的防汛抢险机械设备社会资源调查情况,重新确定社会机械设备点,组织查看抢险设备、人员预置地点,做好抢险预置准备。

9 月 27 日至 10 月 3 日,各县局先后与 30 余家企业签订了设备预置协议。根据工程抢险需要,每处工程预置设备种类和数量不同,大部分工程预置挖掘机 2 台、装载机 1 台、自卸车 1 辆(见图 6.3-10)。同时,将辖区浮桥公司和黄河专业机动抢险队机械设备代储企业作为后备预置联系点。为保证北金堤安全,阳谷县防指沿堤预置挖掘机、铲车等大型机械设备 30 台,其中明堤段 8 台、寿张段 4 台、陶城铺段 12 台,机械分布于险工、涵闸等工程重点部位。这一阶段,沿黄各级地方政府、防指还加强了防守力量预置,组织应急消防抢险队、民兵抢险队、基干班等随时待命参加抢险,对民兵抢险队、群防队伍进行预点名,确保能够随时拉动;在重点工程、易出险工程、可能漫顶的控导工程等部位,预置了土工布、编织袋、木桩、铅丝、石料等料物。

图 6.3-10　10 月 1 日,东阿井圈险工 17 号坝设备预置

10 月 5 日,山东省防指发出通知,要求足量预置抢险机械料物,充分利用社会力量、

专属渠道,按最不利情况考虑机械料物数量,提前预置到位,为抗洪奠定坚实基础。10月8日,山东黄河河务局对各级督导组发现的共性问题提出整改要求,要求优化配置巡查人员,增加现场照明设备和预置机械。

10月4—20日,先期现场预置的机械设备、料物基本转投入工程抢险,各县局又将辖区浮桥管理单位自有机械设备纳入预置机械设备备用,共在128处工程预置抢险机械设备1 293台套(见图6.3-11),随时应对可能发生的险情。该阶段防守重点主要为防止发生控导工程漫溢和险工根石坍塌险情,预置物料主要为土工布、编织袋、铅丝笼和石料等。为便于靠溜坝岸抢险,各县局制订了石料调运方案,并紧急拟订了石料购置计划。

图6.3-11 10月7日,在高青大郭家控导工程预置挖掘机和帐篷

6.3.2.4 预抢险加固情况

山东黄河河务局组织各级对靠大溜的主坝抛铅丝笼固根、靠回溜坝岸抛柳石枕抢护,对受回溜淘刷严重的坝裆和即将漫顶的控导工程抛石预加固,并采取了加修子埝等漫顶防护措施。共对138处工程、40处坝裆进行预抢险加固,对24处出水高度较小的控导工程采取防漫顶措施。通过预抢险加固,消除了出现较大险情的隐患,所辖工程出险均为一般险情,无较大及以上险情发生,切实保障了沿黄群众生命财产安全。

6.3.3 退水期

6.3.3.1 部署安排

10月21日,黄河山东段陆续进入退水期,退水期恰恰是防守关键期,河道工程经过20多天高水位浸泡,根基水分饱和,土体抗剪强度降低,退水期水压下降,河道工程因失去水流的顶托,出现严重险情的概率更大。

山东黄河河务局要求各级河务部门务必提高政治站位,强化工程巡查防守,严格按照专群1∶3的比例配备工程巡查防守人员,只能加强不能削弱,对重点工程、重点部位、已出险坝岸和新建改建工程加密观测频次,必要时派人24 h值守。

10月26日,解除山东黄河水旱灾害防御Ⅳ级应急响应,下沉人员全部撤离,基层一线职工按照班坝责任制开展巡查。

6.3.3.2　组织、巡查方式

继续严格落实基本巡查班组人员配置,按照巡查“明白纸”要求,开展 24 h 不间断巡查,特别加强后半夜巡查;做好巡查人员轮换,保证精力、体力充沛;增加巡查人员,落实定点蹲查措施。找准大溜长期顶冲、“二级悬河”发育突出、工程坝裆回水淘刷等最危险的部位,精准除险加固(见图 6.3-12);切实做好一线防守人员的餐饮、住宿、保暖等各项保障措施,注重轮班轮换,保证防守人员自身安全、巡查正常进行。

图 6.3-12　10 月 22 日,河口清三控导工程根石探摸

6.3.3.3　抢险预置

由于退水期仍然是险情易发阶段,各工程现场预置设备、浮桥单位预置设备以及预置人员、料物,一直坚守至 10 月 26 日,直至洪水归槽,工程趋于稳定,所有机械设备、人员才逐步撤防。

6.3.3.4　预抢险加固

各级河务部门组成由总工、抢险专家、退休老专家组成的退水期险情预判专家组,根据退水阶段巡查和根石探测情况,预判险情,指导预抢险加固。

利津南坝头险工预抢险加固。10 月 21 日 14 时,利津站流量 4 460 m^3/s,南坝头险工 4 号坝一直靠主溜。由于洪水流量较大、水位较高,4 号坝受到长时间冲刷,根石外边坡坡度比不足,存在根石坍塌的风险。确定采用装抛铅丝石笼护根方式,按照抛石坡度 1:1.5 的标准进行预抢险加固,累计抛石 163 m^3,使用铅丝 889 kg。

6.4　水库巡查防守

6.4.1　小浪底水库

秋汛期间,小浪底水库运行水位创历史新高,最高达 273.5 m,比 2012 年 11 月 20 日历

史最高运行水位270.11 m高出3.4 m,且高水位运行时间较长,其中270 m以上运行20 d。

小浪底水利枢纽管理中心按照黄河防总要求和土石坝水库高水位运行管理的要求,加密主坝、副坝、西沟坝、进水塔、进水口边坡、左岸山体洞群、中部区、开关站上游侧边坡、地下厂房、右岸山体、出水口及泄水渠等区域巡检,巡检频次从每日1次增加到每日6次。同时,加密坝体、坝基、两岸坝肩和泄洪、发电系统的各水工建筑物、泄水渠岸坡、库区漂浮物,以及近坝区滑坡体等影响枢纽安全区域的观测,安排专人专门负责枢纽原型观测、泥沙监测、地震监测等工作,发现异常情况及时分析会商、妥善应对,保障枢纽运行安全。

根据小浪底水利枢纽工程安全监测规程,结合小浪底大坝自身特点,大坝观测设有变形、渗流、应力应变及地震反应等监测项目,并以渗流、变形监测为重点。在库水位突破268 m时启动高水位加密监测,对小浪底主坝上下游283 m视准线7对关键测点和排水洞渗水量人工观测频次从每月1~2次加密为每周1次。在库水位超过270 m时启动突破历史高水位加密监测,关键部位自动化监测仪器观测加密为每天3~24次,对小浪底主坝上下游283 m视准线7对关键测点和排水洞渗水量人工观测加密为每周2~3次,进水口高边坡和近坝滑坡体人工观测加密为每周1次,1、2号滑坡体人工观测加密为每周1次,大柿树滑坡体人工观测加密为每周1~2次。通过大坝安全监测管理平台对监测数据观测情况进行每日2次排查,对自动化观测设备故障和数据采集异常第一时间进行报警,对监测设施受强降雨影响、观测网络通信中断、供电故障等异常进行抢修处置,必要时安排人工观测进行数据核对补充,确保高水位期间全面、准确、完整采集有关监测数据。高水位期间,小浪底3 893个观测项目日观测数据近万条,数据量是不加密时的2~3倍。

在强降雨叠加高水位运行期间,小浪底水库工作组和专家组及时参加大坝安全会商,第一时间报告关键监测数据和出库水体含沙量变化,为枢纽安全运用提供科学决策依据。观测数据和会商结果表明,小浪底和西霞院工程大坝安全监测设施运行正常,人工观测和自动化观测系统正常。从渗流、变形、应力应变等内外观测数据综合分析,小浪底工程大坝及主要水工建筑物处于正常运行状态。

6.4.2　三门峡水库

秋汛前期,三门峡水库在汛限水位以下运行。秋汛关键期,特别是在9月27日以后,三门峡水库逐步投入运用,水库最高水位按不超过312 m运行。三门峡水库主要监测项目有大坝水平位移、垂直位移、坝基扬压力、渗流量、接缝开合度等,测值变化符合一般规律,未见明显异常。考虑大坝变形、渗流等效应量存在一定滞后性,加强了重点监测项目以及关键部位的人工巡查和监测。整个秋汛期间,三门峡水库大坝未出现险情。

自10月23日以后,三门峡水库按照调度规定逐步开始蓄水,10月31日达到最高蓄水位317.99 m。水库回蓄前,三门峡水利枢纽管理局组织人员对坝前所有与廊道相连的封堵过的孔(洞)和管口进行检查维护,对335 m高程以下的各种管孔进口以及290 m高程清污泵管、廊道封堵情况进行检查,确保安全可靠。同时,加强水工建筑物巡视检查,对张公岛导流墙、坝体廊道、下游左右岸护坡、危险段山体、山西侧防汛公路等区域加强巡检,及时消除安全隐患。加强监测设备维护消缺,大坝监测人员每日通过大坝安全监测管理系统对监测数据观测情况进行一次排查,对自动化观测设备故障和数据采集异常等情况第一时间进行消缺,确保全面、准确、完整采集有关监测数据;对各防汛设备进行全面检查,发现问题及时处理;及时查验防汛设备备品备件及防汛物资储备,随时保证所需物资的供应;组织人员查看库区河道、滩区及工程情况,加强库区涉河项目、在建工程的监管巡查。

6.4.3 河口村水库

秋汛期间,河口村水库运行水位创历史新高,最高达 279.67 m,比 2021 年 7 月 11 日洪水最高运行水位 262.65 m 高出 17.02 m,且高水位运行时间较长,其中 275 m 以上运行 21 d。根据河口村水库工程安全监测规程,结合水库工程大坝自身的特点,大坝观测设有变形、渗流、应力应变及地震反应等监测项目,并以渗流、变形监测为重点。在水位突破 275 m 时启动高水位加密监测,关键部位自动化监测加密为每天 3~24 次,大坝外观变形监测加密为每天 1 次,大坝渗流人工监测加密为每天 4 次。通过大坝安全监测管理平台对监测数据观测情况进行每日 2 次排查,对自动化观测设备故障和数据采集异常第一时间报警,对监测设施受强降雨影响、观测网络通信中断、供电故障等异常进行抢修处置,必要时安排人工观测进行数据核对补充,确保高水位期间全面、准确、完整采集有关监测数据。高水位期间,河口村水库 1 385 个观测仪器日观测数据近 3 000 条,数据量是不加密时的 2 倍。

同时,河口村水库工作组和专家组及时组织大坝安全会商,第一时间报告关键监测数据,观测数据和会商结果表明,河口村水库工程大坝安全监测设施运行正常,人工观测和自动化观测系统正常,大坝及主要水工建筑物处于正常运行状态。

6.4.4 故县水库

秋汛期间,故县水库运行水位创历史新高,最高达 537.75 m,比 2014 年 9 月 20 日最高运行水位 536.57 m 高出 1.18 m,且高水位运行时间较长,其中 534.8 m 以上运行 20 d。

故县水利枢纽管理局严格按照黄河防总要求和混凝土坝水库高水位运行管理的要求,加密枢纽坝体设施、坝基及坝肩、近坝岸坡、表孔溢洪道、底孔泄水槽等区域巡检,频次从每月 2 次加密到每日 1 次。同时,大坝安全监测频次由原来每周 1 次加密至每日 1 次,发现异常情况及时会商研判、妥善应对,保障枢纽运行安全。故县水库大坝安全监测有渗流、变形、温度、水力学、地震、水文气象等观测项目。当库水位在 534.8~548 m 时,进入高水位观测状态。另外,在库水位日升高 1 m 以上,或日降低 0.5 m 以上时,当天对引张线、挠度、纵横缝开合度加密观测 1 次。

在高水位运行期间,故县水库工作组和专家组及时参加大坝安全会商,第一时间报告关键监测数据变化,为枢纽安全运用提供了科学决策依据。观测数据和会商结果表明,故县水库大坝安全监测设施运行正常,人工观测和自动化观测系统正常。从渗流、变形等内外观测数据综合分析,故县水库大坝及主要水工建筑物处于正常运行状态。

6.4.5 陆浑水库

高水位运行期间,陆浑水库大坝、左右岸、溢洪道监测数据无异常,建筑物性态正常,未出现险情。陆浑大坝的重点监测项目有大坝水平位移、垂直位移、坝基扬压力、渗流量等,秋汛期间测值变化符合一般规律,未见明显异常。

6.4.6　东平湖滞洪区

秋汛期间，东平湖承受着来自大汶河与黄河洪水的双重考验，防洪工程在长时间高水位运用下，黄委及山东黄河河务局加大对东平湖老湖区运用的工作部署和督导，山东黄河河务局派出由副局长带队的工作组驻守东平湖抗洪一线，东平湖管理局全体职工上岗到位，做好工程巡查观测、水位观测和值班值守等工作，确保各项责任和措施落实到位。东平县防指启动防汛Ⅲ级应急响应，按照“统一指挥、统一调度、统一保障”的原则，加强东平湖高水位运行时巡查防守力量，调集沿湖乡镇 825 名群防队伍上堤防守，全力开展东平湖、大汶河下游防洪工程全覆盖式巡查，对重点堤段加强巡查，科学调配人员力量，24 h 不间断巡查，全力做好值班值守、工程巡查和除险加固工作，确保出现险情第一时间发现、第一时间报告、第一时间处置到位。

东平湖管理局预筹二级湖堤防风浪措施，安装照明设施，预置抢险料物和机械，各级工作组下沉一线，协助做好工程巡查、群防队伍技术指导等相关工作，派出抢险专家组共 11 人指导东平县政府做好东平湖抢险及防守工作，所辖东平湖工程未发生险情。

针对金山坝险情，东平县防指组织动员党员干部、民兵、消防、志愿者等抗洪抢险力量 5 000 余人次，火速驰援金山坝抗洪一线，妥善处置金山坝石护坡坍塌、背堤渗水等险情 70 余处，沿金山坝 5 400 m 石护坡铺设土工布 4.32 万 m^2、堆放沙土袋 18.2 万个，完成金山坝防护加固工作，提高了坝体抗风抗浪能力。

6.5　工程出险及险情抢护

本次秋汛期间，黄河中下游 283 处防洪工程累计发生险情 3 851 坝次，抢险用石 88.22 万 m^3。其中，黄河小北干流 11 处工程累计发生险情 49 次，其中一般险情 48 次，较大险情 1 次，累计抢险用石 1.46 万 m^3；渭河下游 44 处河道工程累计发生险情 203 次，抢险用石 0.16 万 m^3；三门峡库区潼三河段 10 处工程发生一般险情 41 次，累计抢险用石 4.23 万 m^3；黄河下游 205 处工程 1 552 道坝累计发生一般险情 3 505 次，抢险用石 81.28 万 m^3；沁河下游 13 处工程累计发生一般险情 53 次，抢险用石 1.09 万 m^3，见表 6.5-1。

表 6.5-1　秋汛期间黄河中下游险情统计

河段	工程数/处	出险次数/次	抢险用石/万 m^3
小北干流	11	49	1.46
渭河下游	44	203	0.16
三门峡库区潼三段	10	41	4.23
黄河下游河南段	67	2 406	51.91
黄河下游山东段	138	1 099	29.37
沁河下游	13	53	1.09
黄河(沁河)下游	218	3 558	82.37
黄河中下游	283	3 851	88.22

6.5.1　黄河下游工程出险及险情抢护

黄河下游河段共有 205 处工程 1 552 道坝出险 3 505 次，均为一般险情，抢险合计用石 81.28 万 m^3。其中，河南河段共有 67 处工程 666 道坝出险 2 406 次，抢险用石 51.91 万 m^3；山东河段共有 138 处工程 886 道坝出险 1 099 次，抢险用石 29.37 万 m^3。

6.5.1.1　河南河段

河南河段共有 67 处工程出险，出险次数 2 406 次，均为一般险情，出险体积 523 304 m^3，累计抢险用石 519 054 m^3、铅丝 1 258 716 kg、人工 120 454 工日，使用装载机 10 163 台时、挖掘机 14 893 台时、自卸车 29 234 台时、推土机 319 台时。

河南河段工程出险主要出现在 10 月 4—20 日，抢险次数占总抢险次数的 74%，抢险用石占总用石量的 78%，抢险用铅丝笼占总用铅丝笼量的 85%。

河南河段出险次数最多的是黑岗口下延控导工程，达到 200 次，抢险用石 32 588 m^3，抢险用铅丝笼 43 828 kg；榆林控导工程、枣树沟控导工程、禅房控导工程出险次数也较多，分别为 160 次、128 次和 103 次，抢险用石分别为 37 410 m^3、32 458 m^3和 27 080 m^3，所用铅丝笼分别为 77 964 kg、65 602 kg、95 083 kg。

河南河段各工程共计出险 2 406 次，其中大溜冲刷造成出险 1 327 次，占总出险次数的 55%；大溜顶冲造成出险 524 次，占总出险次数的 22%；回溜淘刷造成出险 368 次，占总出险次数的 15%；边溜冲刷造成出险 187 次，占总出险次数的 8%。

6.5.1.2　山东河段

黄河下游山东河段共有 138 处工程 886 道坝出险 1 099 次，均为一般险情，累计抢险用石 29.37 万 m^3、土方 3.52 万 m^3、铅丝 488.32 t、柳料 361.55 t、土工布 12.66 万 m^2、人工 70 678 工日、机械 51 719 台时。山东河段共有 8 处控导工程漫顶，24 处控导工程采取防漫顶防护措施。

工程出险主要出现在 10 月 4—20 日，抢险次数占总抢险次数的 67%，抢险用石占总用石的 65%。

利津东坝 3 号坝抢险用石最多，达 2 477 m^3；牡丹刘庄险工 28~29 号坝坝裆后溃抢险用石 1 251 m^3；郓城伟庄险工 1 号坝、1 号垛抢险用石分别为 1 730 m^3、1 880 m^3，杨集险工 13 号坝抢险用石 1 790 m^3；东平徐巴士控导工程 12+1 护岸抢险用石 1 962 m^3；梁山路那里险工 20 号坝、苏泗庄险工 24 号坝抢险用石 1 393 m^3，程那里险工 10~12 号坝抢险用石分别为 1 622 m^3、1 716 m^3、1 662 m^3。

各工程共计出险体积 30.91 万 m^3，其中根石走失出险 18.59 万 m^3，占总出险量的 60%；坦石坍塌出险 5.93 万 m^3，占总出险量的 19%；漫溢造成出险 2.55 万 m^3，占总出险量的 8%；坝裆后溃出险 1.42 万 m^3，占总出险量的 5%。

6.5.2　其他河段和库区工程出险及险情抢护

6.5.2.1　沁河下游河段

秋汛期间，沁河下游共有 13 处工程出险 53 次，共计抛石总量 10 889 m^3，共用铅丝笼 21 713 kg。出险次数最多的是大小岩险工，出险 9 次；其次是马铺险工，出险 7 次；水南关险工、东关险工和亢村险工均出险 5 次。马铺险工、大小岩险工和新村险工抛石总量较多，分别为 1 900 m³、1 834 m³ 和 1 007 m³；马铺险工、大小岩险工和东关险工铅丝笼用量较多，分别为 3 666 kg、3 574 kg、3 397 kg。从时间上看，本次秋汛期间，沁河下游工程出险主要出现在 10 月 4—20 日，抢险次数占总抢险次数的 62%，抢险用石占总用量的 57%，抢险用铅丝笼占总用量的 79%。

6.5.2.2　小北干流河段

秋汛期间，小北干流河段共有 11 处工程发生险情 49 次，其中一般险情 48 次，较大险情 1 次，累计抢险用石 1.46 万 m³。山西河段共有 4 处工程发生一般险情 19 次；陕西河段共有 7 处工程 27 道坝发生险情 30 次（一般险情 29 次、较大险情 1 次）。

6.5.2.3　三门峡库区河段

秋汛期间，三门峡库区潼三河段共有 10 处工程发生一般险情 41 次，累计抢险用石 4.23 万 m³。其中，山西三门峡库区段 5 处工程发生一般险情 27 次，累计抢险用石 3.89 万 m³；河南三门峡库区段 5 处工程发生一般险情 14 次，累计抢险用石 0.34 万 m³。

6.5.2.4　渭河下游河段

受洪水漫滩、工程漫顶淹没影响，渭河下游共有 44 处河道工程累计发生险情 203 次，抢险用石 0.16 万 m³。

6.5.3　黄河下游险情抢护案例

6.5.3.1　荥阳枣树沟控导工程险情抢护

1. 工程概况

枣树沟控导工程位于荥阳市高村乡境内，上迎武陟驾部控导工程来溜，送溜于武陟东安控导工程。工程始建于 1999 年，现有 28 道丁坝、21 个垛和 1 段 1 500 m 护岸，共计 64 个单位工程，工程长度 5 910 m，设防标准为当地流量 5 000 m³/s 超高 1 m。-27 号垛至 -5 号坝、-2 号坝、-1 号坝、21 号坝至 37 号护岸为散抛石水中进占结构，1 号坝至 20 号坝、-4 号坝、-3 号坝为充沙长管袋褥垫沉排结构。

2. 出险情况

2021 年秋汛期间，枣树沟控导工程共有 9 道坝发生 128 次险情，均为一般险情，出险体积 32 558 m³。由于险情发现早，抢护及时（见图 6.5-1），没有发生较大险情，确保了工程安全。出险原因，一是工程受大溜冲刷时间长，根石走失严重，造成坦石连续坍塌；二是河床下切，致使根石深度不足，导致险情持续发生。

3. 抢险组织形式

险情抢护期间，荥阳市成立黄河抗洪抢险前线指挥部，由市长任指挥长，副市长、武装部长、公安局长、河务局局长任副指挥长，明确正、副指挥长工作职责，每日安排一名副指挥长坐镇前线指挥部，深入一线，靠前指挥，检查防汛责任制落实、人员巡查值守情况，指挥协调黄河防汛抢险工作。

在抢险过程中，由常务副市长具体负责，调度应急、河务、水利、交通、住建、城管等单位参加，全市分为 3 个梯队，沿黄乡镇为第一梯队，其他乡镇和单位为第二梯队，全市其他应急力量为第三梯队。

图 6.5-1 枣树沟控导工程险情抢护

黄委高度重视枣树沟控导工程防守工作。黄委领导汪安南、孙高振、徐雪红，黄河工会主席王健，黄委人事局局长来建军，黄河工会副主席展彤，黄河设计院总经理安新代，河南黄河河务局局长张群波等，先后到荥阳黄河枣树沟控导工程检查指导防汛工作。10 月 11—26 日，黄委派黄河设计院 6 名技术人员，下沉工程一线，开展工程巡查、河势观测、水位观测、险情会商分析等工作。

4. 抢护情况

在抢险过程中，前期由第一梯队参与抢险，沿黄乡镇民兵 40 人轮换参与抢险，有险抢险，无险备勤。由于洪水历时长，后期由第二梯队参与，其他局委和乡镇每天抽调 40 人轮换参与抢险及备勤。抢险累计用石 32 458 m^3、土方 100 m^3、铅丝 65 602 kg。其中，16 号坝用石 4 484 m^3、17 号坝用石 8 651 m^3、18 号坝用石 7 706 m^3、19 号坝用石 4 559 m^3、20 号坝用石 3 706 m^3、21 号坝用石 2 002 m^3、22 号坝用石 582 m^3、23 号护岸用石 240 m^3、24 号护岸用石 528 m^3，加固迎水面至圆头。

6.5.3.2 中牟九堡控导工程险情抢护

1. 工程概况

九堡下延控导工程始建于 1986 年，位于黄河右岸大堤公里桩号 49+270 处，中牟县雁鸣湖镇九堡村境内，其上迎原阳县毛庵控导工程来流，下送至原阳县三官庙控导工程，现有丁坝 30 道，另有 500 m 潜水坝一道，其中 119~123 号坝为险工标准，防花园口站 22 000 m^3/s 洪水；124~148 号坝为控导标准，124~143 号坝防花园口站 5 000 m^3/s 洪水，144~148 号坝防花园口站 4 000 m^3/s 洪水，潜坝防花园口站 2 000 m^3/s 洪水。九堡下延控导工程的作用是控制九堡以下河势南滚、防止平工段顺堤行洪威胁，具有防洪运用、控导主流、稳定河势和护滩保堤等重要作用。

2. 出险情况

9 月 27 日至 10 月 29 日，中牟河务局累计有 2 处工程 10 道坝发生险情，除险加固共计 68 次（一般险情 8 次，除险加固 60 次），出险体积 15 121 m^3。工程出险主要原因，一是工程受溜冲刷时间长,根石走失严重,造成坦石连续坍塌;二是河床下切,致使根石深度不足,导致险情持续发生。

3. 抢险组织形式

秋汛洪水期间,提前做好了人、料、机的各项准备工作,化被动为主动,除了发现险情及时抢护外,还针对重点工程和薄弱部位进行除险加固,采用抛散石、抛铅丝石笼等方式及时处置(见图6.5-2),防御措施从被动抢险到前置主动的转变,提高了工程防冲能力,确保了工程安全。主要有以下几项措施:一是加强巡坝查险,按每4道坝一个巡查单元配置16人组织巡查,发现险情及时上报;二是每处靠河工程预置2台挖掘机、2台装载机、5台自卸汽车做好抢险准备;三是石料、网片等主要料物已提前预置;四是在每道坝上架设照明线路,配置照明车、发电机,为抢险提供了保障;五是每个镇配备一支50人的抢险队,涵盖专业技术、公安、消防、群防人员等,一旦发生险情,能够快速制订抢险方案,组织人员、机械设备抢护,采用抛散石、抛铅丝石笼等方式及时处置险情,确保工程安全。

图6.5-2　九堡下延125坝夜间紧急抢险

4. 抢护情况

针对重点靠溜工程和薄弱部位采用抛散石、抛铅丝石笼等方式进行除险加固,从被动抢险转变为前置主动抢险,提高了工程防冲能力,确保了工程安全。根据实际需求,采用合包笼(双笼合并)的方式装抛铅丝石笼,具有体积大、稳定性强、不易走失的特点,应用效果良好。秋汛期间,抢险累计用石15 121 m^3、铅丝32 397 kg、机械500.74台时。

6.5.3.3　开封黑岗口下延控导工程险情抢护

1. 工程概况

黑岗口下延控导工程始建于1998年,现有丁坝13道,相应大堤公里桩号77+908号至79+053号。该工程上与黑岗口险工41坝相接,1~9号坝为柳石结构,10~13号坝为散抛石进占结构,联坝长1 000 m。2号坝长140.50 m,3号坝长172.5 m,其余坝长均为100 m。坝宽15 m,坝顶高程84.95 m。该工程与黑岗口险工、黑岗口上延控导工程共同组成黑岗口河段的导流工程,上迎大张庄方向的来溜,下送至对岸顺河街工程。该工程常年靠主溜,在稳定下游河段河势、保护大堤安全中发挥了重大作用。

2. 出险情况

9 月 27 日黑岗口河段河势下挫,至 10 月 1 日 20 时夹河滩站流量增长至 5 010 m^3/s 后,大河在此段形成“卡口”河势,7~13 号坝受大溜顶冲及回溜严重淘刷,险情频发。秋汛期间,黑岗口下延控导工程有 8 道坝出险,共发生险情 200 次,出险体积 33 665 m^3,其中 11 号坝险情最多,出险 36 次,出险体积 6 868 m^3。工程出险主要原因:一是该处为卡口河段,水深流急,工程受溜顶冲严重;二是受河槽下切影响,致使根石深度不足,导致险情持续发生;三是受溜冲刷时间长,根坦石失去稳定,造成根坦石严重走失。

3. 抢险组织形式

开封第一河务局抽调专业技术人员组成抢险队。应急、消防、群防队伍配合抢险,其中专业抢险队员 20 人、消防队员 20 人、群防队员 20 人。按照“抢早、抢小、抢住”的原则,采取巡坝查险人员“蹲守”措施,根据工程状况合理制订抢护方案,确定抢护方法。对受大溜冲刷的工程裹护段,采取全部抛投铅丝笼措施,铅丝笼出水高度超 150 cm,其他出险部位采取散石护坡、铅丝笼护根措施,确保了工程安全(见图 6.5-3)。

图 6.5-3　黑岗口下延控导工程险情抢护

抢护期间,黄委各级领导高度重视,黄委领导汪安南、苏茂林、牛玉国、孙高振,黄河工会主席王健,黄委纪检组副组长杨胜,黄委防御局局长魏向阳,河南黄河河务局副局长姚自京奔赴一线,沿河仔细查看河势、工情,对防汛抢险工作提出指导意见(见图 6.5-4)。

4. 抢护情况

10 月 4 日起,按照“白天进攻、夜间防守”的防御方案,对 7~13 号坝进行全面除险加固,日投入装载机 6 台、挖掘机 3 台、人员 60 人。抢护方法主要有抛投铅丝笼护根、抛投土工包、吨袋护胎、抛投散石还坦等。由于水深溜急,大溜顶冲坝垛多,加固任务量大,日均抛笼 400 余个,最高强度能达到每小时对单坝抛投铅丝笼 60 个。抢险累计用石 6 523 m^3、铅丝 7 987 kg。

通过及时有效的抢护,提高了工程抗冲刷强度,确保了工程安全。抢险期间,黄委防御洪水应急抢险专家组驻守一线,依照“新坝护胎、旧坝护根”的抢险经验,提出险情抢护建议。

图6.5-4　专家组现场指导黑岗口下延控导工程抢险

6.5.3.4　开封欧坦控导工程险情抢护

1. 工程概况

欧坦控导工程始建于1978年，共有3～37号丁坝35道，1～14号14个垛和5～10号护岸10段，共计59道坝垛护岸(段)，总长5 566 m。位于开封市祥符区刘店乡欧坦村北，相应黄河大堤千米桩号113+656号至119+222号。作用是控制府君寺至贯台间的河道，稳定贯台至东坝头间的河势，保证三义寨闸门供水和保护刘店滩区土地免遭坍塌。

2. 出险情况

欧坦控导工程为欧坦河段的送溜工程，承担将大溜送至封丘贯台控导工程的功能。自9月27日流量开始上涨后，该处河势开始下挫变化，至10月1日20时夹河滩站流量增长至5 010 m^3/s后，该河段水流湍急且急速冲刷河底，呈翻江倒海之势，大溜直冲该工程18～27号坝迎水面，根石走失严重，坦石持续下滑，导致险情频发。该工程19道坝共发生险情98次，出险体积17 900 m^3。工程出险主要原因，一是受河槽下切影响，致使根石深度不足，导致险情持续发生；二是受溜冲刷时间长，根坦石失去稳定，造成根坦石走失严重。

3. 抢险组织形式

开封第二河务局抽调专业技术人员组成抢险队，应急、消防、群防队伍配合抢险，其中专业抢险队员50人，消防人员60人，群防人员60人。按照“抢早、抢小、抢住”的原则，要求巡坝查险人员进行“蹲守”巡查。对受大溜冲刷的工程裹护段，采取全部抛投铅丝笼措施，铅丝笼出水高度100～200 cm；其他出险部位采取散石护坡、铅丝笼护根措施(见图6.5-5)。通过对群防队伍和抢险救援队伍开展专业技术培训，制定巡查防守工作要求、工作标准等，确保巡查精准到位。

黄委高度重视抢险督导工作，黄河工会主席王健、黄委规计局局长王煜、河南黄河河务局副局长姚自京等各级领导先后到现场指导工作。

4. 抢护情况

10月4日起，按照抢险防御方案，开封第二河务局对20～26号坝进行全面除险加固，

图 6.5-5　欧坦控导工程 29 号坝险情抢护

日投入装载机 4 台、挖掘机 2 台、人员 80 人。由于水深溜急，大溜顶冲坝垛多，加固任务量大，日均抛铅丝笼约 380 个。抢护方法主要有抛投铅丝笼护根、抛投土工包、吨袋护胎、抛投散石还坦等。抢险累计用石 17 900 m^3、铅丝 38 220 kg。其中 21 号坝险情最多，出险 21 次，出险体积 3 677 m^3，抢险共用石 3 677 m^3、铅丝 8 580 m^3。

通过及时有效地抢护，提高了工程抗冲刷强度，确保了工作安全。抢险期间，黄委防御洪水应急抢险专家组现场指导险情抢护。

6.5.3.5　长垣榆林控导工程险情抢护

1. 工程概况

榆林控导工程始建于 1973 年，共 44 道丁坝，控导工程长度 5 179 m，裹护长度 4 289 m，位于长垣市苗寨镇西旧城东 1 km 处，黄河下游东坝头至高村河段左岸，相应大堤桩号 29+000 号至 34+870 号。该控导工程为土石结构，其中 1～18 号、21～23 号坝共 21 道坝为拐头丁坝，19～20 号坝共 2 道坝为抛物线丁坝，24 号坝为直坝，25～44 号坝共 20 道坝为圆头丁坝。防御标准为当地流量 5 000 m^3/s。

2. 出险情况

榆林控导工程 14 道坝出现一般险情 160 次，出险体积 36 506 m^3。

3. 抢险组织形式

成立由长垣市委副书记任指挥长的黄河秋汛防汛防御前线指挥部；河务部门派驻 1 名局领导、1 名中层干部技术指导，现场抢险人员划分为抢险指挥组、料物供应组、后勤保障组和安全保卫组，对需抢险丁坝分别指定责任人，现场人员各负其责，每天定时研判会商、总结经验、制订工作计划，保证抢险及除险加固工作顺利开展。

安排 1 名局领导、1 名科级干部驻守榆林控导工程一线。针对防守重点，在保证原有

160名巡查人员的基础上,对榆林控导工程29号坝增加防守人员16名进行定点蹲守,做到查险及时、报险准确,确保险情第一时间发现。预置236人应急救援队伍待命,一旦出现特殊情况,可迅速支援抢险。

黄委副主任牛玉国、黄河工会主席王健分别到榆林控导工程现场,查看并指导抢险及除险加固工作。

4. 抢护情况

针对榆林控导工程出现的根石走失、坦石下蛰、坦石坍塌等险情,采用抛铅丝笼固根、散抛石护坡的方法进行抢护;对土坝基坍塌险情采用抛柳石枕固根、土方回填的方法进行抢护(见图6.5-6)。通过及时有效的抢护,保证了工程运行安全,抢险累计用石37 410 m^3。

图6.5-6　榆林控导工程险情抢护

6.5.3.6　东明霍寨险工险情抢护

1. 工程概况

霍寨险工工程全长2 436 m,护砌长度1 333 m,共有19道坝(垛),均为乱石结构。1888年,该段大堤出险,地点在现5号坝附近,1890年在土地张村西修建长坝基4道。1910年在现4号坝、5号坝处修作两道坝,新中国成立前已与地面淤平。新中国成立后,国家加强对黄河的治理,1954年建坝8道,1963年建坝5道,1965年抢修6号至1号坝和7号至1号坝,1976年修建16号至1号坝,1968年修建6号坝、13号坝、15号坝,1978年2月至1979年3月对全部土坝基进行加高,1979—1998年进行了坦石加高、抛石固根。2005年,按照标准化堤防建设标准对该工程进行加高改建。霍寨险工上接左岸榆林控导工程来溜,下游送溜至堡城险工,该工程常年靠主溜,在稳定下游河势、保护大堤安全中发挥了重大作用。

2. 出险情况

霍寨险工共有7道坝发生8次险情,出险体积3 608 m^3。出险主要原因,一是8~12号坝自建成以来未经受大水考验,并且多年脱河,旱地加高改建根石深度不足和根基不稳是工程易出险的主要因素;二是该河段土质为层淤层沙结构,河床土质易冲刷,大流量期间坝前冲刷坑较深,造成根石下滑,坝体承载力严重不足,导致发生根石坍塌险情;三是工程长期受高水位浸泡,坝后土体含水量变大,土体自重变大和抗剪强度变小,造成根基不稳易发生险情;四是坝前河道较窄,水流速度大,大溜直冲工程迎水面及坝前头,致使根石深度不够,险情持续发生。

3. 抢险组织形式

9 月 27 日起,黄委及山东黄河河务局机关下沉人员下沉到霍寨险工,与基层管理段人员、乡镇巡查人员一起对工程进行了 24 h 不间断巡查,并在霍寨险工 8 号坝搭设帐篷蹲守巡查,每个靠水坝头都有人员值守,做到“早发现、早报告、早处置”。巡查人员发现险情后,立即报告管理段负责人。管理段负责人查看后上报县局。县局接到报险后,立即派出由分管副局长、防办主任、工情组、抢险指挥专家组成的工作组赶赴现场鉴定险情、制订抢险方案、组织拟报抢险代电,抢护方案批复后,立即组织人员和机械进行抢护。在霍寨险工储备了 2 台挖掘机和 4 台自卸车,随时做好抢险准备。10 月 17 日,东明河务局组织 28 名专业机动抢险队队员在霍寨险工 8 号坝集结训练,提高抢险队伍技能,时刻做好抢险准备。

水利部部长李国英在霍寨险工 8 号坝检查指导秋汛洪水防御时,对 7^{-1} 号至 8 号坝坝裆后溃堤提出预加固抢险的指导性意见,东明河务局按照意见,当日完成预加固抢险任务。黄委副主任薛松贵、山东黄河河务局局长李群及副局长谢军、崔存勇等领导现场指导了险情抢护。

4. 抢护情况

9 月 28 日,霍寨险工处流量和水位开始上涨,至 10 月 1 日 8 时高村站流量增长至 4 850 m^3/s 后,该处河势开始下挫变化,9~10 号坝受大溜顶冲及回溜严重淘刷。因该处河宽较小,河段水流湍急,大溜直冲该工程 8~16 号坝迎水面,根石走失严重,7^{-1} 号至 8 号坝坝裆受回溜淘刷滑塌严重,导致险情频繁出现。

东明河务局积极组织抢险队伍和储备抢险机械第一时间对险情进行了抢护,抢护方法主要采用抛散石和抛铅丝笼。根据根石探测和对受大溜冲刷工程造成根石走失的情况,提前对霍寨险工 8~16 号坝进行预加固,在高水位运行、退水期工程未发生猛墩猛蛰的情况,避免了较大险情的发生,确保了工程运行安全(见图 6.5-7)。抢险累计用石 3 725 m^3、铅丝 1 017 kg。

图 6.5-7　10 月 1 日,霍寨险工 9 号坝险情抢护

6.5.3.7　东明高村险工险情抢护

1. 工程概况

高村险工始建于 1881 年,位于黄河右岸大堤桩号 206+000 号至 209+000 号处,工程长度 3 000 m,护砌长度 2 689 m,共有 41 段坝岸。该工程原为秸料坝,新中国成立后对其整修加固,秸料坝逐步改为土石坝。1954 年各坝基本上达到石化。2005 年按照标准化堤防建设标准,对 9~38 号坝进行加高改建,设计标准为当地 2000 年设防水位,坝顶高程超高 2 m。高村险工上接左岸青庄险工来溜,下游送溜至左岸南小堤上延。该工程常年靠主溜,在稳定下游河势、保护大堤安全中发挥了重大作用。

高村险工以上为游荡性河段,以下为游荡性向弯曲性转变的过渡性河段,是黄河下游重要的节点工程之一。汛期,高村险工因紧靠大溜,出险频繁,防洪任务十分艰巨。1948 年 6 月 19 日至 8 月 30 日,高村险工发生严重险情,有决堤危险。冀鲁豫行署、黄委会负责人率领大批干部、工人、群众在解放军保卫下奋力抢险,终于化险为夷。抢险期间,被国民党军队打死打伤 150 余人,人民用鲜血和生命保住了大堤安全,写下了治黄史上光辉的一页。

2. 出险情况

高村险工有 9 道坝垛(岸)共发生险情 10 次,出险体积 5 773 m^3。工程出险主要原因:一是 28 号坝以下工程已近 20 年未靠水,2005 年对旱地进行了加高改建,工程靠河后,因长期受主溜严重冲刷,极易发生根石坍塌等险情;二是工程基础为层沙层淤的格子底,整体比较薄弱,大流量期间坝前冲刷坑较深,易出险;三是近期该工程河底冲刷降低,工程根石浅,在主溜冲刷下,坝体根石承载力不足,导致发生根石坍塌险情;四是受河势下挫影响,坝前对岸淤积使河道变窄,凹岸水流流速大,大溜对凹岸冲刷较为严重,致使工程根石处冲刷较深,导致险情持续发生。

3. 抢险组织形式

巡查人员发现险情后,立即报告管理段负责人。管理段负责人查看后上报县局。县局接到报险后,立即派出由分管副局长、防办主任、工情组、抢险指挥专家组成的工作组赶赴现场鉴定险情、制订抢险方案、拟报抢险代电,组织人员和机械进行抢护(见图 6.5-8)。高村险工工程上储备了 2 台挖掘机和 4 台自卸车随时做好抢险准备。

黄委副主任薛松贵、徐雪红,山东黄河河务局局长李群,副局长谢军、崔存勇等领导现场指导了险情抢护。10 月 7 日,黄委水调局、河湖建安中心的领导及专家 4 人下沉到高村管理段,与管理段职工同吃、同住、同排班,日夜坚守在巡查防守一线,参加险情抢护,并给予技术指导,确保险情及时发现、及时处置。

4. 抢护情况

采用机械化和人机配合抢险措施,对高村险工重要坝段进行了预加固,在高水位运行期、退水期,所有工程未发生猛墩猛蛰的现象,避免了较大险情的发生。抢险累计用石 6 016 m^3、铅丝 7 458 kg。

6.5.3.8　惠民王平口控导工程险情抢护

1. 工程概况

王平口控导工程始建于 1952 年,滩岸起止桩号 46+800 号至 47+833 号,工程长度

图 6.5-8　10 月 25 日，高村险工 29 号坝人机配合进行抢护

1 115 m，砌护长度 674 m，由 8 段坝组成，1970 年全部脱溜，1976 年大水后淤埋在滩内，一直未再靠水、靠溜。2018 年大洪水期间，因河势变化，脱河 42 年的王平口控导工程 7 号坝、8 号坝重新靠河着溜。此后每年汛期，王平口控导工程都是防守重点，极易发生险情。王平口控导工程对稳定下游河势、保障下游防洪工程安全起到了重要作用。

2018 年大洪水期间，王平口控导工程 7 号坝、8 号坝累计出险 4 次，出险总体积 3 856 m^3。

2019 年王平口控导工程 7 号坝、8 号坝出现坦石坍塌险情 4 次，总出险体积 3 856 m^3。惠民河务局采用机械散抛石护坡、人工配合机械抛石护坡与抛铅丝笼相结合的方式进行抢护，共动用石料 3 985.6 m^3、铅丝 1 863.9 kg、机械 1 028 台时。

2020 年大洪水实战演练期间，泺口站最大流量达 4 680 m^3/s，惠民河段最大流量约为 4 650 m^3/s，王平口河段 4 000 m^3/s 以上流量持续时间约 5 d。在大流量的冲击下，王平口控导工程 8 号坝出险 2 次，其中，发生漫顶险情 1 次，坝顶高程(18.44 m)最低点出水高度仅 0.09 m，采用土袋土方构建子埝阻水进行防漫顶险情抢护，土袋子埝长 160 m、宽 1.5 m、高 0.6 m；发生坦石坍塌险情 1 次，出险体积 742 m^3，采用机械抛石护坡进行抢护。两次抢险共动用石方 764 m^3、土方 295 m^3、编织袋 4 752 条、工日 243 个、机械 325 台时。抢险过程处置得当，保证了工程安全。

2. 秋汛出险情况

王平口控导工程 5 号、6 号、7 号、8 号坝发生一般险情 10 次。出险原因：一是工程坝顶高程较低，坦石基础薄弱；二是受主溜冲刷，坦石底部河床泥沙流失，致使坦石根基松动，发生坦石坍塌险情。

3. 抢险组织形式

惠民县防指在于大崔管理段成立防御秋汛大洪水前线指挥部，应急、水利、河务等部门联合办公，水利、河务部门的抢险专家指导险情抢护。

领导高度重视、专家专业指导、多方协同抢险，是确保成功抢险的先决条件。黄委副主任薛松贵，山东黄河河务局局长李群、二级巡视员张庆斌、水调处及科技处等领导多次赴王平口控导工程查看，督促现场巡查抢险人员保证自身安全，安全施工、安全生产，对险情抢护提出宝贵抢险意见。10月3日，惠民河务局局长现场与山东黄河河务局视频连线，汇报王平口控导工程防守情况，山东黄河河务局领导给予防守建议和技术指导。同时，地方政府按照专业人员与群防队伍1:3的要求，配齐群防队伍，积极与专业人员共同巡查，确保险情及时发现并抢护。

4. 抢护情况

10月1日8时，泺口站流量4 950 m^3/s，王平口控导工程5号、7号、8号坝出水高度23 cm。流量还将持续上涨，根据水情演变推算及工程现场情况，采取土袋子埝进行防漫溢抢险，土袋子埝长326 m、宽0.85 m、高1 m。随后又对6号坝加修子埝，连接5~7号坝，5~8号坝子埝总长446 m。

10月1日8时，7号坝上跨至前头位置受主溜冲刷严重，及时机械抛石282 m^3护坡。10月3日8时，7号坝坝前头出现坦石走失现象，再次抛石274 m^3进行加固。10月5日8时，泺口站流量5 190 m^3/s，5号坝、6号坝、8号坝受主溜冲刷同时坝前水位高于坝顶高程，水面已与修筑的子埝接触，为防护坝坡及子埝，进行抛石加固966 m^3。10月8日，7号坝、8号坝子埝偎水深度0.05~0.2 m，水位高出背河坝基低洼处0.8 m，因长期偎水运行，子埝背河侧出现渗水险情，危及子埝安全，经研究在子埝后方加修压渗台（见图6.5-9），压渗台长220 m、宽3 m、高1 m，10月8日17时修筑完成，险情得到控制。

图6.5-9　10月1日，惠民王平口控导工程修筑压渗台

王平口控导工程抢险期间共投入装载机9台时、挖掘机56台时、推土机3台时、自卸汽车317台时、机械翻斗车51台时。抢险投入石方1 522 m^3、土方1 607 m^3。

6.5.3.9　滨城大高控导工程险情抢护

1. 工程概况

大高控导工程位于滨州市滨城区境内，滩岸起止桩号82+593号至84+271号，工程长度 1 678 m,裹护长度 2 020 m,共设坝垛 17 段。该工程始建于 1966—1968 年,1997—1998 年新修了 0~5 号坝,1999 年 12 月对其余 11 段坝进行了整治。近几年,该工程在大河流量 3 600~4 000 m^3/s 时,所有坝段全部靠水,其中+2~11 号坝靠边溜,出水高度 0.7 m。由于始(改)建时间久远,工程根石基础浮浅、单薄,坝身陡,坦石结构疏松,强度不足,20 世纪 90 年代以来,大高控导工程上首连年坍塌,汛期需要作为防守重点加强巡查,并随时做好抢险准备。

2. 出险情况

10 月 2—9 日,大高控导工程 18 段坝发生漫溢险情 2 次,出险长度 2 050 m;8 段坝发生坦石坍塌险情 3 次,出险体积 2 218 m^3。出险原因:一是秋汛洪水流量大、水位高,持续时间长,水流速度过快;二是工程改建时间久远,建设标准低,坝顶高程低,平均坝顶高程为 16.1 m;三是 1~3 号坝吃主溜,并将主溜挑向下游,导致 0 号坝受回溜淘刷,4~11 号坝受边溜影响严重;四是公铁桥桥墩阻水,导致上游水位壅高。

3. 抢险组织形式

险情发生后,滨城河务局第一时间报告滨州河务局,同时报告滨城区防指,由防指协调落实料物、机械、人员,并派出专家现场指导,抽调专业技术人员和滨州黄河专业机动抢险队队员组成抢险队,群防队伍配合抢险。提前预置物资和大型抢险设备,要求巡坝查险人员 24 h 不间断巡查,切实做到险情的"抢早、抢小、抢住"。

大高控导工程险情抢护期间,黄委副主任薛松贵、副总工刘晓燕等领导先后 8 次到现场督导(见图 6.5-10)。滨州市委书记佘春明、滨州市长宋永祥、副市长张月波、组织部长曾晓黎、市军分区司令朱俊及滨城区委书记、区长、副区长、政法委书记等领导先后 30 余人次到现场调研指导(见图 6.5-11)。

图 6.5-10　10 月 9 日,黄委副主任薛松贵指导大高控导工程抢险

图6.5-11　10月10日,滨州市委书记佘春明指导防汛工作

4. 抢护情况

针对大高控导工程即将发生的漫溢险情,采取土袋配合土戗昼夜不停进行抢护,仅10月5日晚,组织协调出动2 000余人次,运输车辆100余台,装载机40余台,装运7万个沙袋,对大高控导工程及相邻3处控导工程77段坝修筑子埝10余千米,有效防止了洪水漫溢,稳定了河势。针对大高控导工程8段坝垛出现的坦石坍塌险情,采用抛大块石、抛铅丝笼等方法抢护,试采用新工艺铅丝网片兜和高强度聚丙乙烯网兜两种方式装填石料抛投抢护。所有高程较低控导坝岸修筑子埝进行防漫溢抢护,受大溜冲刷工程的裹护段,提前抛投石块、铅丝笼进行防护,以防止大溜冲击坝体(见图6.5-12)。

图6.5-12　大高控导工程抛石加固

漫溢险情抢险用塑料膜1万 m^2、编织袋6.01万条、土方3 017 m^3、沙子759 m^3;坦石坍塌险情抢险用石1 456 m^3、铅丝笼869 m^3。

6.5.3.10　利津东坝控导工程险情抢护

1. 工程概况

东坝控导工程始建于 1971 年 5 月,在滩桩 135+000 号一带修做柳石堆 5 段。1975 年大水漫滩时,埽面走溜,1~4 号坝全部冲垮,5 号坝亦垮掉大半,遂于次年汛前沿新岸重新修复。由于 1 号坝以上滩岸继续坍塌,又于 1979 年 9 月增修 3 段,编号为+1 号、+2 号、+3 号。为增强工程的整体抗洪能力,1993 年 6 月对坝段进行拆除改建,全部改为扣石坝。黄河"96 · 8"洪水以来,该工程溜势上提,+3 号坝以上滩岸坍塌严重,1999 年上接 8 段,其中铰链式模袋混凝土沉排 1 段,人字垛 7 段。2003 年 3 月又上接 9 段,其中铰链式模袋混凝土沉排 1 段,人字垛 8 段,达到 2000 年设防标准。

2. 出险情况

东坝控导工程 3~5 号坝出险 4 坝次。出险原因:一是工程基础薄弱,自建成后未进行大的整修改建;二是河势左移,受顺和浮桥影响,下游坝段受主溜冲刷顶冲,最下游的 3~5 号坝受主溜及回溜交替影响,坝前水深 10 m 以上,根石走失严重,坦石持续下滑,坝裆及非裹护段受回溜淘刷滑塌严重,导致险情频繁出现,防守压力极大。

3. 抢险组织形式

利津河务局及时抽调专业技术人员组成抢险队,应急、群防队伍配合抢险,利津县防指常务副指挥、副县长,常务副指挥、利津河务局局长亲临现场指挥抢险。9 月 30 日起,对 3~5 号坝全面预防护及抢险,抢险人员昼夜连续奋战,及时、准确发现险情、险象,及时采取预防护措施。调用长臂吊车、抛石斗,人机科学配合,提高了抢险效率,确保工程在高水位运行期、退水期未发生较大险情。

各级机关下沉人员共计 13 人参与东坝控导工程巡查、抢险。巡坝查险人员进行"蹲守"巡查,观察根石坍塌、坦石下滑情况,做到"早发现、早报告、早处置",确保工程安全。

黄委副主任薛松贵,山东黄河河务局总工崔书卫,利津县委书记,东营市委常委、政法委书记等领导赴抢险一线指导抢险。

4. 抢护情况

9 月 30 日 18 时,利津站流量 4 490 m^3/s,东坝控导工程 4 号坝前水位 9.88 m。由于受洪水边溜冲刷影响,18 时 20 分,巡查人员发现 4 号坝上跨至前头部位出现根石坍塌险情,出险长度 28 m、深度 7.5 m。现场指挥人员确定,采取人工配合机械编抛铅丝笼加固根石,经过一夜抢战,抛铅丝笼 604 m^3,险情被控制住。

10 月 7 日 10 时,利津站流量 5 120 m^3/s,东坝控导工程 4 号坝出水高 0.7 m,坝前水位 11.5 m,坦石根石出现坍塌险情,坡度最陡 1:0.4,铅丝笼一抛下去就被冲走,现有的抢险料物已无法满足需求。面对这一难题,东营市政府紧急从 100 km 外的东营港调拨 12 t 扭工体 100 个,抛入工程根部,固根防冲,自卸车配合推土机,自工程根部向上抛散石进占(见图 6.5-13),险情得到有效控制。黄委防御洪水应急抢险专家组在现场指导了险情抢护工作。

秋汛期间,共进行预防护 7 坝次,抛防浪块 100 个,用石 6 233 m^3、铅丝 17 737 kg、人工 944 工日。其中,4 号坝险情最多,出险 4 次,抢险用石 3 110 m^3、铅丝 4 015 kg。

图6.5-13　10月7日,东坝控导工程夜间抢护

6.5.3.11　利津五庄控导工程险情抢护

1. 工程概况

利津五庄控导工程始建于1968年6月,在五庄滩修做柳石堆12段。最初几年,1~6号坝多次下蛰,几度抛柳石枕加高,直到1976年方告稳定。1号坝以上仍然坍塌不止,1984年6月又在其上增设柳石堆1段,编为新1号坝。1986年6月,在新1号坝以上修做坝垛5段,编为新2号至新6号坝。1989年7月,在新6号坝以上继续修做柳石堆4段,编为新7号至新10号坝。至此,五庄护滩共有坝垛22段,既控制了该处护滩坍塌,又稳定了工程上下河势。1989年以后,连年小水行河,河道淤积,新3号坝以上石堆完全淤死,中小水时完全不靠水。1996年8月汛期,该工程因其上游滩区漫滩串水,顺堤行洪,洪水从工程背部漫顶过水,加之大河水流冲击、淘刷,新2号坝至老6号坝破坏严重,出现坝基根石走失、坝身蛰陷、坝面被揭顶破坏、护滩路被冲毁等问题。遂于当年汛后立即进行了恢复整修,重点对新2号坝至老6号坝共计8段坝进行了全面整修,坝体加高0.5 m,达到2000年设防标准。

2. 出险情况

五庄控导工程出险5坝次,预防护36坝次。工程出险主要原因:一是工程基础薄弱,坝身和根脚石较单薄,根脚石走失严重;二是该处河道狭窄,不足200 m,加之利兴浮桥壅水作用,汛期工程吃溜较大,冲刷严重;三是坝顶高程不足,导致工程存在漫溢风险,一旦漫溢,生产堤高度同样不足,将会淹没附近农田。

3. 抢险组织形式

利津河务局抽调专业技术人员组成抢险队,群防队伍、专防队伍、消防队伍配合抢险。9月30日,在五庄控导工程1号坝成立临时指挥部,利津河务局工会主席、宫家管理段负责人一直驻守现场指挥调度,第一时间处理各种急难险情。

自10月2日起,黄委及山东黄河河务局下沉干部支援一线防汛工作,与基层职工一起奋战在抗洪一线。同时,下沉人员同防汛人员按照“老中青”年龄段搭配分组,既确保了工程巡查到位，也让老、中、青三代人成为取长补短的年龄整合、配置恰当的业务集成、平衡稳健的战斗堡垒。

严格落实班坝责任制，按 1∶3的专群比例 24 h 不间断巡查，临黄村每村配备 30 名防守人员参与防汛值守。设立防汛驻守点，制定驻守点巡值守制度，保障工程巡查到位。

国务委员王勇、水利部部长李国英通过视频连线，远程查看五庄控导工程秋汛洪水防御工作。山东省委书记李干杰、东营市委书记李宽端在五庄控导工程查看了工程除险加固情况。黄委副主任薛松贵两次到五庄控导工程督导抢险工作，山东黄河河务局总工崔书卫等领导赴一线指导工程加固及抢险工作。

东营市政府从 100 km 外的东营港调来“扭工体”25 个用于抢险，发挥了重要作用。东营市消防部门组织 200 余人，对 3~6 号坝修筑子埝 600 m。利津县交通局组织 30 人对 1 号坝修筑子埝 100 m；垦利区水利局、广饶县水利局组织 60 人对 2 号坝修筑子埝 100 m。东营市还组织胜利油田 400 人、机关干部 100 人、民兵基干班 200 余人加固生产堤 1.5 km。

4. 抢护情况

10 月 2 日 13 时，五庄控导 2 号坝、新 1 号坝、新 2 号坝出水高度不足 20 cm，存在漫溢、坦石坍塌风险。为防止险情发生，对新 1 号坝上跨至下跨进行抛石加固，在 2 号坝、新 1 号坝、新 2 号坝坝顶土石结合处修筑子埝，铺设土工布、盖压土袋，动用石方 185 m^3、土方 244 m^3、土袋 6 831 条、土工布 1 329 m^2，投入人工 238 工日、机械 40 台时，抢修出一条坚固的子埝（见图 6.5-14）。

图 6.5-14　10 月 6 日，消防救援队伍在五庄控导修筑子埝

10 月 4 日 20 时，五庄控导工程 5 号坝靠大边溜，受强降雨和洪水浸泡、回溜及风浪淘刷等因素叠加影响，巡查人员发现该坝段下跨至下根位置坝面顺沿子石方向出现裂缝，裂缝长 33 m，最宽处 0.2 m，最深处 1 m，缝内有水。险情紧急，如不妥善处置，很可能酿成大险。现场指挥人员立即做出对五庄控导工程 5 号坝开挖裂缝，内铺土工布，填筑石子，盖土填缝压实，恢复坝面的决定，使得险情很快消除。

10月7日13时,五庄控导工程坝前水位14.38 m。由于该处河道较窄,水流较急,3~10号坝土坝裆普遍受洪水回溜淘刷,存在坍塌风险。此时没有太多的柳石可用,指挥人员考虑现场靠近村庄,且是秋收时节,村里柴草、秸秆较多,当即选择用柴草秸秆代替柳料,土袋代替石块,编制软帘枕,软帘枕之间用铅丝串联,形成"糖葫芦"状,下挂块石,一端沉水底、一端露出水面,起到了良好的防浪冲刷效果,险情得到及时控制。

黄委防御洪水应急抢险专家组在现场指导险情抢护工作。抢险累计用石2 633 m^3、铅丝6 047 kg、铣刨料和土方1 714 m^3,修筑子埝2 016 m,投入人工1 997工日。其中,4号坝险情最多,出险4次,抢险用石3 110 m^3、铅丝4 015 kg。

6.5.4　黄河重要支流险情抢护案例

6.5.4.1　陕西朝邑围堤决口险情抢护

1. 朝邑围堤概况

朝邑围堤位于黄河小北干流下段,始建于1969年7月,全长35 km。其中上段10 km,设防标准为龙门站21 000 m^3/s洪水;下段25 km,设防标准为龙门站12 700 m^3/s洪水。朝邑围堤临黄侧上段17 km由黄委管理,围堤临黄侧下段及临北洛河侧18 km由地方管理(见图6.5-15)。朝邑围堤临北洛河段长约5.3 km。主要作用是保护大荔县黄河滩区20万亩土地和范家镇、赵渡镇近4万名群众安全。

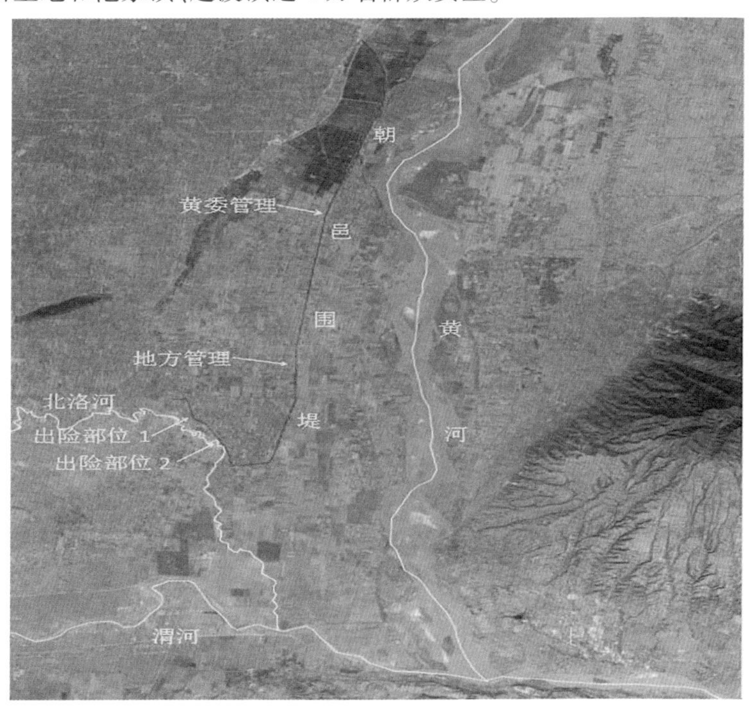

图6.5-15　朝邑围堤位置图

2. 出险情况

10月2—7日,陕西省发生持续强降水过程,黄河、渭河、北洛河三河同时涨水,朝邑围堤北洛河段紫阳村、乐合村发生两处决口,乐合村决口位于紫阳村决口下游1.5 km处。

10 月 7 日 23 时,北洛河左岸大荔县朝邑镇紫阳村朝邑围堤出现决口(见图 6.5-16),决口宽度约 45 m,决口处水深 7~8 m,流量约 150 m^3/s。

图 6.5-16　朝邑围堤紫阳段决口

10 月 9 日 2 时 30 分,北洛河左岸大荔县赵渡镇乐合村朝邑围堤发生漫堤决口(见图 6.5-17),决口宽度约 60 m,决口处水深 7~8 m,流量约 120 m^3/s。

图 6.5-17　朝邑围堤乐合段决口

经初步分析,朝邑围堤决口原因:一是干支流来水较为集中,受渭河、黄河洪水顶托影响,北洛河洪水下泄不畅;二是朝邑围堤工程基础薄弱,降雨和长时间高水位运行使堤身土方含水量接近饱和;三是北洛河滩区设施农业大棚,种植玉米等高秆作物阻碍行洪。

3. 抢险组织形式

决口险情发生后,水利部、应急管理部和省、市领导先后多次督促指导防汛救灾工作,渭南市政府成立大荔北洛河防汛抢险指挥部,会商确定“排堵结合、上堵下排、同时实施”的抢险救灾工作思路,设立技术专家组、决口抢堵组、排水组、后勤保障组、宣传组,市级领导驻地督导，大荔县委、县政府主要领导坚守一线，全县各级干部群众齐心协力，共同参与抢险救灾。

4. 抢护情况

10 月 8 日凌晨，朝邑围堤紫阳段险情开始抢险，共计投入各类机械 96 辆，抢险人员 180 余人，拉运石方 1.88 万 m^3、土方 13 600 m^3，编织袋装土 20 000 袋，投放埽料 1 500 捆，沉车 5 辆，于 10 月 12 日 17 时 36 分封堵成功。

10 月 11 日下午，朝邑围堤乐合段开始路面加固处理，10 月 12 日开始抢险，编织袋装土 10 000 袋，使用埽料 3 车，动用挖掘机、铲车 6 台、运输车 30 辆、民工 60 人、民兵 65 人，累计拉运渣土 10 400 m^3、备防石 1.53 万 m^3，于 10 月 13 日 16 时 35 分封堵成功。

6.5.4.2　山西汾河干支流堤防险情抢护

1. 汾河运城新绛段堤防决口抢护

汾河新绛县桥东村段堤防设防标准为 20 年一遇。10 月 7 日 15 时，汾河干流新绛段流量达到 1 120 m^3/s，桥东村段右岸堤防发生决口，决口位置距离县城约 1.5 km，决口长度约 20 m。决口处采用抛石加垛砖、土层碾压的方式进行封堵，10 月 8 日 16 时 30 分堵复成功（见图 6.5-18）。决口主要原因是受持续强降雨和大洪水影响，桥东村段穿堤管涵破裂渗水等造成接触渗透破坏，进而形成渗流通道，引起堤防溃决。

图 6.5-18　汾河新绛县桥东村段堤防决口堵复前后

2. 乌马河清徐段决口抢护

乌马河为汾河二级支流，全长 93 km，流域总面积 1 730.1 km^2。在中上游的太谷区庞庄村建有庞庄水库，控制流域面积 278 km^2，总库容 1 800 万 m^3。10 月 5 日下午，受庞庄水库开敞式溢洪道自然泄洪影响，乌马河清徐段洪水流量超过 40 m^3/s，致使乌马河 G208 公路桥下游侧小武村段右岸堤防发生 3 处漫溢决口；10 月 6 日 2 时开始，G208 国道公路桥两侧右岸堤防累计发生 5 处漫溢决口，随着水势上涨，决口部位相继贯通，总长度 1 050 m。其中，G208 公路桥上游侧长约 300 m，下游侧长约 750 m。10 月 15 日前，乌马河所有决口全部堵复（见图 6.5-19）。

3. 磁窑河汾阳、孝义与介休段决口抢护

磁窑河为汾河一级支流，河长 85 km，流域面积 1 054 km^2。10 月 7 日 10 时 30 分左

图 6.5-19　乌马河清徐段堤防决口堵复前后

右,磁窑河汾阳市演武镇与平遥县香乐乡交界的左岸河堤决口,长 7 m 左右。10 月 8 日 3 时,决口顺利堵复(见图 6.5-20)。

图 6.5-20　磁窑河汾阳段堤防决口堵复前后

10 月 8 日 2 时 29 分,当地有关部门通过无人机对磁窑河孝义段进行全线巡视,在河道右岸发现 4 处决口,每处长 10～20 m,10 月 14 日下午,4 处决口顺利堵复(见图 6.5-21)。10 月 8 日 10 时左右,磁窑河介休段与孝义市交界处出现 1 处决堤,长 20 m 左右,10 月 14 日之前利用决口进行回流排涝,10 月 16 日完成决口封堵(见图 6.5-22)。

图 6.5-21　磁窑河孝义段堤防决口堵复前后

图 6.5-22　磁窑河介休段堤防决口堵复前后

4. 汾河河津段破堤分洪

汾河河津破堤处位于汾河入黄口，设防标准为 20 年一遇。10 月 9 日 8 时 24 分，汾河河津段洪峰流量达到 985 m^3/s，为 1964 年以来最大值。为减少汾河上游城市段堤防行洪压力，根据防洪预案，7 时 40 分河津市启动防汛Ⅱ级应急响应，在右岸堤段桩号 100+700 处采取破堤分洪措施（见图 6.5-23），启用河津黄河连伯滩区近 10 万亩滩地蓄滞洪水（见图 6.5-24），分洪口长度 150 m。10 月 20 日 9 时 38 分，分洪口成功合龙。破堤分洪原因：一是汾河流域在长期小水条件下，加上黄河洪水倒灌顶托影响，河道淤积严重，行洪能力降低；二是人为侵占行洪河道，部分桥梁阻水，造成行洪水位抬升，导致河道宣泄不畅。

图 6.5-23　汾河河津段破堤分洪位置示意图

图 6. 5-24　汾河河津市连伯村堤防破堤分洪

第7章 技术支撑

2021年秋汛期间,水利部、黄委、流域各省(区)等多部门联合作战,在水文信息测报、气象及洪水预报、水工程调度预演、工程及河势监测、通信网络及视频会议保障等环节应用了一批新方法、新技术、新装备,大大提高了洪水防御工作自动化程度和精细化水平,为秋汛洪水防御提供了强大的技术支撑。

7.1 水文信息测报

水文测验、水情报汛是水文信息测报工作的主要内容,应急监测是对固定常设水文站外突发性洪水测验的有效补充,通过常规测报与应急监测,为2021年秋汛洪水防御中研判降雨水情势以及洪水预报提供重要数据支撑。

7.1.1 水文泥沙全要素测验

目前,遥感、无人机、无人船、走航式ADCP、雷达在线测流、自动报汛系统等先进技术手段已在水文测验中得到广泛应用,可实现水文泥沙全要素原型测验,人员劳动强度和测验成本均大大降低,提高了测验效率。

在秋汛洪水期间,通过上述先进仪器设备的应用,黄河干流及主要支流控制站实测流量所需时间从2 h 1次缩减为0.5 h 1次,甚至更短,报汛频次从最短2 h 1报提高至1 h 1报。主要使用的先进仪器如下。

7.1.1.1 流量测验仪器

1. 雷达在线测流系统

小浪底站已批复投产应用雷达在线测流系统(见图7.1-1),该仪器采用雷达传感器实时在线监测河流表面流速,通过率定分析表面流速系数,根据已知水位推算断面面积,实现水文站断面流量在线监测。雷达在线测流系统需结合测流断面、水流特性、精度要求和设施等条件,确定能够控制断面和流速沿河宽分布的代表垂线位置和传感器数量,分析代表垂线平均流速与断面平均流速关系稳定的垂线位置,选择在河段相对顺直、断面基本稳定、流速大于0.5 m/s的河道使用,宜选择桥梁安装,传感器发射方向朝向上游,传感器距水面垂直距离不宜大于30 m。经与原测流方法比测、率定,分析适用流量范围。

2. 无人机雷达测流系统

黄河下游河段应急监测采用了无人机雷达测流系统(见图7.1-2)。无人机载单波束雷达流速仪可按规划线路自主飞行,在预置的断面起点距位置河面上空,以预定测速历时逐点测量水面流速,计算机测流系统软件采用已知水位和断面数据,推算水深、断面面积,以水面流速及表面流速系数计算断面流量。

图 7.1-1　雷达在线测流系统

图 7.1-2　无人机雷达测流系统

3. 侧扫雷达测流系统

花园口、三门峡站应急测流采用了侧扫雷达测流系统(见图 7.1-3)。系统采用非接触式雷达技术,利用多普勒原理测量河流表面多个单元流速,建立单元表面流速与断面平均流速的关系,经流速面积法计算得到流量。系统适用条件:测验河段顺直,一般顺直河段长为河宽的 3~5 倍;断面流态相对稳定,无回流、漩涡,远离水坝、水库,避开影响;表面流速不宜小于 0.1 m/s,且有一定水波纹。安装位置需满足雷达到水面开阔,雷达到河对岸左右 60°视角无船只、树木、建筑物等对雷达电磁波的遮挡;应与高压线、电站、电台、工业干扰源保持安全距离。

7.1.1.2　泥沙测验仪器

1. 同位素在线测沙仪

潼关站含沙量测验采用了同位素在线测沙仪(见图 7.1-4)。同位素在线测沙仪利用

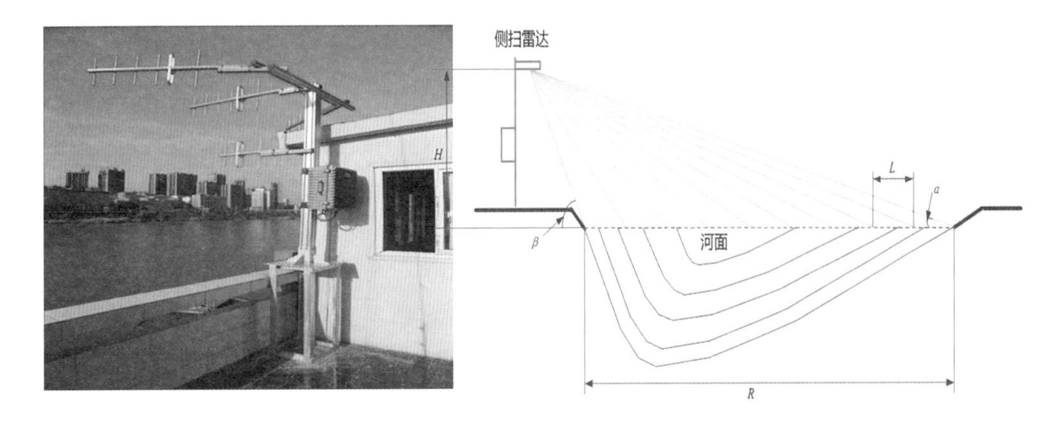

图 7.1-3　侧扫雷达测流系统

放射性同位素 241 Am 发出 γ 射线通过物质时的能量衰减原理,测量被测物质的密度,从而测得含沙量。该仪器需测验断面相对稳定,适用于河道、渠道、水库悬移质泥沙在线监测。

图 7.1-4　同位素在线测沙仪

2. 光电测沙仪

小浪底、花园口站含沙量测验采用了光电测沙仪(见图 7.1-5)。光电测沙仪根据消光原理,利用固体颗粒阻拦光线通过数量的差异,通过测量与入射光多个角度的散射光强度,与内置于系统内部的标定值比对分析,经过算法处理,计算得到水样悬移质泥沙含量。

3. 振动式测沙仪

利用特殊材料制成振动管,通过测量水流经过振动管时的振动频率,推算水流密度。振动管密度传感器将采集到的周期(频率)以及水温传感器采集到的水体温度和压力传感器采集到的水体压力等数字信号,通过标准串行口进入到计算机,利用数学模型分析计算,得到含沙量。目前,振动式测沙仪主要应用于小浪底站(见图 7.1-6),在含沙量 100 kg/m^3 以下时应用情况较好。

图 7.1-5　光电式测沙仪

图 7.1-6　振动式测沙仪

7.1.1.3　多船联测系统

2021 年以花园口站为试验点研发的多船联测系统，在花园口站秋汛洪水监测中发挥着重要作用。系统通过接入 GPS、水深、流速监测设备和网络传输的测验数据，实现了流量计算、存储、成果输出、流速、断面套绘等功能，提升了花园口站流量测验自动化水平。该系统可动态展示测验过程中的测船位置、测点流速、水深、流量等要素，直观反映测验场景。

7.1.2　水情三级报汛体系

2021 年,黄委共布置报汛站 3 028 处,其中雨量站 2 333 处、水文(位)站 491 处、水库站 109 处、其他站 95 处(见图 7.1-7)。报汛站利用自动采集设备及现代化测验装备采集实时雨水情信息,并通过多种方式,按照《水情预报拍报办法》,在规定的时间报送雨量、水位、流量、含沙量等实时水文要素。水情分中心(中转台)收集报汛站信息并进行校核、统计整理、补充和上报。流域水情中心接收水情分中心信息并进行审核汇总、上报和共享(见图 7.1-8)。

图 7.1-7　黄河流域报汛站网示意图

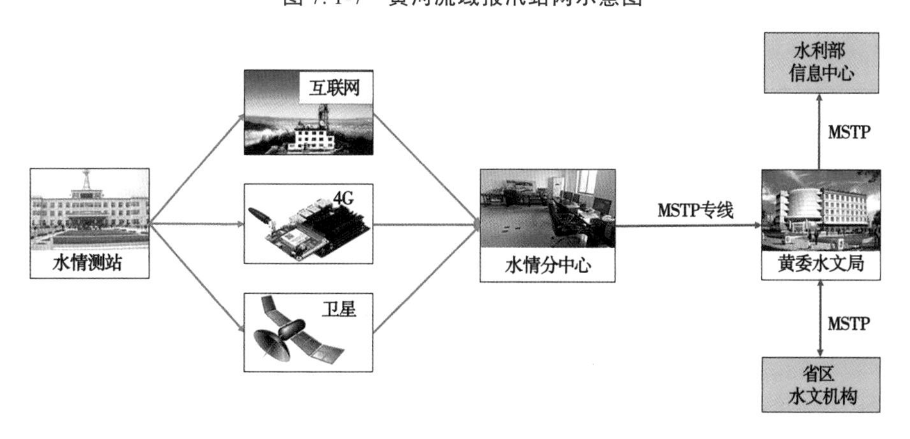

图 7.1-8　黄河水情三级报汛体系

报汛站自动报汛手段包括 GSM 通信、北斗卫星通信、互联网通信等,根据各站实际,普遍安装有两种通信设备,一主一备,确保了遥测数据稳定发送至各水情分中心。各水情分中心广泛使用专线网络开展报汛,通信稳定、效率高,很好地应对了当前报汛信息量不断增大的发展趋势。各水情分中心、重要水文站采用水利卫星通信为备用报汛手段,保证对突发情况有应对能力。

2021 年秋汛期间,自动报汛软件在三门峡、高村、泺口等站已成熟应用。软件通过水位-流量关系拟合或数字化处理和人机交互实测,适时修正水位-流量关系线,根据水位过程实现自动推算流量、拟发报文,大幅提升了报汛频次,基本杜绝了在报汛过程中错报、漏报的情况。

流域水情中心利用专线网络,将水情信息交换系统接收的大量各类水文信息存储于实时雨水情数据库,同时通过该系统与水利部信息中心及各级各地共 18 家防汛部门共享实时雨水情信息、预报信息和统计信息。

黄河水情信息查询及会商系统、黄河水情信息(手机 APP)等信息服务系统,可对各防汛单位和相关业务人员提供水文信息实时共享和全天候服务,实现随时随地查看雨量、水位、流量、含沙量、水库蓄水等各类实时信息,降雨、洪水等预报信息以及各类水文要素的统计信息。

7.2　气象及洪水预报

7.2.1　气象预报

气象预报主要通过气象情报预报业务系统和预报员经验分析实现。气象情报预报业务系统主要由中国气象局卫星广播系统地面接收站、黄河流域天气雷达产品应用服务系统、风云四号气象卫星地面应用系统、降水预报制作软件等组成。

(1)中国气象局卫星广播系统地面接收站(见图 7.2-1)。依托黄委大江大河水文监测系统建设工程(一期)项目,于 2019 年建成,具有全天候实时接收中国气象局下发的各类气象资料的功能,并完成推送处理,保障降雨预报作业中气象信息的正常应用,其中常规气象观测资料和欧洲中心模式预报场资料,是人工分析天气形势、制作降雨预报产品的必要数据支撑(见图 7.2-2)。

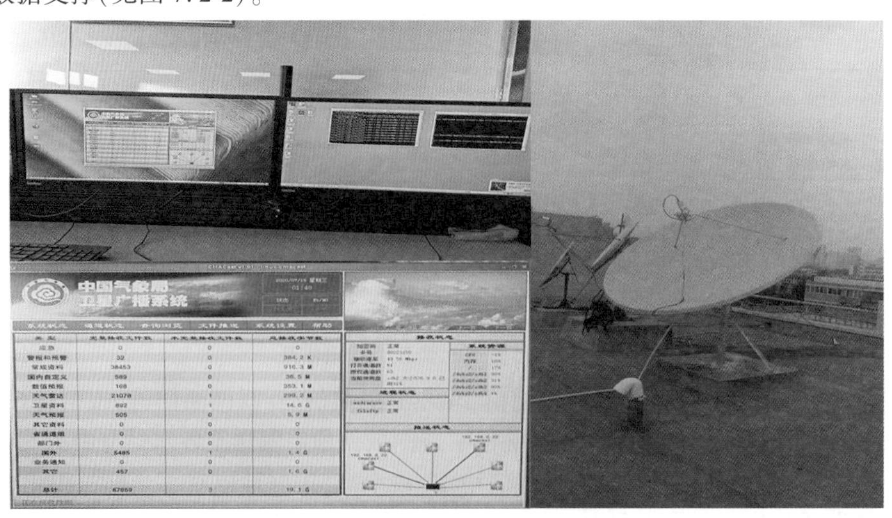

图 7.2-1　卫星广播系统地面接收站

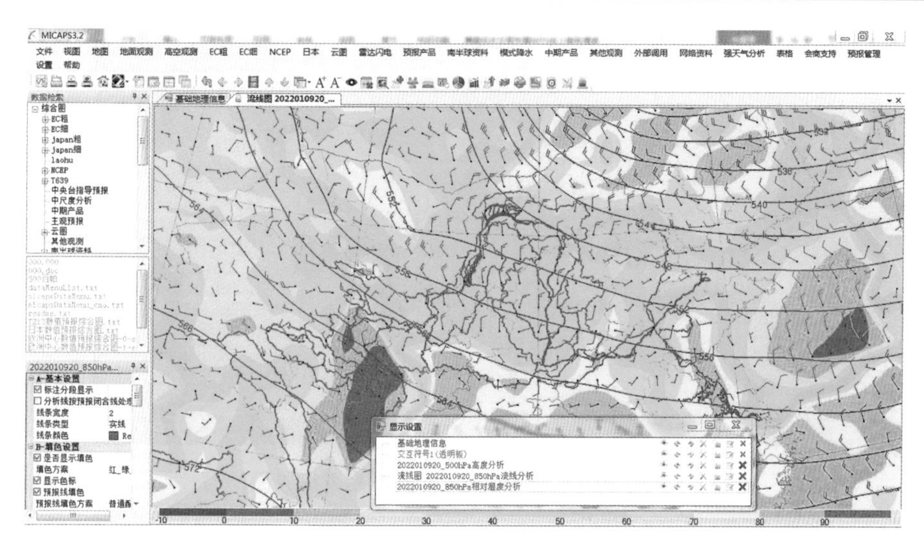

图7.2-2 气象资料综合分析系统界面

(2)黄河流域天气雷达产品应用服务系统。依托国家防汛抗旱指挥系统二期工程建设项目,于2018年建成。系统通过处理雷达基数据,生成黄河流域实时雷达回波拼图和降水产品数据,为短时强降水监测提供预警参考(见图7.2-3)。

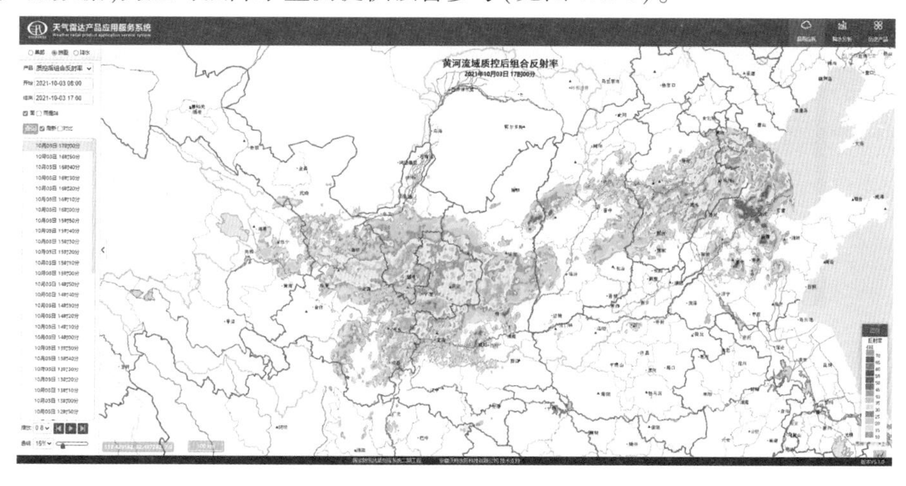

图7.2-3 黄河流域天气雷达产品应用服务系统界面

(3)风云四号气象卫星地面应用系统。可提供高时空分辨率的红外/彩色/水汽等云图,以及对流初生强度、降水产品,主要用于监测实时降水云团演变形势,以及可能影响黄河流域的台风动态(见图7.2-4、图7.2-5)。

(4)降水预报制作软件。集成了降水等值线(面)制作、降水预报特征统计、累积时段降水预报产品制作等功能,有力支撑了黄河流域中短期降水预报产品的制作和发布,并实现人工降水预报格点化功能,对格点产品按照黄河流域及各分区边界整理入库,直接为洪水预报业务提供数据支撑(见图7.2-6)。降雨预报产品制作流程见图7.2-7。

图 7.2-4　风云四号气象卫星地面应用系统界面(一)

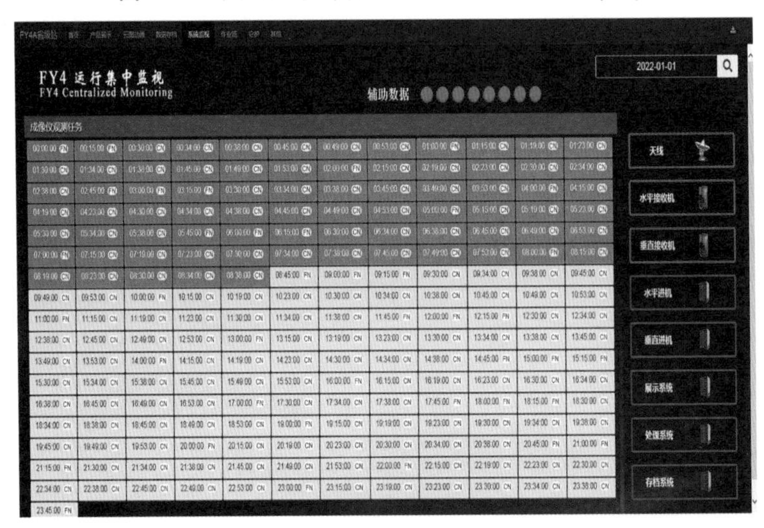

图 7.2-5　风云四号气象卫星地面应用系统产品界面(二)

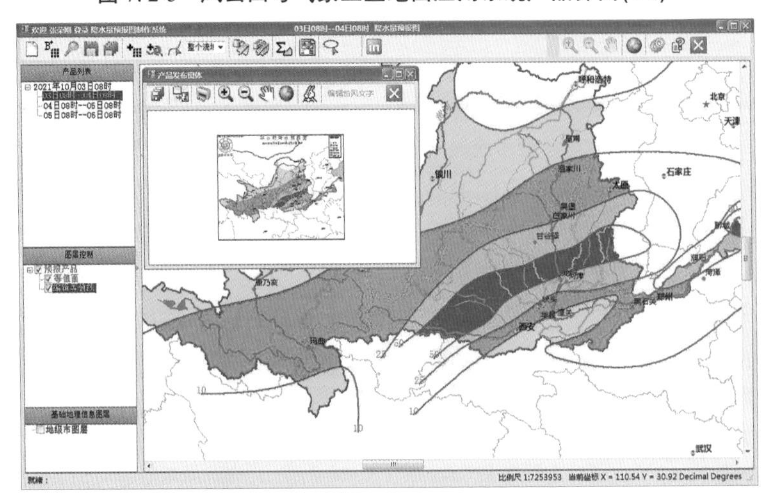

图 7.2-6　降雨预报制作软件界面

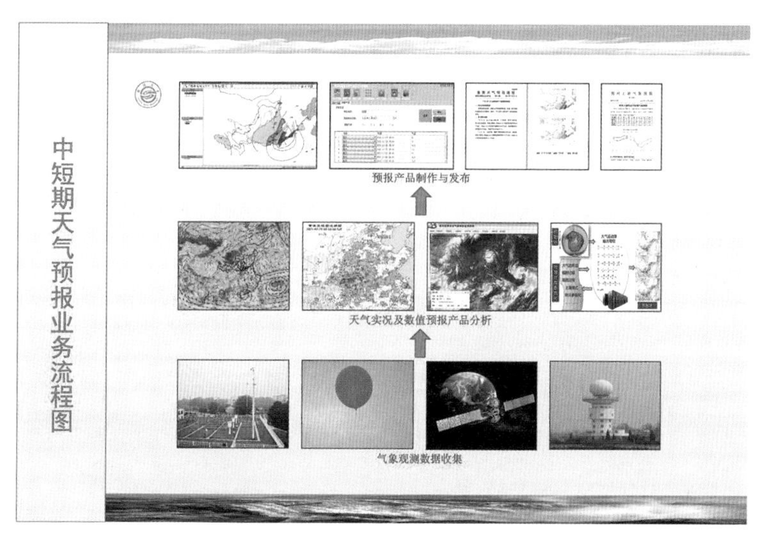

图 7.2-7 降雨预报产品制作流程

2021 年秋汛洪水期间,利用气象情报预报系统各项功能,提供高时空分辨率的天气雷达、卫星云图、常规气象观测资料等实时天气信息,应用水文部门本地化中尺度天气预报模式(WRF)生成黄河流域模式预报产品,以中央气象台和欧洲中心细网格数值预报为参考,制作黄河流域降雨预报产品。预报产品示例见图 7.2-8~图 7.2-10。

水文部门滚动分析天气形势演变,紧密跟踪降雨情势变化,利用客观预报成果,结合预报员经验判断,精细化制作黄河流域降雨格点预报,发布长中短期降雨预报产品 74 期、重要天气预报通报 23 期,准确预报了秋汛的 7 次主要降雨过程,降雨量级、强度及落区与实况基本吻合,为洪水预警预报提供了可靠的数据支撑,为防汛决策提供了重要的参考依据。

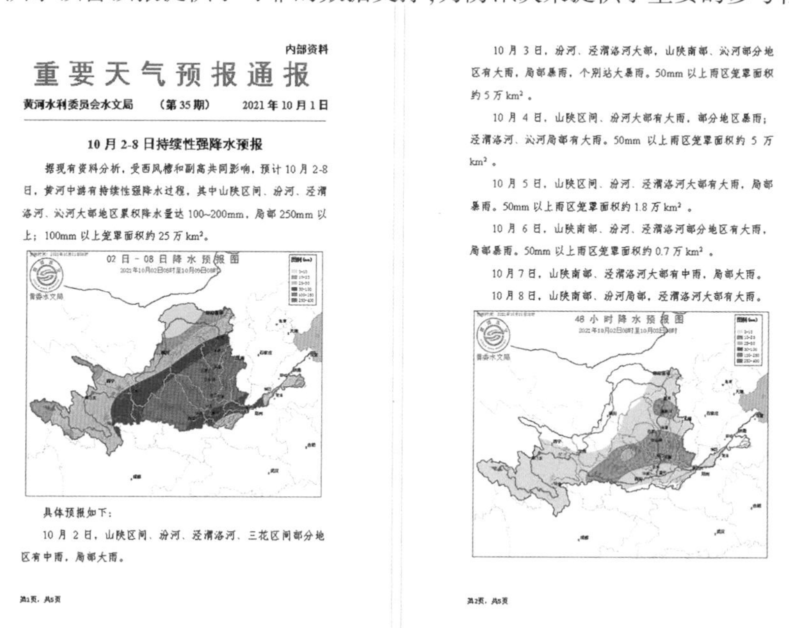

内部资料

重要天气预报通报

黄河水利委员会水文局 (第35期) 2021年10月1日

10月2-8日持续性强降水预报

据现有资料分析，受西风槽和副高共同影响，预计10月2-8日，黄河中游有持续性强降水过程，其中山陕区间、汾河、泾渭洛河、沁河大部地区累积降水量达100~200mm，局部250mm以上；100mm以上笼罩面积约25万km²。

具体预报如下：

10月2日，山陕区间、汾河、泾渭洛河、三花区间部分地区有中雨，局部大雨。

第1页，共5页

10月3日，汾河、泾渭洛河大部，山陕南部、沁河部分地区有大雨，局部暴雨，个别站大暴雨。50mm以上雨区笼罩面积约5万km²。

10月4日，山陕区间、汾河大部有大雨，部分地区暴雨；泾渭洛河、沁河局部有大雨。50mm以上雨区笼罩面积约5万km²。

10月5日，山陕区间、汾河、泾渭洛河大部有大雨，局部暴雨。50mm以上雨区笼罩面积约1.8万km²。

10月6日，山陕南部、汾河、泾渭洛河部分地区有大雨，局部暴雨。50mm以上雨区笼罩面积约0.7万km²。

10月7日，山陕南部、泾渭洛河大部有中雨，局部大雨。

10月8日，山陕南部、汾河局部，泾渭洛河大部有大雨。

第2页，共5页

图 7.2-8 黄河流域重要天气预报通报产品

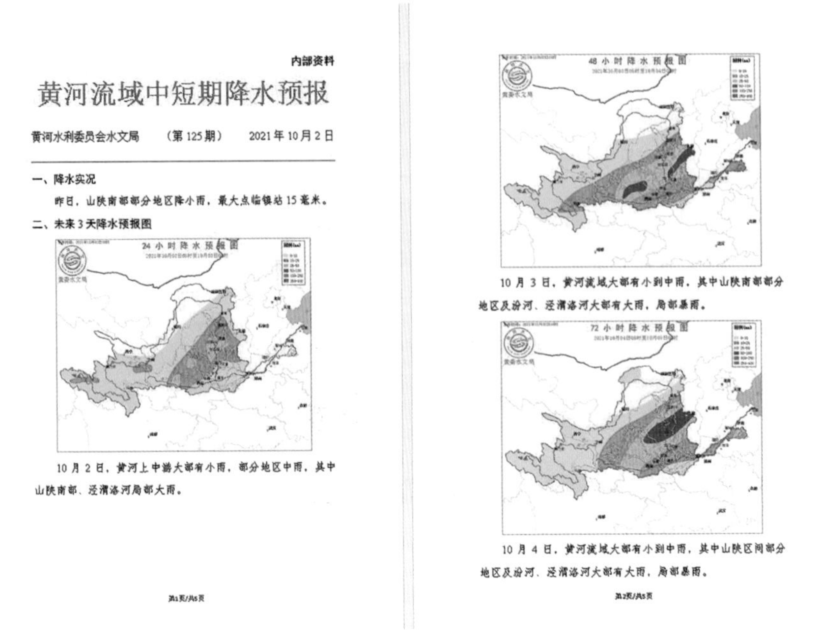

内部资料

黄河流域中短期降水预报

黄河水利委员会水文局　（第 125 期）　2021 年 10 月 2 日

一、降水实况

昨日，山陕南部部分地区降小雨，最大点临镇站 15 毫米。

二、未来 3 天降水预报图

10 月 2 日，黄河上中游大部有小雨，部分地区中雨，其中山陕南部、泾渭洛河局部大雨。

第1页/共5页

10 月 3 日，黄河流域大部有小到中雨，其中山陕南部部分地区及汾河、泾渭洛河大部有大雨，局部暴雨。

10 月 4 日，黄河流域大部有小到中雨，其中山陕区间部分地区及汾河、泾渭洛河大部有大雨，局部暴雨。

第2页/共5页

图 7.2-9　黄河流域中短期降雨预报产品

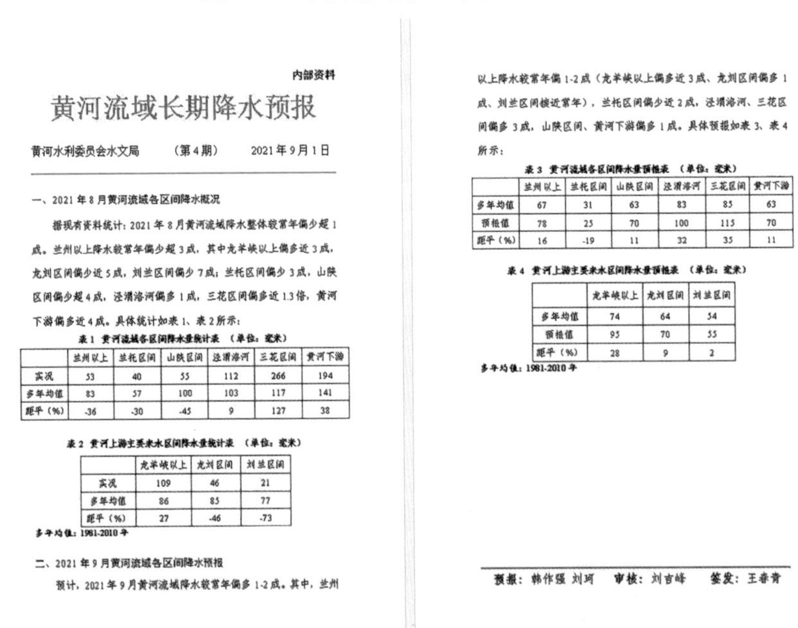

内部资料

黄河流域长期降水预报

黄河水利委员会水文局　（第 4 期）　2021 年 9 月 1 日

一、2021 年 8 月黄河流域各区间降水概况

据现有资料统计：2021 年 8 月黄河流域降水整体较常年偏少超 1 成。兰州以上降水较常年偏少超 3 成，其中龙羊峡以上偏多近 3 成，龙刘区间偏少近 5 成，刘兰区间偏少 7 成；兰托区间偏少 3 成，山陕区间偏少超 4 成，泾渭洛河偏多 1 成，三花区间偏多近 1.3 倍，黄河下游偏多近 4 成。具体统计如表 1、表 2 所示：

表 1　黄河流域各区间降水量统计表　（单位：毫米）

	兰州以上	兰托区间	山陕区间	泾渭洛河	三花区间	黄河下游
实况	53	40	55	112	266	194
多年均值	83	57	100	103	117	141
距平（%）	-36	-30	-45	9	127	38

表 2　黄河上游主要来水区间降水量统计表　（单位：毫米）

	龙羊峡以上	龙刘区间	刘兰区间
实况	109	46	21
多年均值	86	85	77
距平（%）	27	-46	-73

多年均值：1981-2010 年

二、2021 年 9 月黄河流域各区间降水预报

预计，2021 年 9 月黄河流域降水较常年偏多 1-2 成。其中，兰州以上降水较常年偏 1-2 成（龙羊峡以上偏多近 3 成、龙刘区间偏多 1 成、刘兰区间接近常年），兰托区间偏少近 2 成，泾渭洛河、三花区间偏多 3 成，山陕区间、黄河下游偏多 1 成。具体预报如表 3、表 4 所示：

表 3　黄河流域各区间降水量预估表　（单位：毫米）

	兰州以上	兰托区间	山陕区间	泾渭洛河	三花区间	黄河下游
多年均值	67	31	63	83	85	63
预估值	78	25	70	100	115	70
距平（%）	16	-19	11	32	35	11

表 4　黄河上游主要来水区间降水量预估表　（单位：毫米）

	龙羊峡以上	龙刘区间	刘兰区间
多年均值	74	64	54
预估值	95	70	55
距平（%）	28	9	2

多年均值：1981-2010 年

预报：韩作强 刘珂　审核：刘吉峰　签发：王春青

图 7.2-10　黄河流域长期降雨预报产品

7.2.2　洪水预报

黄委水文部门主要依托黄河洪水预报系统开展日常洪水预报作业，包括降雨预报耦合分析、降雨实况统计计算、洪水过程模拟预测、水库调度预演、暴雨移植、洪水过程还原等方面工作。

黄河洪水预报系统可为流域内任一水文断面、水库等构建预报方案并开展作业预报。功能主要包括预报方案定制、历史数据处理、模型参数率定、预报方案建立、数据等时段化处理、实时作业预报、模拟预测计算、预报结果综合分析与发布、人机交互修正、中长期径流预测、抗暴雨能力预测、GIS应用、系统管理等13项(见图7.2-11、图7.2-12)。目前该系统共建有黄河干支流72个重要控制断面的93套预报方案,覆盖了黄河干流全部防洪重点河段和18条重要一级支流。系统中集成了大量常用的产汇流水文模型,主要包括三水源新安江模型、陕北模型、垂向混合产流模型、综合瞬时单位线模型、河北雨洪模型、宁夏暴雨洪水模型、地貌单位线模型等。此外,黄河水文工作者经过多年不懈努力,针对黄河三门峡至花园口区间的暴雨洪水特点,研制了适用于该区间的黄河三花区间降雨径流模型;针对黄河小北干流、渭河下游以及黄河下游等河段漫滩洪水特点,研制了漫滩洪水演算模型。

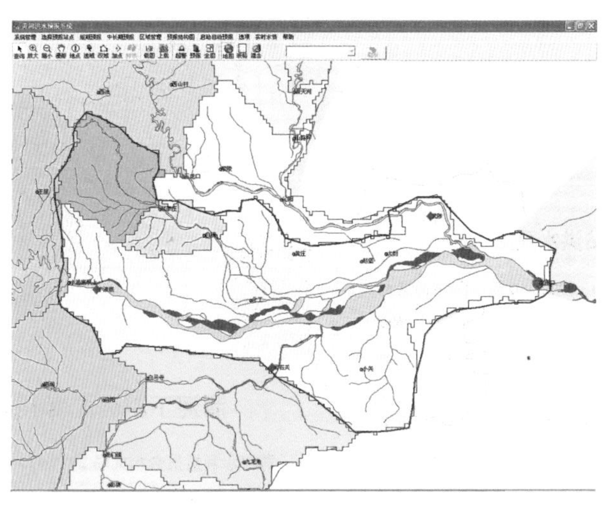

图7.2-11 黄河洪水预报系统主界面

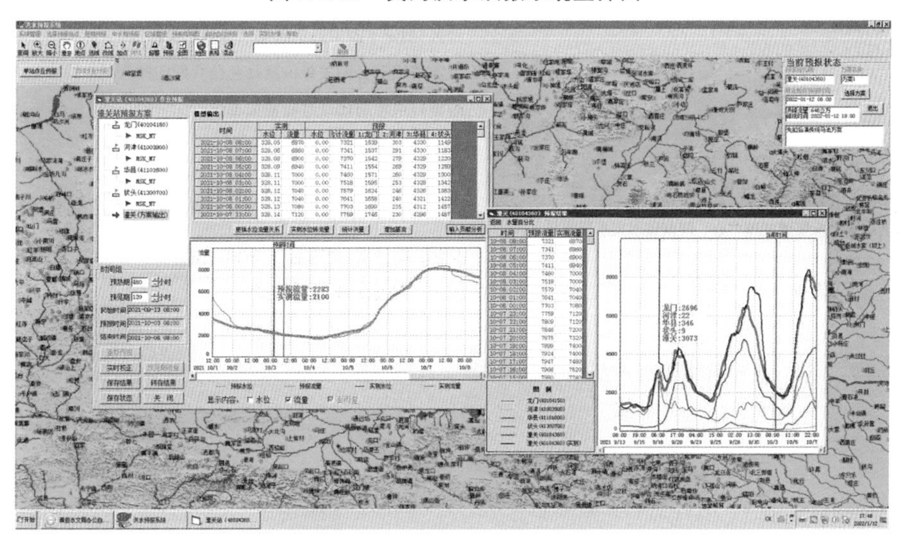

图7.2-12 洪水预报作业计算

2021 年秋汛洪水期间,利用黄河洪水预报系统,通过与定量降雨预报成果耦合,制作了潼关、花园口、华县、黑石关、武陟等重要水文站洪峰流量,唐乃亥、潼关、潼关至小浪底、小浪底至花园口等站(区间)未来 7 d 日均流量,潼关站及陆浑、故县、河口村 3 座水库未来 7 d 入库洪水过程等初步预报成果,根据水库调度方案进行了小浪底至花园口区间各主要站流量过程预演,还原计算了花园口站 2 次超万流量洪水过程。

水文部门在分析历史洪水特性、下垫面现状的基础上,基于上述初步预报成果,结合预报经验,尽可能考虑各种影响因素,经认真研判,缜密会商,发布洪水预报 132 期、洪水预警 14 期、未来 7 d 洪水过程预报成果 280 余份、洪水常态化预报 1 633 站次。按照《水文情报预报规范》评定,2021 年秋汛期间洪水预报合格率达 85%以上。各类预报产品见图 7. 2-13~图 7. 2-15。

黄河洪水预报

(第 253 期)

黄河水利委员会水文局　　2021 年 10 月 6 日 15 时 20 分

黄河潼关站洪水预报

受近日降雨影响,黄河龙门水文站 10 月 6 日 10 时最大流量 3220 立方米每秒;6 日 15 时渭河华县水文站流量 3650 立方米每秒、北洛河洑头水文站流量 1110 立方米每秒,目前水势仍在上涨。

考虑当前雨水情、未来降雨及区间加水,预计黄河潼关水文站将于 10 月 7 日 10 时前后出现 8000 立方米每秒左右的洪峰流量。

黄委水文局将密切监视天气形势和雨水情变化,滚动发布相关预报和通报。

预报: 审核: 签发:

发送:水利部信息中心、黄委水旱灾防御局

抄送:陕西省水文水资源勘测中心、河南省水文水资源局

图 7. 2-13　黄河洪水预报产品

2021 8:48 AM FAX 0001/

2021 10月 05 08:35AM HP Fax 页 1

黄河水情预警

第 15 期

黄河水利委员会水文局　　2021 年 10 月 5 日 8 时 10 分

渭河下游河段洪水黄色预警

黄河水利委员会水文局 2021 年 10 月 5 日 8 时 10 分升级发布洪水黄色预警:预计渭河华县水文站流量将于 10 月 6 日达到 4000 立方米每秒,按照《黄河水情预警发布管理办法》,渭河下游河段达到洪水黄色预警标准。

请沿河各相关单位及社会公众密切关注雨水情变化,及时做好洪水防御及避险减灾工作。

拟稿:范国庆 史玉品　审核:王春青　签发:霍世青

审定:黄委水旱灾害防御局

图 7. 2-14　黄河水情预警产品

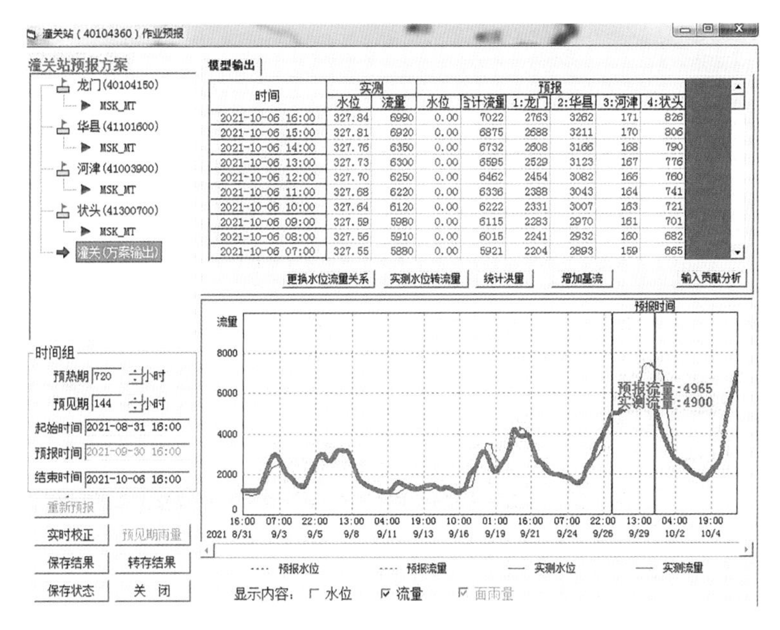

图 7.2-15　洪水预报系统初步预报成果

7.3　水工程调度预演

水工程调度预演是运用数字化、网络化、智能化手段，实现水工程预报信息与调度信息的集成耦合，根据雨水情预报情况，对水库、河道、滞洪区蓄泄及洪水演进情况进行模拟预演，为防汛指挥和调度决策提供科学支撑。

7.3.1　预报调度一体化

黄河中下游洪水预报调度一体化平台是黄河流域水工程防灾联合调度系统建设的试点项目，于 2020 年汛前初步建成，并结合实际需要不断升级维护。建设范围为潼关至利津。业务功能包括监视查询、预报调度、方案管理、系统管理等(见图 7.3-1、图 7.3-2)。平台根据预报的初始洪水过程以及雨、水、工情初始条件，参照调度规则和已经设定的调度预案，进行水工程联合调度方案的计算，生成实时调度方案，在方案生成过程中，根据总体防洪形势和预报、调度作业的中间结果，反复进行预报调度作业的滚动分析计算，实现预报和调度结果的不断实时交互修正。平台的建设提高了信息化支撑服务能力，提升了调度决策智能化水平，并初步兼顾了流域防洪、水量、水生态等多目标综合调度。

秋汛洪水期间，依托黄河中下游洪水预报调度一体化平台开展了小时尺度的水库调度方案单编制工作，这是该平台建成以来首次独立开展调度业务支撑工作。主要的支撑调度内容包括多方案滚动分析预演小浪底、陆浑、故县、河口村水库的进出库过程和库水位，预演花园口的流量过程，并提出水库调度建议，取得了较好的调度效果。经评估，各水库库水位预演计算值与实测值基本一致，小浪底、陆浑、故县、河口村水库库水位预演计算值与实测值误差均值依次为 0.00 m、0.05 m、0.12 m、-0.07 m。9 月 25 日至 10 月 21 日

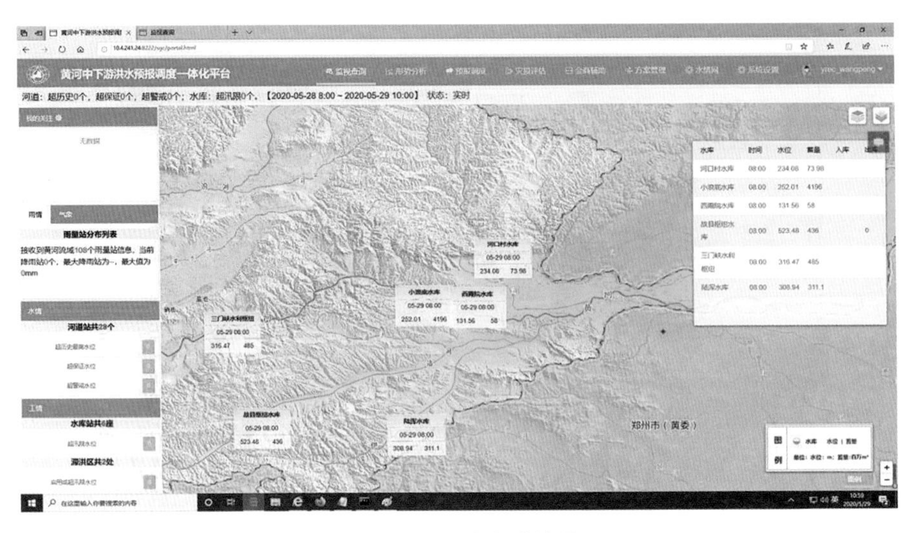

图 7.3-1　监视查询功能界面

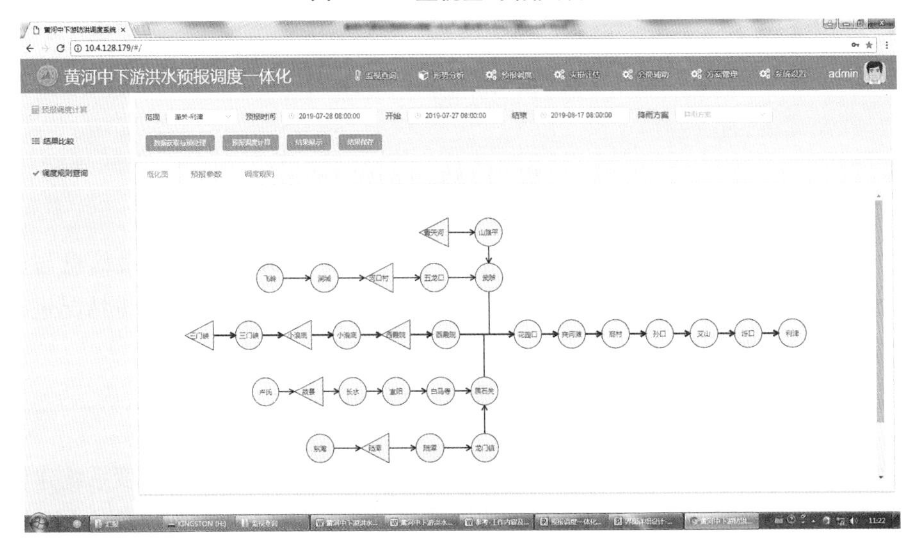

图 7.3-2　预报调度功能界面

花园口调度目标与实测流量平均偏差 32 m^3/s,预演结果与实测流量平均误差 23 m^3/s。

7.3.2　洪水风险评估

采用黄委认定的应用级模型 RSS 河流数值模拟系统(YRSSHD2D0212)和黄河河道二维水沙动力学模型(YRSSHD2D0112)对黄河下游河道洪水风险开展实时演进计算,对水库群联合调度后进入黄河下游的水流泥沙过程进行预演,为灾情评估系统和洪水风险评估系统提供数据源,支撑水库群科学精准调度。模型水沙控制方程采用守恒型,紊流方程采用零方程模式和大涡模拟法,在无结构网格上对偏微分方程组进行有限体积的积分离散。模型分别利用 Osher 格式、LSS 格式、ROE 格式、Steger-Warming 格式计算对流通量。根据不同计算任务的精度要求分别实现一阶精度、二阶精度的扩散通量矢量梯度计算。时间积分主要采用欧拉显格式、一阶欧拉隐格式或二阶梯形隐格式。离散后的代数方程组采用预测、校正法(显格式)求解。泥沙构件主要在已有水沙动力学模型基础上,提出了非均匀沙沉速、水流分组挟沙力、床沙级配、动床阻力等关键技术问题的处理方法。计算模式兼顾了基于不同理论背景的研究成果。

秋汛期间,利用该系统预演了花园口站 8 000 m^3/s、10 000 m^3/s 流量级洪水下游滩区淹没范围、淹没面积、淹没人口及淹没损失(见图 7.3-3),为秋汛防洪调度提供技术支撑。计算表明,黄河下游发生 8 000 m^3/s 流量级洪水,淹没面积、淹没人口、淹没损失分别为 1 731 km^2、38.11 万人、71.09 亿元。发生 10 000 m^3/s 流量级洪水,淹没面积、淹没人口、淹没损失分别为 2 862 km^2、91.90 万人、154.6 亿元(见表 7.3-1)。在现状地形条件下,黄河下游漫滩洪水淹没面积、淹没人口、淹没损失均较大。

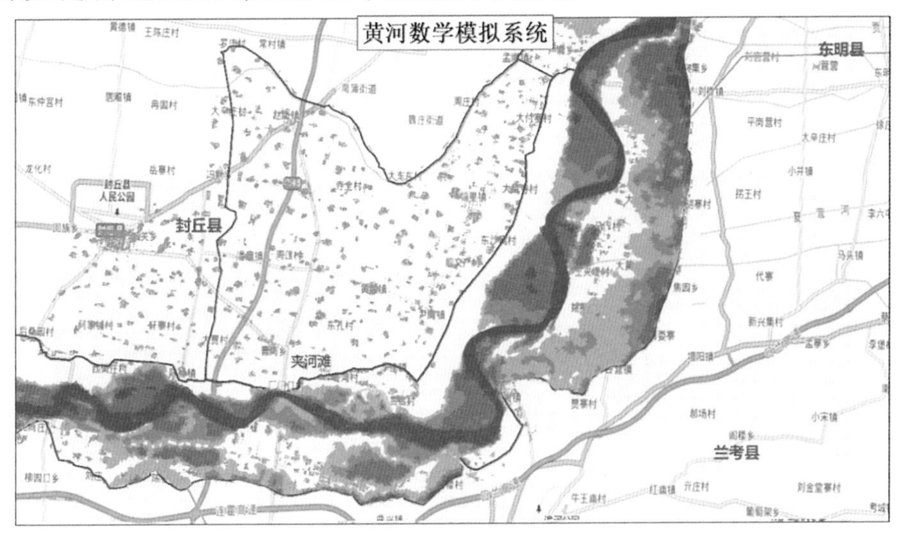

图 7.3-3　10 000 m^3/s 流量级洪水淹没范围图(局部)

表 7.3-1　黄河下游滩区洪水影响统计

流量级/(m^3/s)	淹没面积/km^2	淹没耕地面积/万 hm^2	受淹人口/万人	淹没损失/亿元
8 000	1 731	9.52	38.11	71.09
10 000	2 862	15.99	91.90	154.60

7.3.3　三维仿真展示

黄河中下游实时防洪调度系统可实现调度方案的三维动态展示,直观掌握下游水流演进过程和灾情发展过程,辅助会商和指挥决策。

秋汛期间,根据三门峡、小浪底、陆浑、故县、河口村等水库调度方案,洪水风险评估结果,在三维场景上预演了水库蓄水及下游洪水演进过程,直观查看水库入出库流量及水位变化过程、库区淤积变化过程,黄河下游水流演进及漫滩过程,任意位置水深、流速及流场变化,查看下游滩区水深淹没情况、各行政区淹没情况及预警信息(见图 7.3-4~图 7.3-6)。

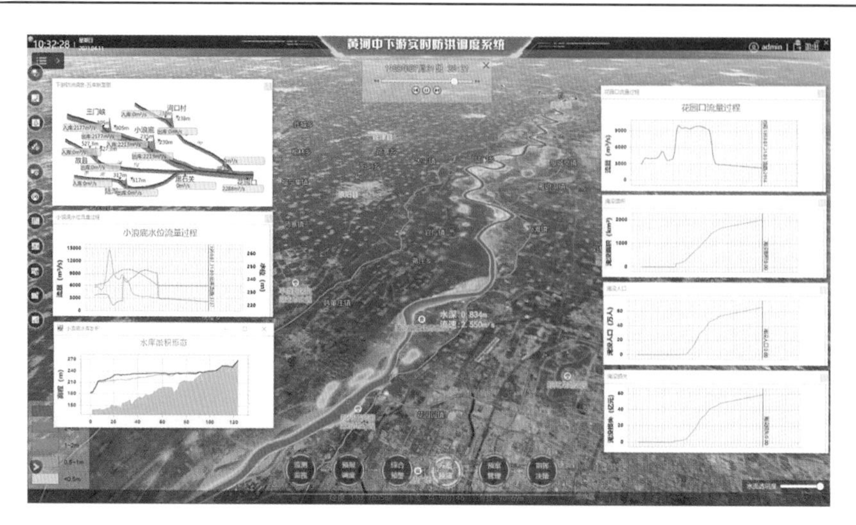

图 7.3-4　方案预演——水库运用及灾情变化情况

图 7.3-5　方案预演——水库仿真

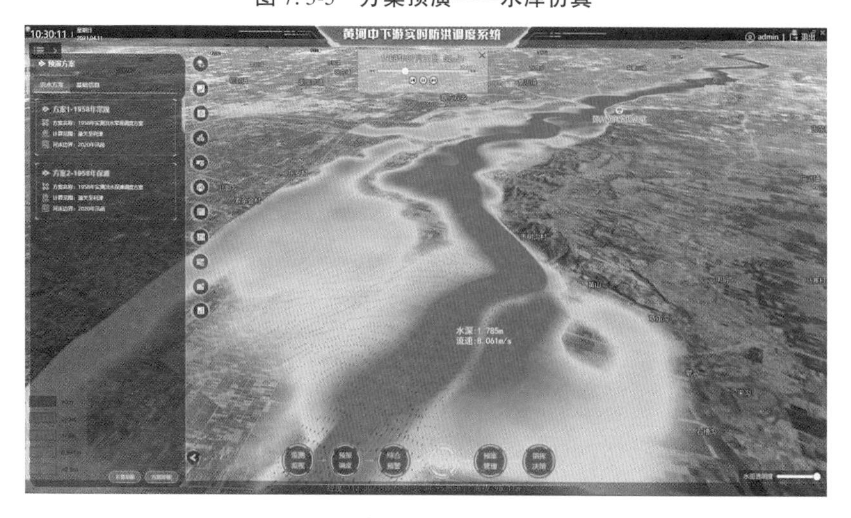

图 7.3-6　方案预演——下游洪水仿真

7.3.4　退水期河道工程影响分析

通过建立河道工程稳定性渗流计算模型及黄河下游洪水演进模型，开展秋汛洪水退水期落水过程影响分析。

7.3.4.1　落水过程河道工程稳定性计算

利用河道工程稳定性渗流计算模型计算了退水期黄河下游不同水位降幅下坝体、滩岸稳定安全系数，用以判断不同水位下降速度坝坡内渗水压力流场变化趋势，据此计算双侧坝坡稳定性。渗流模型采用饱和-非饱和三维瞬态渗流计算微分方程，结合黄河下游防洪工程及岸滩稳定边界条件，采用有限元方法求解，在计算单元刚度阵时，采用高斯点数值积分法，求解域不但包括自由面以下的饱和区，还包括自由面以上的非饱和区（见图7.3-7）。

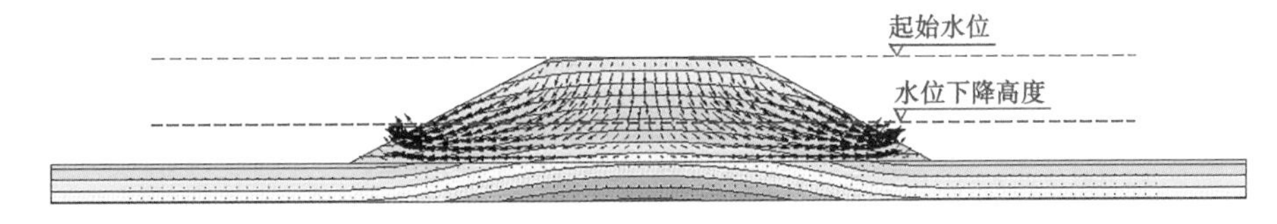

图7.3-7　丁坝渗流场模拟结果示意图

按照水位下降速率分别为0.25 m/d、0.5 m/d、0.75 m/d、1.0 m/d、1.25 m/d、1.5 m/d开展计算。结果表明：水位下降速率对坝坡稳定影响的计算趋势线，在稳定控制安全系数1.0条件下，如无防护体临界控制水位下降速率计算值约为0.82 m/d，如加防护体临界控制水位下降速率计算值约为1.15 m/d（见图7.3-8）。

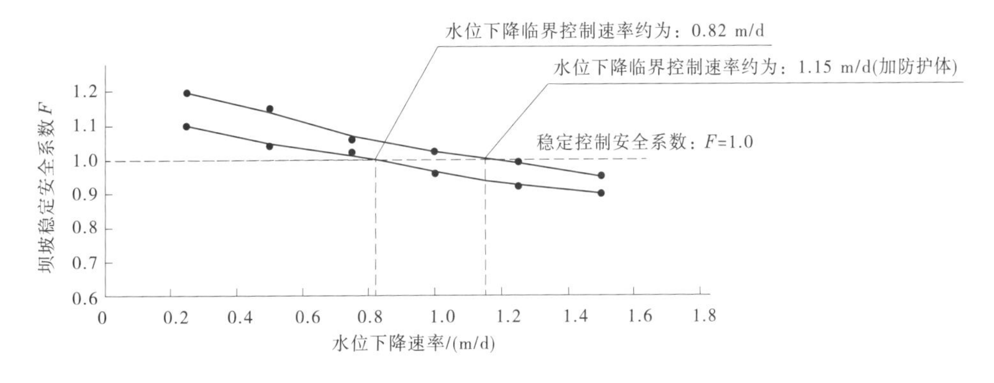

图7.3-8　丁坝边坡临界控制水位计算趋势图

7.3.4.2　下游不同落水过程影响预演

采用河道一维非恒定水沙动力学模型跟踪计算退水期不同落水过程洪水演进及水位变幅，为退水期日均水位下降过程的确定提供技术支撑。模型采用圣维南方程组描述水流运动、Preissmann四点隐格式方法离散控制方程、追赶法求解方程。吸收了国内外最新建模思路和理论，注重泥沙成果的集成，在继承优势模块和水沙关键问题处理方法等基础上，增加了近年来黄河基础研究的最新成果，引入最新的悬移质挟沙级配理论等研究成果。根据黄河下游来沙特点，把黄河下游泥沙分为7组，分界粒径为0.008 mm、0.016 mm、0.031 mm、0.062 mm、0.125 mm、0.25 mm，分别求各分组沙的输移及引起的河床变形。通过对多年调水调沙、汛期防洪调度及历史洪水的验证和计算,模型计算参数及泥沙关键技术的处理方法能比较好地适合黄河的实际情况。

按照黄河下游水位下降速率 0.82 m/d 进行控制,设计花园口从 4 800 m^3/s 开始退水,分别模拟日均降幅为 1 200 m^3/s、800 m^3/s、600 m^3/s 方案和前两天 600 m^3/s、后两天 800 m^3/s 的组合方案。结果表明:上述方案最大日均水位变幅依次为 1.13 m、0.83 m、0.69 m、0.80 m。按照日均流量降幅 800 m^3/s 左右控制,黄河下游河道工程相对比较稳定(见表 7.3-2,图 7.3-9、图 7.3-10)。

表 7.3-2　不同退水过程黄河下游日均水位变幅统计

方案	降幅	日均降流量/(m^3/s)	日最大水位降幅/m								
			第 1 天	第 2 天	第 3 天	第 4 天	第 5 天	第 6 天	第 7 天	第 8 天	最大值
方案一	100 m^3/s(2 h)	1 200	0.76	0.94	1.13	1.06	0.96	0.35	0.03	0	1.13
方案二	100 m^3/s(3 h)	800	0.57	0.56	0.83	0.81	0.78	0.69	0.31	0.03	0.83
方案三	100 m^3/s(4 h)	600	0.46	0.42	0.64	0.68	0.62	0.69	0.51	0.23	0.69
方案四	前两天 100 m^3/s(4 h);后两天 100 m^3/s(3 h)	600(2 d) 800(2 d)	0.46	0.42	0.64	0.80	0.78	0.73	0.52	0.12	0.80

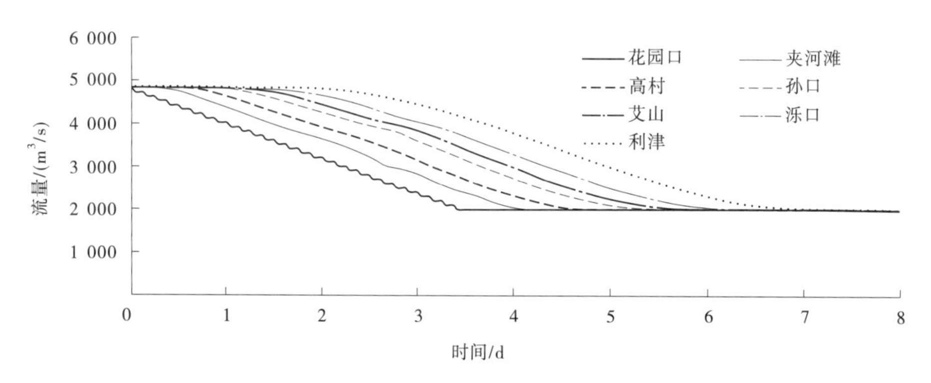

图 7.3-9　黄河下游洪水传播图

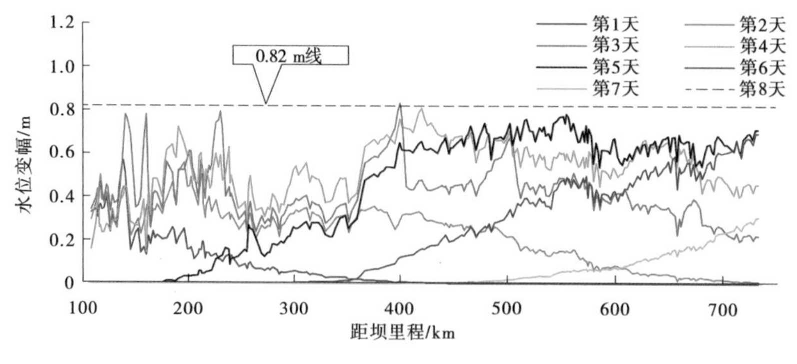

图 7.3-10　黄河下游日均水位变幅

7.3.5 过流能力跟踪观测分析

黄河下游河道的过流能力是指河道主槽能够通过的流量大小,具体为水位和滩唇齐平时的流量,此流量也称平滩流量。黄河下游河道过流能力最小的河段称为卡口河段,卡口河段平滩流量的大小,是小浪底水库调控的重要的指标之一。

为跟踪观测此次秋汛洪水期间黄河下游高村至泺口河段的过流能力,9月29日至10月10日采用RTK、无人机、GPS及水尺等量测设备对黄河下游高村至利津河段过流能力较小断面的水位表现、嫩滩滩唇的出水高度(滩面高出水面的高度)、漫滩情况、生产堤偎水和大堤偎水等情况进行了实时跟踪观测。

2021年汛前卡口河段最小平滩流量在孙口附近—艾山河段,具体为杨集断面(孙口断面上游27 km)—艾山河段,最小平滩流量为4 600 m^3/s,分别在陈楼断面(孙口断面上游12.46 km)、梁集断面(孙口断面下游18.4 km)、路那里断面(孙口断面下游30.24 km)和王坡断面(艾山断面上游16 km)4个断面位置;河段平均平滩流量为4 680 m^3/s。通过跟踪观测滩面出水高度,以及洪水水位表现分析,2021年汛末和秋汛初相比,花园口平滩流量增加了60 m^3/s,夹河滩增加了180 m^3/s,高村、艾山和泺口增加了60 m^3/s,利津增加了30 m^3/s,孙口不变。

7.3.5.1 典型断面出水高度观测

针对黄河下游平滩流量较小的高村至艾山河段,以及过流能力较小的艾山至泺口河段,开展了典型断面滩面出水高度观测和生产堤偎水后偎水深度观测。

1. 孙口附近至艾山卡口河段

选取了陈楼至娄集河段10个典型断面进行跟踪观测,分别为9月29日漫滩前和9月30日部分生产堤发生偎水时。9月29日观测时段对应孙口流量4 470 m^3/s、艾山流量4 630 m^3/s,陈楼断面出水高度最小,约0.1 m,梁集、大田楼、路那里断面次之,出水高度为0.12~0.2 m,孙口左岸嫩滩出水高度最大,约1.1 m,其他断面出水高度为0.25 ~0.35 m。9月30日观测时对应孙口流量4 760 m^3/s、艾山流量5 000 m^3/s,陈楼、梁集、大田楼、路那里和娄集5个断面生产堤均发生偎水,偎水水深较小,为0.1~0.15 m,其他5个断面仍有一定出水高度,见图7.3-11~图7.3-14。

滩面出水高度0.1 m(9月29日)

生产堤偎水深度0.1 m(9月30日)

图7.3-11 陈楼断面左岸

滩面出水高度1.1 m(9月29日)

滩面出水高度0.7 m(9月30日)

图 7.3-12　孙口断面左岸

滩面出水高度0.12 m(9月29日)

生产堤偎水深度0.15 m(9月30日)

图 7.3-13　梁集断面左岸

滩面出水高度0.2 m(9月29日)

生产堤偎水深度0.1 m(9月30日)

图 7.3-14　大田楼断面左岸

两次测量结果(见表 7.3-3)表明,陈楼、梁集、大田楼、路那里等断面的平滩流量介于 4 540~4 830 m^3/s。《2021 年黄河下游排洪能力分析》成果中,这几个断面的平滩流量为 4 600 m^3/s,表明汛前关于卡口河段最小平滩流量计算结果比较准确。

表 7.3-3　陈楼至娄集河段出水高度和偎水水深观测结果

测次	9 月 29 日	9 月 30 日
河道流量	孙口 4 470 m^3/s 艾山 4 630 m^3/s	孙口 4 760 m^3/s 艾山 5 000 m^3/s
陈楼左岸	出水高度 0.10 m	生产堤偎水 0.10 m
孙口左岸	出水高度 1.10 m	出水高度 0.70 m
梁集左岸	出水高度 0.12 m	生产堤偎水 0.15 m
大田楼左岸	出水高度 0.20 m	生产堤偎水 0.10 m
雷口左岸	出水高度 0.30 m	出水高度 0.10 m
路那里左岸	出水高度 0.15 m	生产堤偎水 0.10 m
陶城铺左岸	出水高度 0.30 m	出水高度 0.20 m
王坡左岸	出水高度 0.35 m	出水高度 0.15 m
艾山左岸	出水高度 0.35 m	出水高度 0.25 m
娄集左岸	出水高度 0.25 m	生产堤偎水 0.10 m

2. 艾山至泺口河段

选取小张庄至大庞庄河段 9 个典型断面进行跟踪观测，分别为 10 月 1 日漫滩前和 10 月 7 日部分生产堤发生偎水时。10 月 1 日观测时段对应艾山流量 5 060 m^3/s、泺口流量 5 120 m^3/s，娄集断面生产堤开始偎水，偎水深度约 0.10 m；小张庄右岸嫩滩滩坎出水高度最小，约 0.10 m，董桥和东袁断面次之，嫩滩滩坎出水高度约 0.15 m，大庞庄断面右岸嫩滩出水高度最大，约 2.20 m，其他断面嫩滩滩坎出水高度 0.30~1.10 m。10 月 7 日观测时对应艾山流量 5 180 m^3/s、泺口流量 5 140 m^3/s，娄集左岸、董桥右岸等 2 处生产堤发生偎水，偎水高度较小，为 0.15~0.20 m，其他 7 处仍有一定出水高度，见图 7.3-15~图 7.3-17。

滩面出水高度0.15 m(10月1日)

生产堤偎水深度0.2 m(10月7日)

图 7.3-15　董桥断面右岸

工程出水高度0.8 m(10月1日)

工程出水高度0.5 m(10月7日)

图 7.3-16　边庄断面右岸

滩面出水高度0.3 m(10月1日)

滩面出水高度0.2 m(10月7日)

图 7.3-17　张村断面右岸

观测结果(见表 7.3-4)表明,娄集断面附近的平滩流量小于 5 090 m^3/s,董桥断面附近的平滩流量介于 5 090~5 150 m^3/s,边庄至大庞庄河段平滩流量大于 5 150 m^3/s。

表 7.3-4　小张庄至大庞庄河段出水高度和偎水水深观测结果

测次	10 月 1 日	10 月 7 日
河道流量	艾山 5 060 m^3/s 泺口 5 120 m^3/s	艾山 5 180 m^3/s 泺口 5 140 m^3/s
小张庄右岸	出水高度 0.10 m	出水高度 0.02 m
娄集左岸	生产堤偎水 0.10 m	生产堤偎水 0.15 m
董桥右岸	出水高度 0.15 m	生产堤偎水 0.20 m
边庄右岸	出水高度 0.80 m	出水高度 0.50 m
张村右岸	出水高度 0.30 m	出水高度 0.20 m
水牛赵右岸	出水高度 0.40 m	出水高度 0.20 m
东袁左岸	出水高度 0.15 m	出水高度 0.05 m
东袁右岸	出水高度 1.10 m	出水高度 0.80 m
大庞庄右岸	出水高度 2.20 m	出水高度 1.80 m

7.3.5.2　大堤生产堤偎水观测

1. 大堤偎水观测

秋汛洪水期间,黄河干流偎堤位置均位于山东河段,累积最大偎堤长度 24.31 km(10 月 8 日),共有 22 处堤防偎水,其中东阿 9 处、槐荫 6 处、历城 2 处、济阳 5 处,魏荫河段大堤偎水情况见图 7.3-18。单处最大偎水长度 3.5 km,地点位于济南济阳段,大堤桩号 193+000—196+500。堤防开始偎水时,附近泺口站流量 5 100 m^3/s。

图 7.3-18　槐荫河段大堤偎水情况

2. 生产堤偎水观测

秋汛洪水期间,黄河下游生产堤偎水长度 176.55 km。生产堤出水高度最大 3.8 m(10 月 23—24 日),位于濮阳连山寺上首 800~2 100 m;出水高度最小 0.25 m(10 月 7 日),位于滨城局代家滩。生产堤偎水水深最大 3.50 m(10 月 11—14 日),位于齐河曹营滩区。

河南段生产堤偎水主要发生在濮阳市境内。9 月 27 日,濮阳青庄险工下首处生产堤(串沟水)最早开始偎水,高村站流量 27 日 14 时 2 720 m^3/s;最长偎水长度发生在 10 月 6 日,高村站流量 4 800 m^3/s,濮阳市境内共有 12 处(19 段)生产堤偎水,偎水长度 17.65 km;最小出水高度为 0.65 m,发生在 10 月 3—5 日,位于台前县十里井村黄河滩区至银河浮桥左岸桥头处,对应高村站流量 4 990 m^3/s。

山东段生产堤偎水,9 月 28 日上午利津南宋滩区最先开始偎水,28 日 8 时利津站流量 3 310 m^3/s,滨州纸坊滩也在 28 日上午开始偎水,29 日傍晚东平湖梁山蔡楼滩开始偎水,29 日 18 时孙口站流量 4 600 m^3/s。偎水长度最长出现在 10 月 9 日,为 158.9 km,共有 103 处,其中垦利寿合滩偎水长度最长,达 7.87 km,高青五合庄滩次之,偎水长度 5.6 km。当日共有 60 处生产堤偎水长度超过 1 km,包括梁山于楼滩、蔡楼滩,平阴滩区(4 处),长清滩区(3 处),章丘传辛滩区,济阳任岸滩区、铁匠滩区、邢家渡滩区,齐河孔官滩区、水坡滩区(2 处)、刘庄滩区、联五滩区,高青大郭家滩、孟口滩(5 处)、五合庄滩、堰里贾滩,邹平码头滩、台子滩,惠民薛王邵滩、潘家滩、齐口滩、董口滩,滨城蒲城滩、翟里孙滩、董家集滩、代家滩、朱全滩(2 处),滨开纸坊滩(2 处),博兴蔡寨滩、乔庄滩,东营老于滩(3 处)、赵家滩(3 处),垦利纪冯滩、寿合滩(2 处)、前左滩,利津蒋庄滩区、南宋滩区(2 处)、东关滩区、王庄滩区、付窝滩区(3 处)。

7.3.6　河道整治工程出险预测

实体模型试验采用黄科院模型黄河基地的小浪底至陶城铺河段动床河道模型，模拟了黄河下游 299 km 的游荡性河段和 165 km 的过渡性河段。模型长 800 m，模型水平比尺 $\lambda_L=600$，垂直比尺 $\lambda_H=60$，模型几何变率 $D_t=10$。模型主要开展了黄河下游河道整治、调水调沙、洪水预演等黄委重点项目的研究，为黄河下游河道治理、防洪等提供了强有力的技术支撑。

根据黄委防御局意见和建议，2019 年 12 月水利部要求“立足防御流域大洪水‘黑天鹅’事件，提出应对流域历史最大洪水措施”，考虑 2021 年汛期黄河中游及三花区间有发生暴雨洪水可能性，且为了方便与 2016 年、2017 年、2018 年、2019 年及 2020 年度模型试验结果对比，因此选用“58 · 7”型洪水、初始地形边界条件取 2020 年汛后地形进行实体模型试验(见图 7.3-19)。

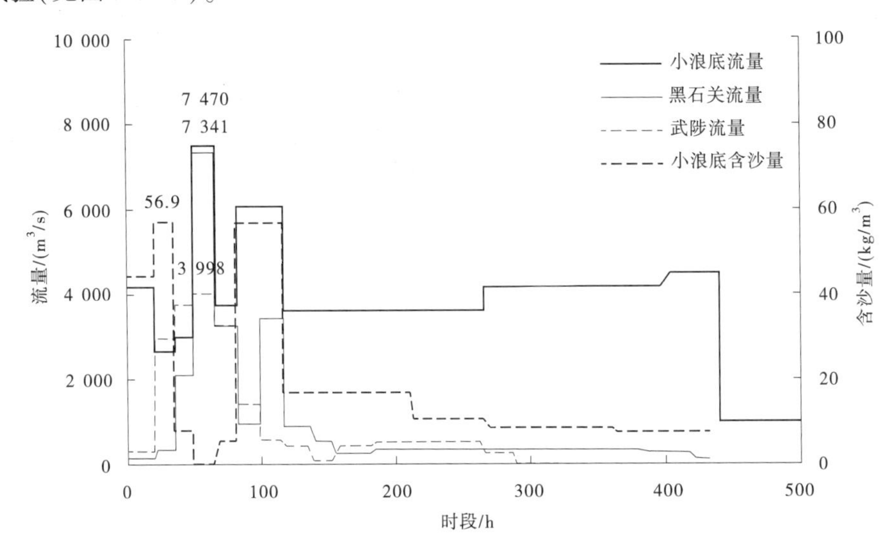

图 7.3-19　2021 年洪水预报模型采用水沙过程

在实体模型试验过程中采用超声自计水位计测量沿程水位变化，研究洪水演进过程及规律；采用航拍无人机记录测量各级流量的河势变化及漫滩情况，研究河势演变规律及畸形河势的突变情况；采用流速测量仪精确测量河道流速、漫滩流速、顺堤行洪流速的变化情况，分析研判洪水的演进规律；同时对沿程含沙量、工程靠河、主溜顶冲、生产堤溃决等情况进行及时记录(见图 7.3-20、图 7.3-21)。洪水模型试验期间黄委领导高度重视，协同防汛相关职能部门进行了现场观摩和指导(见图 7.3-22)。

黄河下游河道整治工程，具有控制河势、规顺流路的作用，工程在洪水期容易受主流顶冲而发生根石走失甚至垮坝的危险。通过 2021 年大洪水实体模型试验成果，对黄河下游河道整治工程可能出险情况进行了预估。

白鹤至花园口河段：赵沟控导工程、化工控导工程、神堤控导工程、驾部控导工程、枣树沟控导工程、东安控导工程、桃花峪控导工程。

花园口至夹河滩河段：东大坝下延工程、双井控导工程、马渡险工、赵口险工、韦滩控

图 7.3-20 大留寺至周营工程河段洪水期河势

图 7.3-21 习城滩顺堤行洪流速测量

图 7.3-22 黄委领导和防汛职能部门现场观摩和指导

导工程、大张庄控导工程、黑岗口险工、柳园口险工、王庵控导工程、欧坦控导工程。

夹河滩至高村河段：东坝头险工、大留寺控导工程、堡城险工、青庄险工。

高村至孙口河段：南小堤上延控导工程、连山寺控导工程、苏泗庄险工、李桥险工、吴老家控导工程、孙楼控导工程、杨集险工、韩胡同控导工程、枣包楼控导工程。

其中出险概率较大的有以下工程：神堤控导工程、东安控导工程、韦滩控导工程、黑岗口险工、顺河街控导工程、柳园口险工、欧坦控导工程。河道整治工程出险原因分析及需重点关注的坝段见表 7.3-5。

据统计，在 2021 年秋汛洪水过程中，黄河下游河道整治工程发生险情，荥阳枣树沟、中牟九堡、开封黑岗口、开封欧坦、长垣于林、东明霍寨、东明高村等工程进行了抢险加固。在模型试验险情分析预估成果中，除中牟九堡和长垣于林工程外，其他工程的出险情况均在预估的范围内，占工程出险比例的 70%以上。根据模型试验过程中的河势变化和工程顶冲情况，以及洪水后工程前形成的冲刷坑情况等，预估的工程出险成果为汛期防汛抢险、工程预加固提供了重要技术支撑。

表 7.3-5　黄河下游河道整治工程出险情况预估

工程名称	出险原因分析		重点关注坝段
白鹤至花园口河段	赵沟控导工程	受主流顶冲入流角度较大，洪水后工程前形成较大冲刷坑，特别是受到新修的黄河大桥的影响，1~10 号坝段易出现坝头根石走失的情况	1~10 号坝段
	化工控导工程	10~25 号坝段，受主流冲刷较为严重，形成较大冲刷坑，汛期若遭遇设计洪水，易出现坝头根石走失、坦石墩蛰的情况	10~25 号坝段
	神堤控导工程	下首 5 道坝同时受黄河和伊洛河来流冲刷，工程腹背受敌，根据模型试验结果，工程前后冲刷坑较深，若遭遇设计洪水极易出现工程跑坝或溃坝险情	24~28 号坝段
	驾部控导工程	由于工程长时间不靠河，工程的根石稳定性减弱，若出现大范围靠河情况，极易出现工程根石走失甚至跑坝的风险	10 号以下坝段
	枣树沟控导工程	主流顶冲 13 号至下延潜坝坝段，形成较大冲刷坑，由于下延潜坝工程根基较浅，若遭遇洪水极易出险，甚至出现跑坝的重大险情	13 号至下延潜坝坝段
	东安控导工程	该工程位于沁河口，透水桩结构。2021 年 4 月工程下端出险，此次洪水该工程将受大河、沁河“两面夹击”，易发生险情	3 600~4 000 m
	桃花峪控导工程	在洪水过程中，河势逐渐右移，河湾变直，桃花峪工程的靠河位置明显上提，在大桥上下形成冲刷坑，若遇设计洪水，河势可能发生大范围上提，新靠河的工程易出现根石走失、坦石墩蛰等险情	20 号以下坝段

续表 7.3-5

工程名称	出险原因分析		重点关注坝段
花园口至夹河滩河段	东大坝下延工程	洪水后在1号坝以下形成较大冲刷坑,若遭遇设计洪水,工程易出现根石走失、坦石墩蛰等险情	1号以下坝段
	双井控导工程	双井工程的25~33号坝段形成较大冲刷坑,若遭遇设计洪水,工程易出现根石走失、坦石墩蛰等险情	25~33号坝段
	马渡险工	工位靠河位置上提,主流顶冲刘江黄河大桥以上坝段位置,形成较大冲刷坑,危及工程安全,马渡险工一旦出险,直接危及大堤安全	刘江黄河大桥以上坝段
	赵口险工	主流与工程的夹角接近90°,危及工程安全,从而对大堤安全造成巨大威胁	7~16号垛
	韦滩控导工程	韦滩工程是透水桩坝结构,所在河段河势极不稳定,模型试验结果显示洪水后工程藏头段以下全部靠河,工程背后滩地坍塌后退,形成冲刷沟。若遭遇设计洪水,工程靠河后极易出现漫水塌滩险情	工程全线
	大张庄控导工程	河势调整幅度较大,试验后主流顶冲	4~9号坝段
	黑岗口险工	主流顶冲黑岗口险工30~39号坝段,形成较大冲刷坑,若遭遇设计洪水,主流顶冲位置极易出现根石走失、坦石墩蛰等险情	30~39号坝段
	柳园口险工	柳园口险工靠河位置变化不大,但主流的入流角度较大,对工程的冲刷较为严重,在工程下首支坝尾部形成较深的冲刷坑,同时下游浮桥路堤也遭受主流顶冲。若遭遇设计洪水,主流顶冲位置极易出现根石走失、坦石墩蛰等险情	31~36号坝段
	王庵控导工程	王庵工程28~35号坝段主流顶冲严重,形成较大冲刷坑,若遭遇设计洪水,主流顶冲位置极易出现根石走失、坦石墩蛰等险情	28~35号坝段
	欧坦控导工程	欧坦工程洪水初期靠河位置较为靠上,工程出险概率较大,洪水后期在工程尾部形成较大冲刷坑,危及工程安全,若遭遇设计洪水,主流顶冲位置极易出现根石走失、坦石墩蛰等险情	18号以下坝段

续表 7.3-5

工程名称		出险原因分析	重点关注坝段
夹河滩至高村河段	东坝头险工	东坝头险工是河道流向发生剧烈变化的河段，主流顶冲严重，险工前冲刷坑很深，严重威胁工程安全	全部坝段
	大留寺控导工程	大留寺工程 27～40 号坝段洪水期受主流顶冲严重，形成较大冲刷坑，危及工程安全，若遭遇设计洪水，主流顶冲位置极易出现根石走失、坦石墩蛰等险情	27～40 号坝段
	堡城险工	河势流向变化较大	1～10 号坝段
	青庄险工	由于青庄险工长度较短，若遭遇设计洪水河势有可能下挫，影响高村险工的靠河稳定，造成工程出险	全部坝段
高村至孙口河段	南小堤上延控导工程	主流顶冲位置上提明显，存在抄后路的风险	-6～4 号坝段
	连山寺控导工程	连山寺工程的迎流段入流角较小，工程上首极易出现抄后路现象。试验大洪水期，在南小堤至连山寺沿线大范围漫滩上水，连山寺工程上首冲刷较为严重，对工程的安全造成巨大影响	全部坝段
	苏泗庄险工	主流基本垂直工程坝头连线，洪水期主流顶冲严重，在苏泗庄闸附近形成较大冲刷坑，危及工程安全	6 号以下坝段
	李桥险工	李桥险工上首迎流段受主流冲刷较为严重，同时受滩区汇流的影响，给工程造成的威胁较大	28～39 号坝段
	吴老家控导工程	吴老家工程洪水期出现主流顶冲工程首坝的情况，部分洪水抄工程后路，对工程威胁较大	全部坝段
	孙楼控导工程	洪水期孙楼工程河势上提明显，工程上首 1 号坝直接遭受大溜顶冲，工程首部形成较大的冲刷坑，危及孙楼工程安全	全部坝段
	杨集险工	洪水期主流顶冲在杨集险工和杨集上延工程之间的杨集闸附近，并在杨集上延工程前形成较大冲刷坑，上延工程和险工之间空当为滩区的退水口，工程防护相对薄弱	险工坝段
	韩胡同控导工程	韩胡同工程洪水期工程靠河位置上提，主流顶冲在工程的藏头段，并形成较大冲刷坑，若遭遇洪水存在根石走失、坦石墩蛰等风险	上首坝段
	枣包楼控导工程	枣包楼工程在工程首部形成冲刷坑，若遭遇洪水，可能会出现抄工程后路的险情	上首坝段

7.4　工程及河势监测

运用无人机等新技术,构建卫星、无人机等天空地一体化监测体系,具备快速高效、大范围动态与局部精细并重、不受地面灾情影响等突出优势,全程记录了秋汛洪水发生、发展、消退时空变化过程,跟踪监测黄河下游河势、河道整治工程、重点水库库区塌岸、堤闸隐患情况,为本次大洪水防御提供了宝贵的空、天要素观测资料,为黄委水旱灾害防御决策滚动会商提供了黄河下游河势、水面展宽、入海流路、支流洪水淹没、重点水库历史高水位运行库区水面、湿地补水最新信息,是大洪水监测不可或缺的技术手段。

7.4.1　天空地一体化监测技术

卫星遥感技术可以从天空远距离对地面进行观测,能够周期性地获取地表的影像数据,具有快速高效、便捷客观、大范围、重复覆盖、不受地面影响等特点,在洪涝灾害监测中得到了广泛应用。无人机技术利用空中和地面控制系统可实现高分辨率影像的自动拍摄和获取,在弥补卫星遥感经常因云层遮挡获取不到影像缺点的同时,解决了传统卫星遥感重访周期过长、应急不及时等问题,具有机动灵活、高效快速、精细准确、作业成本低、适用范围广、生产周期短等特点,已成为低空遥感重要数据采集手段。由卫星、无人机和地面监测等技术构建的天空地立体化监测体系已逐渐成为洪水遥感监测重要的技术支撑手段。

7.4.1.1　秋汛洪水遥感监测主要卫星数据源

不同类型卫星遥感数据源在洪水监测中具有各自的优势和特点,洪水监测卫星遥感数据源可以分为光学卫星数据和雷达卫星数据两大类。光学卫星遥感影像具有卫星资源较丰富、影像波段多、图像地物信息量大等优势,但是易受云雨等恶劣天气影响,常常在洪水期无法持续开展有效监测,主要运用于洪水前、洪水后以及洪水期天气条件较好时的监测。雷达卫星遥感影像可以穿透云层,不受恶劣天气影响,具有全天时、全天候监测的特点,但是卫星资源较少、采集成本较高、覆盖范围较小,主要运用于洪水期监测。在洪水遥感监测中常常综合应用多种卫星数据资源进行洪水跟踪监测。洪水遥感监测常用主要卫星数据源如表7.4-1所示。

秋汛洪水关键期,黄委与中国资源卫星应用中心密切沟通、及时联系,了解卫星过境计划,同时加强与水利部信息中心等单位联系,及时共享监测区间最新影像。在卫星遥感影像采集过程中,充分考虑不利天气因素,综合研判当前水情、工情和未来几天天气变化,每日根据中国资源卫星中心、欧空局等卫星数据资源情况,统筹国内高分(简称GF)系列、资源(简称ZY)系列、中巴(简称CB)系列、环境减灾(简称HJ)系列和国外哨兵(简称Sentinel)系列、Landsat 8等卫星遥感影像数据资源,滚动制订数据采集计划,动态调整GF3号等雷达卫星影像编程采集方案,最大程度保障洪水监测区域卫星遥感影像覆盖范围和频次。

表 7.4-1　洪水遥感监测常用主要卫星数据源

数据类型	卫星名称	国家/地区	重复周期/d	传感器类型	扫描幅度/km	空间分辨率/m
光学数据	CBERS-04	中国、巴西	26/52	PAN/MUX	60/120	5~20
	HJ1-A/B	中国	4	CCD	711	30
	Landsat8	美国	16	OLI	185	30
	Sentinel-2	欧洲	5	MSl	290	10
	ZY1-02C	中国	3~5	PMS	60	5
	ZY3	中国	5	CCD/PMS	50	2.1~5.8
	GF1	中国	4	PMS/WFV	60/800	2/16
	GF-1B	中国	4	PMS	60	2
	GF-1C	中国	4	PMS	60	2
	GF-1D	中国	4	PMS	60	2
	GF-2	中国	5	PMS	45	0.8
	GF-6	中国	4	PMS/WFV	90/800	2/16
雷达数据	GF-3	中国	4	SAR	10~650	1~500
	Sentinel-1	欧洲	6	SAR	80	5
	Radarsat	加拿大	24	SAR	50~500	9~100
	JERS-1	日本	44	SAR	165	18
	TerraSAR-X	德国	11	SAR	10~100	1~16
	COSMO-SKyMed	意大利	16	SAR	10~200	1~100

秋汛洪水期间,协调 10 余种卫星遥感数据资源共计采集遥感影像 119 景,其中光学遥感影像 86 景、雷达遥感影像 33 景;影像覆盖黄河西霞院以下河段,汾河、渭河、北洛河、伊洛河、沁河等支流下游,小浪底水库和故县水库库区,黄河三角洲等区域。同时收集了 1997—2020 年黄河三角洲历史卫星遥感影像。

7.4.1.2　秋汛洪水遥感监测数据处理流程

针对秋汛洪水监测多尺度、多传感器、多平台遥感影像特点,不断优化洪水遥感应急监测光学卫星遥感影像、雷达卫星遥感影像和无人机遥感影像处理方案,缩短处理时间,提高工作效率,每日采集影像后及时开展遥感影像数据处理工作。根据防汛会商决策需要,重点开展了黄河下游河势遥感监测、支流洪水遥感监测、重点水库水面遥感监测、黄河三角洲国家自然保护区补水区遥感监测,持续跟踪分析下游河势、水面展宽、入海流路、支流洪水淹没、重点水库历史高水位运行库区水面、湿地补水等发展变化态势,统计解译成果,制作监测专题图,编写洪水遥感监测报告,及时将监测成果在黄河"一张图"发布,高效支撑黄委水旱灾害防御决策会商。秋汛洪水遥感监测数据处理流程见图7.4-1。

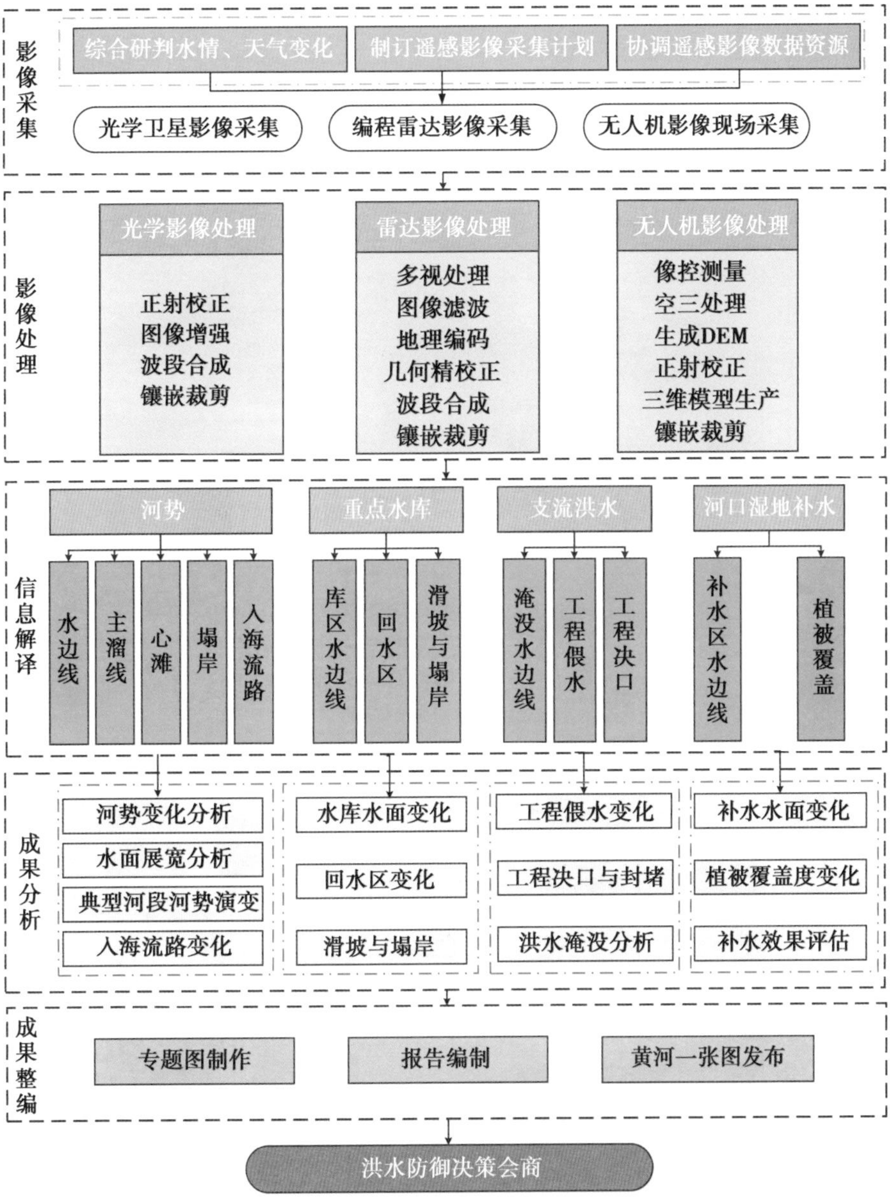

图7.4-1　秋汛洪水遥感监测数据处理流程

7.4.1.3　秋汛洪水遥感监测过程

洪水关键期，黄委密切关注秋汛洪水发展变化态势，持续开展洪水遥感跟踪监测。9月28日、29日，先后开展了渭河、沁河、伊洛等支流下游漫滩洪水遥感监测，分析洪水淹没情况。9月29日至10月20日，根据每日卫星数据过境情况，及时开展卫星遥感数据的采集、处理、解译等工作，动态跟踪关键期大流量期间黄河下游河势变化，滚动分析河势变化情况。10月10—13日，动态跟踪监测了汾河、北洛河等支流洪水决口及淹没情况。10月2日和10月13日，开展小浪底水库洪水期历史最高水位运行水面面积和回水区监测。同时,采集了 10 月 12 日故县水库遥感影像对其历史高水位运行水面面积和回水区监测。其间,根据防汛会商需要,开展了黄河入海流路变化及生态补水区遥感监测。其间,组织开展了黄河下游重要河段现场查勘调研,为洪水遥感监测提供第一手资料(见图 7.4-2)。多次组织骨干技术研讨,讨论遥感监测成果,分析变化趋势(见图 7.4-3)。

图 7.4-2　黑岗口险工现场调研

图 7.4-3　洪水遥感监测技术研讨

秋汛洪水期间,黄委多次使用无人机进行河势查勘,包括追踪洪峰及退水期等,通过无人机视野优势,清晰地分析出河势、溜势,为工程防守提供依据。无人机的应用弥补了人工巡河过程中效率低、环境复杂河段巡查难的问题,提早发现隐患、及时发现险情,为防汛决策提供科学、直观的视频数据支撑。其间,河南濮阳河务局共出动无人机 7 架,其中 5 架常驻一线班组,累计拍摄视频 180 h,分别在沿黄三县各险工险段、滩区、蓄滞洪区每日做视频采集并上传省局、市局、市政府指挥中心。郑州河务局累计飞行 50 架次,航程

400 km,实现工程、河道、滩区全覆盖,拍摄大量珍贵照片和视频,收集资料容量达120 GB。开封、新乡河务局利用无人机多方面促进了防洪保安工作。豫西河务局对辖河工程及河道进行了3次无人机查河。焦作河务局共集中调度全局无人机110架次,采集黄(沁)河洪水视频信息达300 GB,及时将黄(沁)河洪水演进、河势变化、堤防工程和抗洪抢险现场等高清图和视频传递至指挥中心。河南黄河河务局信息中心先后向省局防汛会商中心直播河势工情水情12次,录播28次,无人机累计起飞40架次,航程300余千米,录制与上传视频资料容量100 GB,为分析对比河道变化情况提供视频依据。

山东黄河河务局不仅将无人机应用于日常工程巡查工作,同时扩展应用于险情抢护、远程指导、河势查勘等方面,成为防汛工作的强大助力。在工程巡查方面,多次利用无人机对所辖河道范围内的险工、控导工程、滩区开展巡查,及时掌握河水行进动态、险工及控导工程坝岸靠水情况、低滩串沟情况,对河道情况进行低空影像采集、重点河段排查、全方位监测,形成地空结合、人机结合、立体交叉的巡河模式。在险情抢护方面,利用无人机对抢险进程进行近距离360°无死角观测,对于险情发展、抢护效果有了更直观的展现,为下一步工程抢护提供决策依据;同时对于抢险过程存在的抛石盲区,给予了精准指导,做到精准抢护、节约石料。另外,通过多角度拍摄出险现场、抢险过程、抢险完成的影像资料,使抢险各环节的资料更加饱满,出险照片更加立体、直观。在远程指导方面,山东黄河河务局通过与信息中心合作,一方面通过无人机巡河进行实时画面传输,实现了与上级部门和现场工程巡查人员的实时多方语音、视频等信号的互联互通,为上级更准确快速实时了解汛情、会商调度提供了科技保障,提高了信息化水平;另一方面无人机配备超清云台摄像机,对目标进行监测、预警和跟踪,并能实现远距离目标、坐标实时解算定位,快捷穿越黄河、滩区不利地形,全方位监测工程安全运行状况,并迅速将现场影像视频传递至防汛指挥中心,供领导、专家判断和决策,提供工程防守、抢险指导意见。在河势查勘方面,工作人员在地面遥控并实时查看拍摄影像,根据需要灵活进行场景、角度的调整,获取河势、工程等目标区域全方位的影像资料。同时,现场巡查观测人员通过无人机视角,进一步修正了自己在常规视角河势观测中的误差。

信息中心10月6日派出无人机工作小组携带2套便携式多旋翼无人机和1套黄河云视频会议终端等装备前往黄河下游重点河段、重点工程现场查勘,采集局部高清河势遥感影像。10月6日至24日,采集了黑岗口险工、吴老家控导、孙楼控导、影唐险工至后店子险工、毕庄险工等河段视频、正射影像和倾斜摄影影像(见图7.4-4、图7.4-5),遥感影像空间分辨率优于10 cm。共计采集了34.7 km^2的正射影像及9.6 km^2的倾斜影像,为秋汛洪水局部河势监测与分析提供了高清影像资料。退水期(10月21日后),根据防汛会商会要求,加强黄河下游河势遥感监测,动态跟踪退水期下游河势变化。

7.4.2 黄河下游河势跟踪分析

在秋汛洪水期间,通过卫星遥感、无人机航拍、无人船测量、现场查勘等技术手段,对黄河下游河势进行了实时跟踪分析,对主流顶冲比较严重、塌滩比较明显、河势变化较大的局部河段进行了详细观测,并及时反馈至黄委防汛部门。

河势跟踪分析结果表明,秋汛期间黄河下游河道流路稳定,河势总体平稳,趋势向好,

图 7.4-4　2021 年 10 月 18 日,黑岗口下延无人机三维倾斜摄影影像

图 7.4-5　枣包楼控导工程无人机数据采集

主要呈现如下特征:一是总体河势趋于顺直,局部河段河势存在上提或下挫现象,符合"大水趋直、小水坐弯,小水上提、大水下挫"的河势演变规律;二是局部河段畸形河势消失或得到明显改善;三是花园口以上部分河段河势尚未得到有效控制。选取驾部工程河段、老田庵工程至马庄工程河段等几个典型河段加以说明。

汛前,驾部工程河段河势散乱,工程脱河,主流左右摆动幅度大。秋汛洪水期间,河势趋直,驾部工程下部靠河靠溜,工程控导作用显现。退水期河势基本保持不变(见图 7.4-6)。

汛前,保合寨控导和马庄工程均不靠河,主流顺直穿过两处工程。秋汛洪水期间,老田庵工程洪水期较汛前靠河靠溜坝垛基本没变,河势稳定,保合寨控导和马庄工程仍不靠河。退水期,老田庵工程前河势略有上提(见图 7.4-7)。

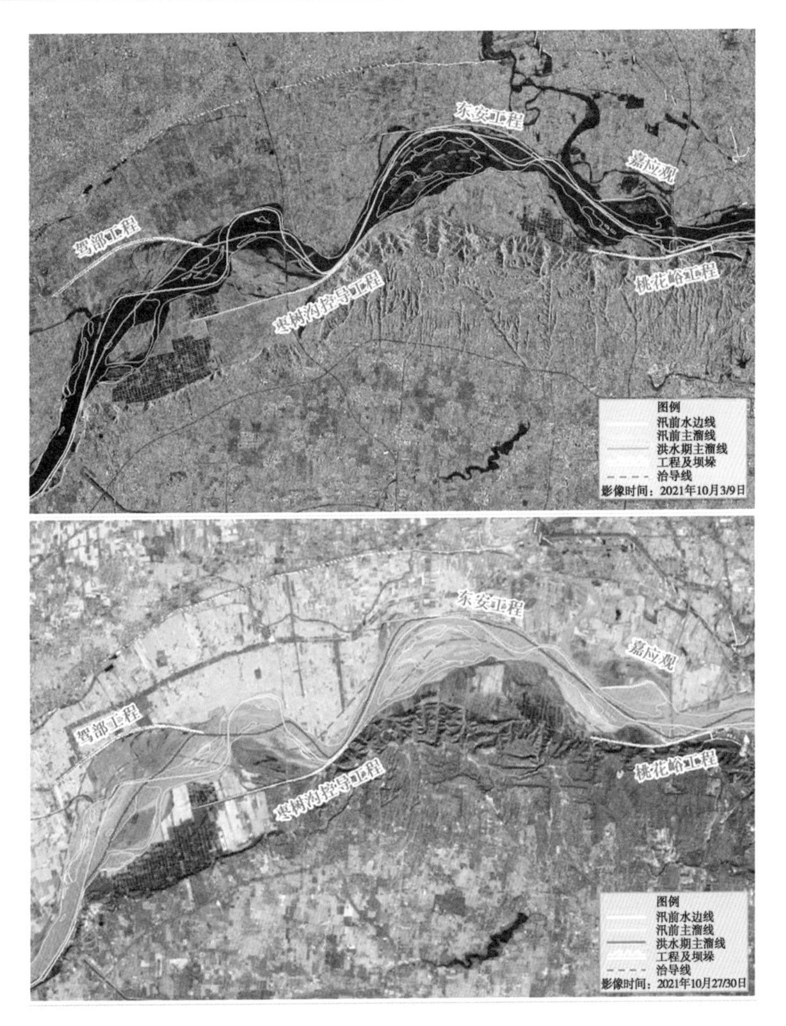

图 7.4-6　驾部工程河段河势

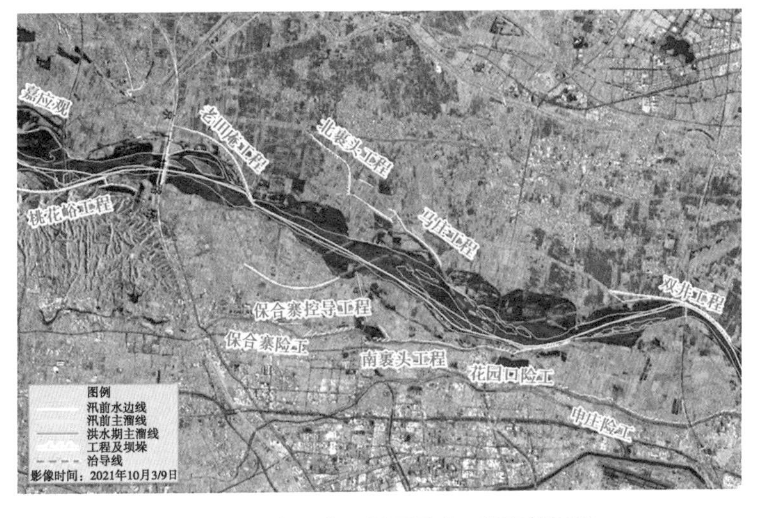

图 7.4-7　老田庵工程至马庄工程河段河势

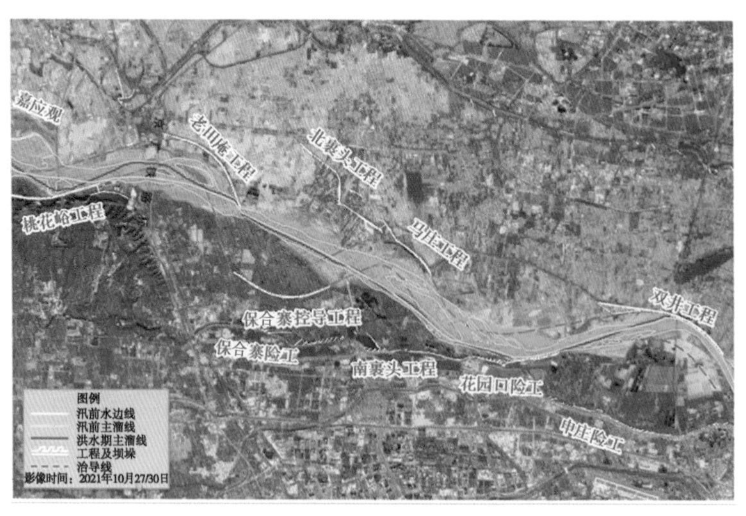

续图 7.4-7

王庵工程至曹岗险工河段河势规顺，左右岸工程靠河控导河势作用明显，汛前、汛期河势基本不变，洪水期河势略有上提，退水期略有下挫(见图 7.4-8)。

连山寺工程至营房险工河段河道流路走向变化较大，但汛前、洪水期河势基本保持不变。退水期，河势下挫(见图 7.4-9)。

(1)畸形河势显著改善。

近年来，韦滩工程至大张庄工程河段畸形河湾发育，河势频繁变化。2019 年 10 月，韦滩工程至大张庄工程呈现“S”形畸形河湾，韦滩工程基本脱河脱溜，主溜顶冲仁村堤工程。2020 年 10 月，韦滩工程靠河靠溜长度增加，仁村堤工程河势下挫，主溜出工程直达大张庄工程，韦滩工程至大张庄工程之间演变成“V”形河湾。2021 年 10 月秋汛洪水后，韦滩工程前“S”形畸形河湾消失，仁村堤、徐庄工程全部脱河脱溜，河势经过韦滩工程顺直到达大张庄工程下首位置，大张庄工程靠河靠溜坝垛上提至 10 号坝垛，工程控导作用增强，河势趋好(见图 7.4-10)。

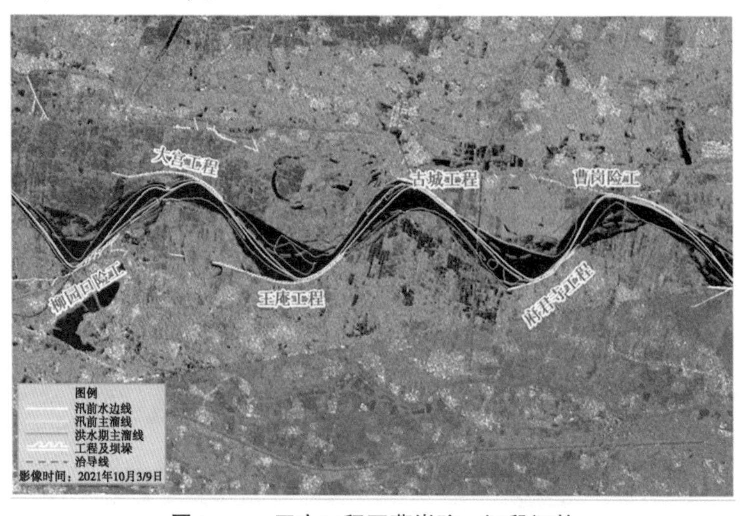

图 7.4-8　王庵工程至曹岗险工河段河势

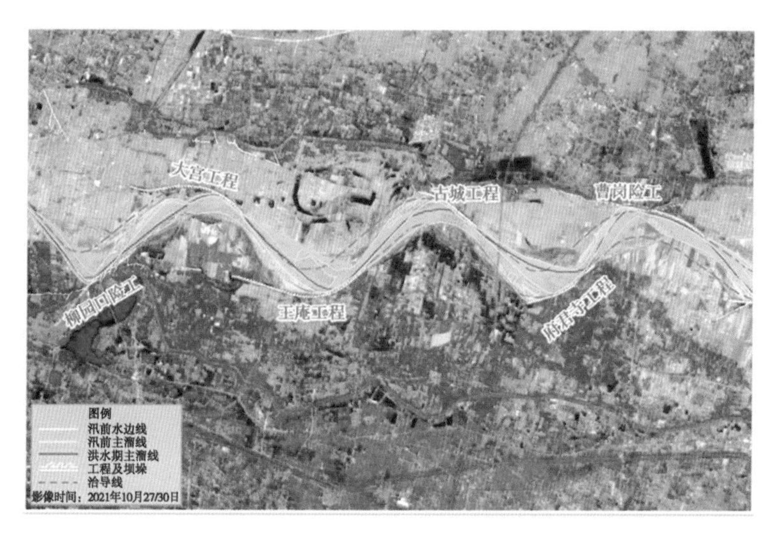

续图 7.4-8

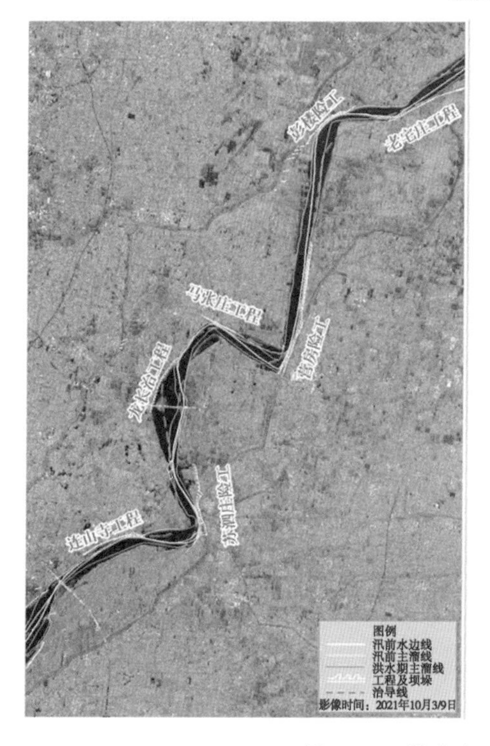

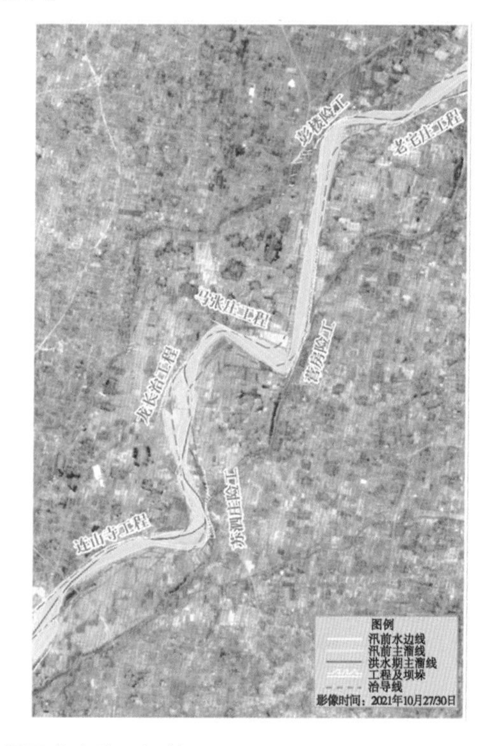

图 7.4-9　连山寺工程至营房险工河势

(2)部分河段河势尚未得到有效控制。

花园口以上河段自上而下有逯村工程、驾部工程、张王庄工程、老田庵工程等基本脱河或工程下部靠河,不能有效控导河势。究其原因,河道水流流动时受柯氏力影响出现右偏向力(见图 7.4-11),导致主流在右岸时束紧,在左岸时宽散。在上述工程处表现较为明显,即主流由右向左流动时送溜力度不够,主溜不能到达左岸工程,导致工程脱河或下部靠河,失去控导河势作用(见图 7.4-12~图 7.4-15)。同理 ,按照规划制导线正常布置控

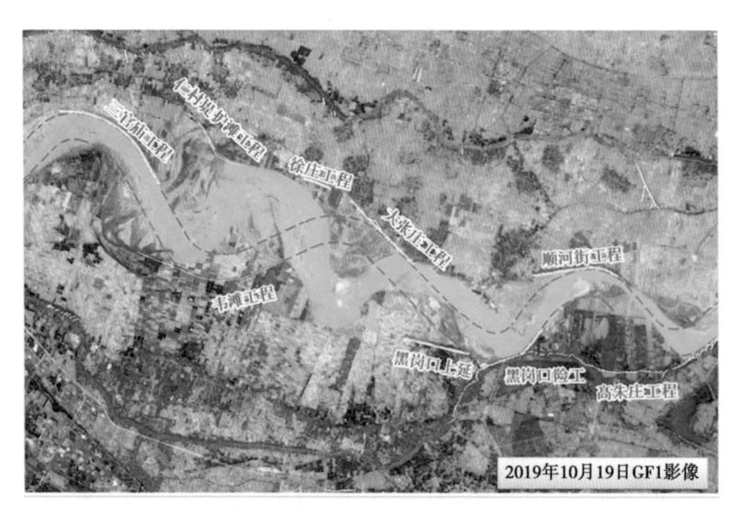

(a)2019 年 10 月 19 日 GF1 影像

(b)2020 年 10 月 19 日 GF1 影像

(c)2021 年 10 月 30 日 GF1 影像

图 7.4-10　2019—2021 年韦滩工程至黑岗口工程河势演变情况

导工程节点后,为有效控导河势,往往右岸工程需要上延,左岸工程需要下延;右岸工程受到冲刷作用较强,工程出险概率较大;主流由右向左流动过程中容易形成心滩等现象。

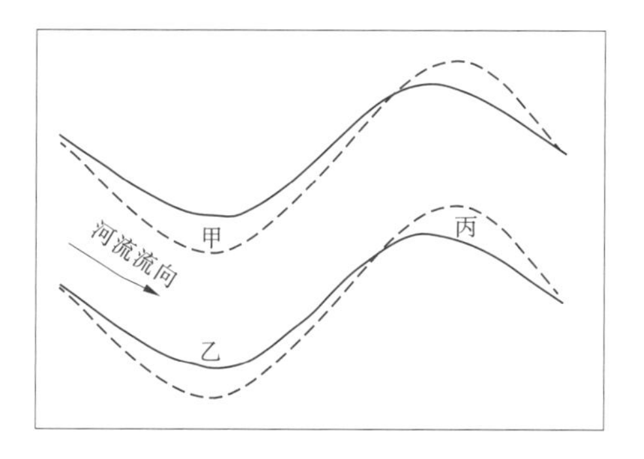

图 7.4-11　柯氏力对河流流路影响示意图

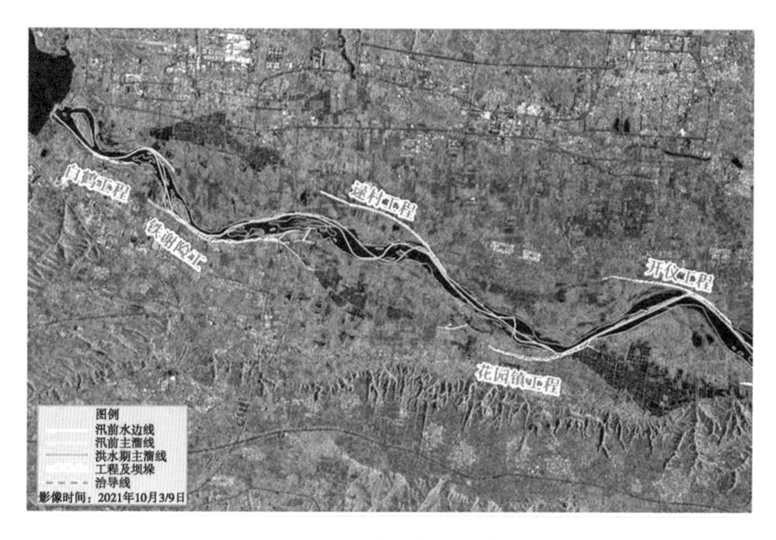

图 7.4-12　白鹤工程至逯村工程河段河势

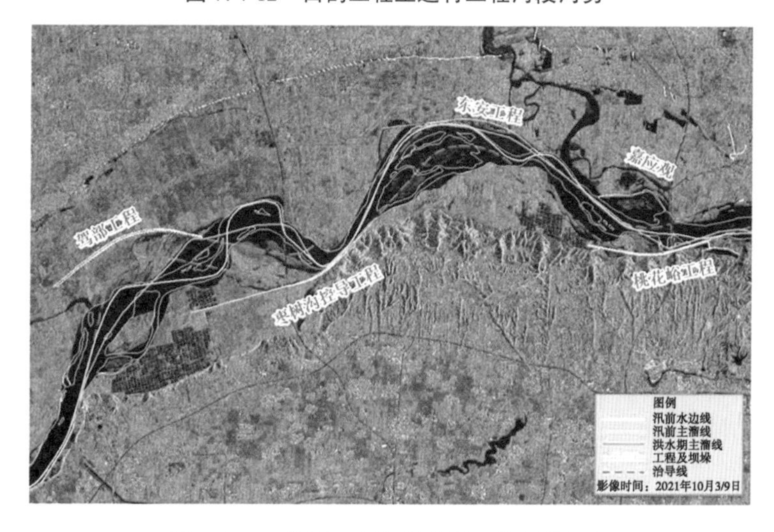

图 7.4-13　驾部工程至桃花峪工程河段河势

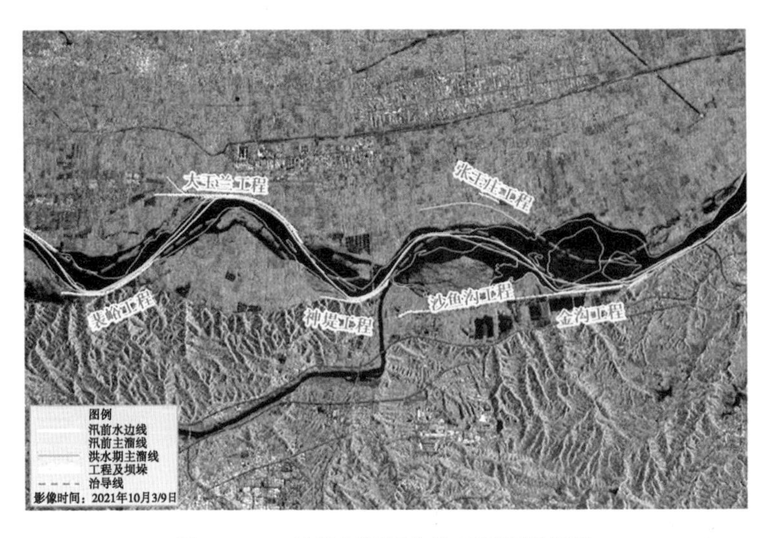

图 7.4-14 神堤工程至金沟工程河段河势

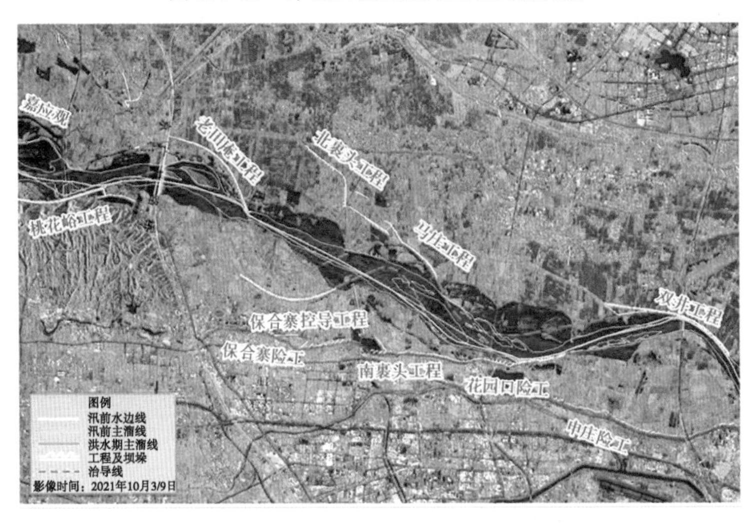

图 7.4-15 老田庵工程至马庄工程河段河势

根据河势跟踪分析结果，防守中需要重点关注的河段或工程：一是花园口以上河段如驾部工程下首、张王庄工程下首、马庄工程下首等，这部分工程由于洪水期河势上提下挫，导致溜出工程控制范围，易造成滩岸塌滩，导致河势大变，应密切观测并重点防范；二是畸形河势易演变发展河段，主要包括驾部工程至枣树沟河段“U”形弯、韦滩工程至大张庄工程河段“S”弯、河道工程至青庄险工“S”弯等；三是畸形河湾河段上下游附近工程，由于大水趋直，能有效改善畸形河势，若畸形河湾消失，将导致河湾河段流路变短，河段附近工程溜势变化较大，易致工程出险，尤其是畸形河湾下首右岸工程将受到主溜强力冲刷，出险概率将明显增大，如枣树沟工程、黑岗口工程、高村险工等；四是受柯氏力影响，右岸工程受到洪水主溜冲刷作用强，工程出险概率大，尤其宽河段和游荡性河段右岸工程，应适当加强防守力量和预置抢险料物；五是河势上提下挫变化较为剧烈河段，工程也易出险，应加强防守。

7.4.3　下游河道整治工程观测

秋汛洪水期间黄河下游河道整治工程险情不断。为清晰认识丁坝工程的出险原因及变化过程，选择水流顶冲比较严重的霍寨险工和黑岗口下延控导工程两个典型位置进行了精细观测，主要利用无人机和无人船搭载双频大功率测深仪、低频阵列式 ADCP 等仪器设备（见图 7.4-16、图 7.4-17），测量坝前的流态、流速、水深等参数的变化情况。测量结果显示，主流顶冲位置流态复杂，涡流频发，形成的冲刷坑较深，极易在该位置发生工程险情。

图 7.4-16　M300 测量无人机

图 7.4-17　测量无人船

7.4.3.1　霍寨险工

10 月 20 日、10 月 25 日对山东霍寨险工坝前冲刷坑和三维流速场监测，采用双频大功率测深仪,完成水下地形的快速高效测量,使用 150 kHz 低频阵列式 ADCP,完成复杂水沙环境下水流速度测量。

1. 水下地形测量方法

面对流速快、含沙量大的编号洪水,采用单点水深测量不能满足测量要求。水下地形采用双频大功率测深仪测量,通过 GPS 连续输出坐标信息转发给测深仪,测深仪连续记录不同位置的水深,实现对水下地形的快速高效测量。尤其是采用双频测深仪后,高频测量水深精确,低频测量穿透力强,而且设备功率的提高可以进一步提高测深仪的适应性,更适合复杂水沙条件的地形测量。

2. 水流速度测量方法

河流流速是水文测验中最重要的项目之一,不稳定流和受到潮汐影响的流速测量一直是水文测验中的一大难题。ADCP 可以用来遥测较大范围内的水流速度,在河流测验中起着极其重要的作用。低频 ADCP 在高含沙量的水流中具备以下两点优势:①声波的频率是影响水中声波衰减的重要因素,一个普遍的规律是声波的频率越低,在相同的水流环境下和声波功率下衰减越迅速。使用低频 ADCP,可以有效减小声波衰减,保证测量效果。②单个波束的声波在水体中一般为球状发散传播,波束角越大,其能量越不集中。阵列式 ADCP 同时发射多个波束,各个波束通过相位干涉进行声波共震,波束角较小,能量集中度较高,能够适应浑浊水体带来的较大声波衰减。

3. 坝前冲刷坑和三维流速场监测结果

10 月 20 日在霍寨险工 8~14 号坝前进行了流场和地形测量,测量包括表面流场、水下 2.4 m 流场、水下 4.0 m 流场、水下 6.4 m 流场、水下 8.0 m 流场和水下地形(见图 7.4-18、图 7.4-19)。通过计算分析,9~10 号坝表面最大流速 3.0 m/s,回流区最大流速 1.5 m/s;10~11 号坝表面最大流速 2.5 m/s,回流区最大流速 1.0 m/s;11~12 号坝表面最大流速 2.5 m/s,回流区最大流速 1.3 m/s;12~13 号坝表面最大流速 2.2 m/s,回流区最大流速 1.2 m/s。水下 2.4 m 位置最大流速 4.49 m/s,平均流速 1.56 m/s;水下 4.0 m 位置最大流速 4.21 m/s,平均流速 1.53 m/s;水下 6.4 m 位置最大流速 4.04 m/s,平均流速 1.51 m/s;水下 8.0 m 位置最大流速 3.73 m/s,平均流速 1.51 m/s。

图 7.4-18　霍寨险工坝冲刷坑地形

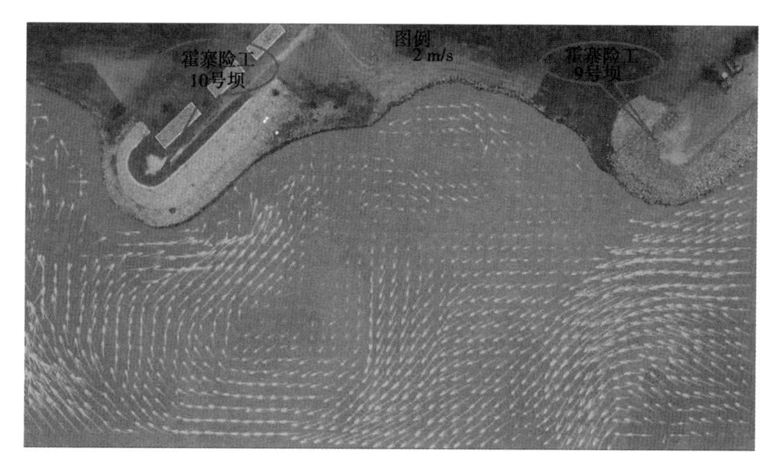

图 7.4-19 霍寨险工坝前水面流场

7.4.3.2 黑岗口下延控导工程

10月17—26日对黑岗口下延工程开展了坝前冲刷坑和三维流速场监测。通过无人机和无人船结合,测绘10月18日黑岗口下延工程10~13号坝间水深、流场图(见图7.4-20)、韦滩工程下首10月20日实测流场、黑岗口下延工程10月25日实测流场(见图7.4-21)。

经河势查勘及无人机航拍,黑岗口下延控导1~7号坝靠边溜,8~13号坝靠主溜,大河在黑岗口下延控导河段形成了上宽下窄的"卡口"河势(宽约150 m),坝前流速大、冲刷力强。10月19日,在4 800 m^3/s量级时,经探测,坝前冲刷深度达15 m左右(坝前30 m处水科院探测深度达26 m)。10月21日,工程上首1 km处形成河心滩,将主河道分为两股,一股靠4~6号坝,另一股靠10号、11号坝。秋汛洪水期间,黑岗口河段随着大河主溜持续淘刷黑岗口下延控导对岸滩地,流量增加,河势持续下挫,黑岗口下延控导下首工程受到主溜顶冲及回溜淘刷,险情持续发生。流量减小时,大河主溜河势上提,该工程上首受到主溜顶冲,出险概率增加。建议增加黑岗口下延控导非裹护段备埽体,裹护非裹护段及坝裆;续建黑岗口下延控导至18号坝,以增强在超标洪水期间的工程挑溜能力,维持河道规划治导线流路。

10月18日利用无人船携带测深仪对黑岗口下延工程10~13号坝间水下地形进行了测量。10号坝坝前最大水深25 m,距离坝头40 m;11号坝坝前最大水深26 m,距离坝头38 m;12号坝坝前最大水深26 m,距离坝头46 m;13号坝坝前最大水深26 m,距离坝头37 m。采用无人机正向摄影9~11号坝,高速主溜顶冲坝头、坝身,回溜淘刷坝裆,弯道顶部最大流速达3.2 m/s,缓流区流速1.0 m/s左右。

10月25日0时,夹河滩水位站实测流量1 980 m^3/s,随着水位下降,坝裆开始落淤,左岸大片滩地露出。采用无人机正向摄影11~13号坝,通过粒子图像测速技术计算得到最大流速为2.6 m/s,相比10月18日流速降低0.6 m/s。

7.4.3.3 马渡险工

11月22日21时15分,黄河花园口站流量1 420 m^3/s(16时),马渡险工21号护岸附垛持续受大溜顶冲的影响,迎水面至坝前头出现根石墩蛰和坦石坍塌的较大险情,出险体积共3 456 m^3。利用自主研发的小禹浅地层剖面仪联合美国进口Edge 3200XS对马渡

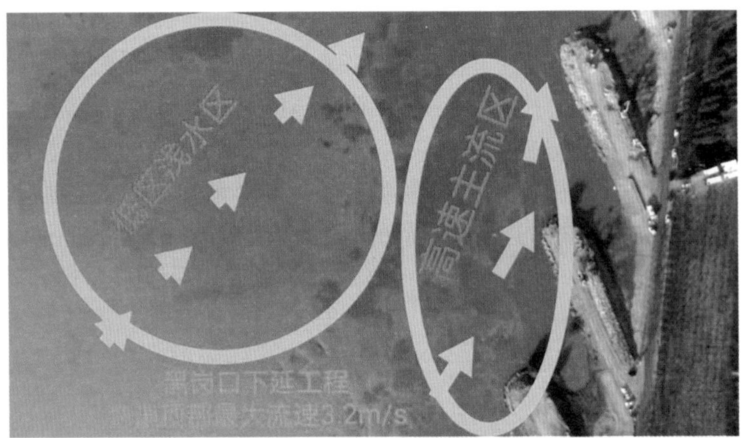

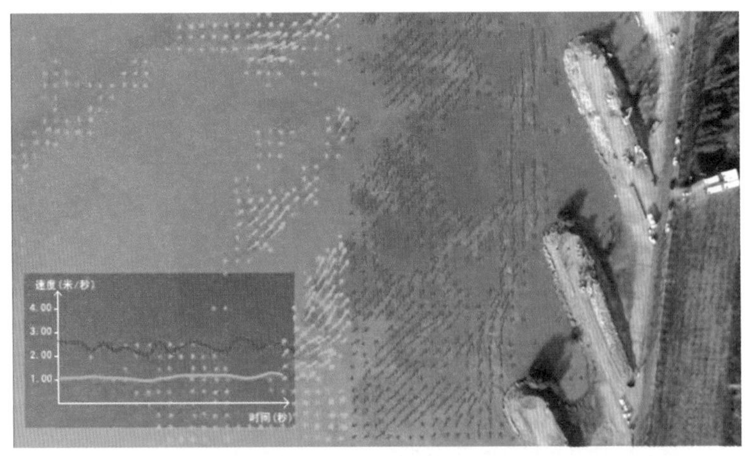

图 7.4-20　黑岗口下延工程 10 月 18 日无人机实测水深、流场

险工重点工程进行了根石探测工作,共探测 8 道坝(垛、护岸),探测断面 40 个。探测结果表明,出险区域最大水深达 27 m,位于 21 号护岸附垛附近。探测区域与坡度 1∶1.0 相比,总缺石量为 27.35 m^3;与坡度 1∶1.3 相比,总缺石量为 544.22 m^3;与坡度 1∶1.5 相比,总缺石量为 3 011.14 m^3。

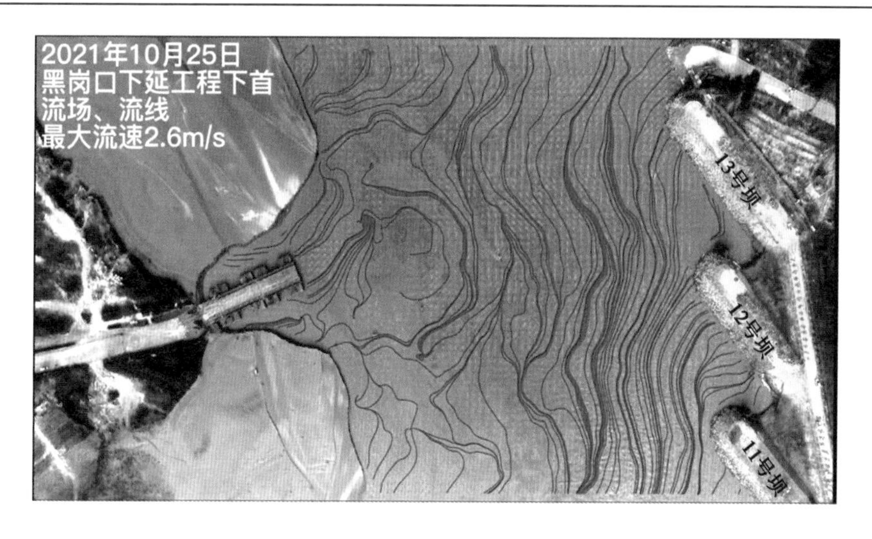

图 7.4-21 黑岗口下延工程 10 月 25 日无人机实测流场

7.4.3.4 铁谢河段

在 2021 年黄河秋汛期间使用 YREC-P10 拖曳式瞬变电磁仪完成了洛阳市孟津区花园镇和铁谢段两处堤防的快速巡检，查明了现有坝间垮塌位置堤防隐患发育情况。由于设备具有车载快速巡检的优势，在检测现场就实时完成了检测数据处理和图像展示，并通过智能识别算法给出检测结果，排除被检堤段发生连通性渗漏隐患的可能性，为汛期堤防安全提供了科技支撑。

7.4.4 小浪底库区塌岸跟踪监测

水库在运用的过程中，由于地层岩性、地形地貌、库水位状态、风浪作用、库区水流冲刷等因素的影响，会引起库岸坍塌。库岸坍塌的物质进入库中，不仅引起水库淤积，改变库区淤积分布，还影响水库边岸地带建筑物的安全。

本次秋汛洪水调度过程中小浪底水库水位持续抬升，库水位 270 m 以上运用时间长。为观测库区两岸边坡稳定及库区塌岸情况，9 月 29 日至 10 月 10 日利用大疆无人机在全库区进行高空巡查，多次到三门峡坝下、尖坪、白浪、HH51 断面、HH48 断面、HH46 断面、峪里沟尾部、荆紫山、石门沟、秦沟、亳清河、沇西河、西阳河、大交、东洋河、石井河、畛水、大峪河近坝段等位置查勘。在查勘过程中发现塌岸、险情 4 处：10 月 2 日小浪底库水位约 271 m，垣渑高速黄河桥左右岸均观测到不同程度的塌岸（见图 7.4-22），主要原因是桥梁施工对两岸破坏，塌岸量为 1 000～2 000 m^3。10 月 4 日小浪底库水位约 270.4 m，HH2—HH3 断面左岸（距坝 2.5～3.5 km）观测到塌岸（见图 7.4-23），主要原因是库水位抬升、长时间浸泡，塌岸量 2 000～4 000 m^3。10 月 3 日小浪底库水位约 270.7 m，库区上游白浪浮桥（距坝约 95 km）两岸观测到局部塌岸（见图 7.4-24），主要原因是修建浮桥道路对岸边有所削切，造成边岸陡立，加上高水位浸泡，塌岸量约 1 000 m^3。10 月 9 日小浪底库水位约 273.4 m，距坝约 19 km 库区右岸的万仙山码头观测到局部塌岸（见图 7.4-25），塌岸量约 500 m^3。

本次小浪底水库高水位运用虽引起库区多处发生库岸坍塌，但总体来说，坍塌量不大，总量 4 500~7 500 m^3，未明显影响大坝及泄流建筑物的安全运行，也并未造成库区较大险情。

图 7.4-22　垣渑高速黄河桥两岸塌岸情况

图 7.4-23　HH2—HH3 断面左岸塌岸情况

图 7.4-24　白浪浮桥附近塌岸情况

图 7.4-25　万仙山码头岸边局部塌岸

7.5　通信网络及视频会议保障

黄河中下游启动水旱灾害防御Ⅲ级应急响应后，防汛形势骤然紧张，信息中心迅速做出响应，本着“业务过硬、作风优良、保障有力”的原则，精心组织、周密部署，加强网络管理、安全防护之间的业务配合与衔接，确保黄河秋汛洪水期间视频会商会顺利召开、网络运行平稳。信息中心按照汛期网络安全保障要求，组织技术骨干成立网络安全应急保障组，以关键信息基础设施、防汛重要信息系统、互联网应用、数据中心为重点防护对象，加强秋汛期间黄委核心网、信息中心、数据中心等的设备巡检巡查、网络安全隐患监测、安全态势感知预警通报和应急响应处置等，对网络攻击行为及时发现、及时处理、及时上报，秋汛期间无重大网络安全事件发生。

7.5.1　加强值班值守,落实应急响应预案

信息中心强化秋汛期间值班值守,要求值班、带班人员克服麻痹思想和侥幸心理,加强岗位责任意识,密切注意设备运行情况和系统告警信息,保障各系统在秋汛期间的稳定运行。坚持每日两上报制度,每日巡检机房物理环境等关键区域和网络基础设施的运行情况。除每年常规检查外,对黄委政务内网、外网机房、防汛抗旱会商中心、楼层弱电间、中心机房、网络中心机房、UPS 配电室等重点区域进行了全面细致的检查,详细查看政务内网、外网机房的照明设施、空调、消防器材和视频安防系统的运行情况;进行网络设备的预检预修,对黄委网络中的核心网、骨干网、防汛抗旱会商中心的路由交换设备逐一检查告警信息、配置文件等,确保设备的稳定运行;对网线、尾纤及接头进行整理加固,确保相关设备及线缆标签规范、内容准确;对所有链路进行了连通性确认测试,对检查中发现的问题及时进行处理,确保各业务系统运行状态良好、机房环境安全可靠。

信息中心结合黄河秋汛实际修订应急响应预案,细化应急处置流程,为秋汛防御提供根本遵循和组织制度保障,确保责任到人、措施到位。对极端天气、自然灾害导致的机房环境渗、漏水等Ⅲ级应急响应处置方案进行演练。对多个运维管理制度开展修订工作,持续规范、完善运维制度体系。

7.5.2　防汛视频会商保障有力

按照“随时能够在 20 min 内拉起会议”的秋汛洪水防御视频会商保障要求,信息中心制订了详细的保障方案和应急预案,在参与会商单位之间建立应急保障联络群,保持 7×24 h 随时待命和值班值守状态,并规范会议调试流程、狠抓技术细节。每次收到黄河防总发出的会议保障通知后,即时根据会议议程细化实化保障脚本,与参与会议的分会场进行沟通联系,发布会议测试通知,第一时间完成会商设备部署,准备显示、扩声等会商系统,认真组织参会分会场进行会前测试,大到声音双流,小到会场标牌摆放,确保达到最优的会场效果。

在 2021 年秋汛中,通过黄委云视讯系统终端搭载无线移动网络,突破了原视频会议系统仅限于网络专线的局限性,使用 4G/5G 互联网、无线 Wi-Fi、内网、专线等均可接入。系统覆盖范围从原系统的县局到现在的一线值守人员,大大提高了各部门间的联动性。

此次秋汛洪水期间需要开展视频联线的各个防汛现场指挥组大多处于黄河防汛一线,存在着分会场地域分布分散,外业现场多,现场网络带宽及视频连接环境较为复杂,大多需要借助各个防汛组自备的移动设备(手机、笔记本电话),利用连接手机热点的方式实现视频连线等实际情况。信息中心经过多次技术路线论证,针对黄委云视讯视频会议系统具有多种视讯连接设备接入方式灵活、系统兼容性好、对不同网络带宽环境承载能力强等特点,决定采用该系统来承担本次秋汛洪水防御期间的视频会议保障任务。

本系统在研发阶段采用了 SVC 柔性编码技术虚拟化部署,弹性适应网络需求,在汛期天气等不良因素导致的网络不稳定情况下,即使在网络丢包率高达 50%的情况下,依旧能保证视频会议图像清晰、声音不卡顿,并首次实现可融合无人机单兵设备,通过视频会议,能够清晰地实时查看所需险工险口画面。

为了实现视频会议保障期间的声音和视频图像信号能迅速、顺利地切换，力求达到在会议召开感觉不到时间间隔和画面停顿感，信息中心根据确定的会议保障期间的指导思想和目标要求，参照先前制定的视频会议操作流程和设备基本操作规范，结合云视讯视频会议系统的操作步骤以及每次会议召开时分会场显示顺序，编制了《2021 年秋汛洪水防御视频会议保障切换脚本》，在视频调试中对脚本的内容进行多次修改和细化完善，为确保会议顺利召开创造了条件。

"乘众人之智，则无不任也；用众人之力，则无不胜也"。在这次黄河秋汛洪水防御视频传输保障工作中，加强与各方面的组织协调工作，是此次视频会议保障任务顺利完成的关键之一。信息中心在确定参加视频连线的各分会场和外业现场后，立即组织召开视频会议保障工作组织协调会，要求全体人员提高认识，高度重视秋汛期间视频会议保障工作，在工作中要精力集中，精益求精，确保坚守岗位、尽职尽责，严肃工作纪律，认真履行职责。为了取得黄委各分会场视频会商设备、网络状况的第一手资料，方便在会议保障过程中技术沟通，技术人员在第一时间与各分会场负责视频保障人员取得联系，迅速摸清各分会场单位名称、参会地点、终端地址、技术负责人及联系方式后，汇编整理出了《2021 年秋汛洪水防御视频会议分会场联系人名单》《黄委云视讯 APP 操作指南》等基础资料及技术文档。通过组建微信群的方式，在视频调试过程中，不断加强与网络、通信以及负责视频信号采集和黄河防汛调度中心会场大屏幕信号切换的技术部门的技术沟通和联系，相互之间协调配合完成此次秋汛防汛视频会议保障工作。

7.5.3　加强网络实时监测，严格网络准入控制

黄委政务外网、骨干网的管理遵循"统一调度、统一指挥、分级管理"的原则，下级服从上级，局部服从整体，严格执行相关标准和规范，确保链路及其承载业务的安全、稳定、可靠运行。

通过网络管理平台实时监控黄委全网 IT 资源的网络运行关键指标，将 IT 资源的实时信息纳入同一个管理平台中，实现集中、统一管理，全面动态掌握网络资源的性能变化，通过健康指数 K 线图、业务雷达视图、业务关联分析等多种形式实时掌握网络状态。实时监测黄委机关及委属重点防汛单位链路的带宽利用率、峰值等指标，实时展示网络中的流量状况，有效提升网络规划的效率和效力。通过自动巡检策略，实时更新网络拓扑，实现网络安全态势的主动预防，运维人员 7×24 h 接收网络事件告警短信，第一时间做出响应，通过网络运行状态的统计，快速定位，分析故障原因，确保告警处理的准确性和及时性，同时动态调整网络参数，采用先进的技术措施，确保黄委核心网、防汛骨干网的平稳运行。同时，网络中心持续完善网络准入控制技术措施，实现在线实时录入、实时更新网络信息资料，确保以"白名单"模式登记入网，彻底杜绝了网络中的非法接入行为，显著提升了黄委网络对各类业务的支撑效率。秋汛期间，机关各部门和委属各单位流量无异常，保障率达到 100%。

黄委信息中心按照汛期网络安全保障要求，加强组织管理，强化保障措施，组织技术骨干成立网络安全应急保障小组，以关键信息基础设施、防汛重要信息系统、互联网应用、数据中心为重点防护对象，加强秋汛期间黄委核心网、信息中心、数据中心等的设备巡检

巡查、网络安全隐患监测、安全态势感知预警通报和应急响应处置等,对网络攻击行为及时发现、及时处理、及时上报,秋汛期间无重大网络安全事件发生。

在预警监测及技术防护方面,应急保障小组根据汛期实际情况梳理优化“黄委网络安全事件应急响应处置流程”,充分发挥黄委网络安全威胁监测通报预警管理平台和云安全防护平台作用,利用全流量抓取、大数据分析、机器学习等智能分析技术,开启云端值守和线下防护相结合“人机共智”模式,全面监测汛期内网络攻击事件、主动响应并闭环处置。秋汛期间共发现网内 54 台主机存在安全隐患并落实整改,按要求发布预警信息 2 次,解决 57 起连通性故障。互联网出口防护方面共抵御网络安全攻击约 50 万次,攻击类型主要为漏洞利用和扫描探测,联动出口防火墙安全设备封禁 5 056 个攻击源 IP,封禁异常攻击远控服务器地址 156 个阻断恶意连接。有效的自动化、智能化的网络安全防御体系,全面提升了秋汛期间黄委网络安全监测能力和防护水平。

在网络安全管理措施方面,信息中心开展重要机关部门和委属单位及防汛重要信息系统的漏洞扫描工作,共发现了 20 个高危漏洞和 67 个中危漏洞,针对存在漏洞信息中心提出整改措施并协助整改。信息中心完成黄委核心网 6 个三级重要信息系统的年度等级保护测评任务,针对测评存在的问题认真整改,升级软硬件系统和补丁等,统计信息系统详细访问信息,进行重要区域边界防护设备的策略梳理和优化工作,全面保障黄委水调、防汛、水文、网站等重要信息系统的安全稳定运行。

7.5.4　动态调控,优化互联网出口资源配置

黄委互联网出口承载了防汛指挥系统视频会商、防汛数据汇聚平台、水文勘测、黄河一张图等几乎全部防汛、水调、水情数据的收集、传输以及备份。秋汛期间加班职工显著增多,部署在现地的监测采集系统回传大量实时信息及视频,必须动态调整带宽资源分配。黄委互联网出口区的秋汛保障,既要求组织和队伍、制度和预案、关键流程和评价指标方面的健全与发展,又要求为应对各种类型的内外部突发事件而实施的应急处置行动。为适应秋汛形势下黄委互联网业务的保障需要,提高对各类突发事件的应急响应速度和保障水平,确保黄委互联网业务的网络安全,网络中心安排专人(AB 角色)负责黄委互联网出口边界安全设备的日常监测和优化工作,实时监测设备运行状况和流量趋势等参数指标,分工协作。每天早上 07:40,检查互联网出口区设备运行状态,登录互联网上运行的重要政府网站——黄河网,确保通信链路畅通。发现问题及时进行故障分析、定位和排除,快速抢修,同时上报主管部门和相关负责人,采取相应的应急措施。故障或紧急措施处理完成后,进行记录与反馈,满足互联网出口区各项技术指标要求。同时通过策略的动态优化确保黄委互联网相关业务的网络畅通。

通过多链路的负载均衡保障互联网通信链路的可靠性、可用性。在黄委互联网出口区设置出链路负载均衡策略,配置主、备用链路的多种组合。边界安全设备自动检查运营商链路的质量,当发现某条链路故障或不可用时,设备按照预定策略进行调度,将流量分发到其他物理链路。在调度策略中,根据各条链路的带宽,把访问互联网的流量按权重比分发到备用链路对应的接口,实现分流引导,提高网络服务的性能和可用性,保证业务的高可靠性。

秋汛期间,信息中心共保障黄委重要视频会议17场,参会会场总数达87个,主会场参会人数达575人次,实现与水利部、沿黄八省防指、委属各层级的视频会商调度功能,圆满完成了黄河防汛会商应急保障工作;处理各类网络故障30余次,核心网、骨干网、互联网出口保障率均达到100%,网络整体运行平稳;持续开展网络安全日常威胁和漏洞监测工作,对黄委核心网资产及安全策略进行梳理,对重要信息系统及互联网资产按照"最小权限"原则进行策略收紧,解决了16起连通性故障,发现1台主机存在安全隐患并落实整改,为水利部提供网络安全监测数据2次,顺利通过河南省公安厅开展的黄委网络安全专项检查,安全形势整体平稳、保障有力。

7.5.5 强化保障,黄河通信链路持续畅通

按照黄河防总工作部署,信息中心在2021年9月提前完成黄河防汛(凌)远程视频监视系统巡检工作,对故障视频站点进行了修复,排除了各类隐患。秋汛期间紧急接入河口村水库及故县水库坝前、坝后、泄洪闸等重点区域监控视频,保障水库联合调度效果。10月9日,小浪底水库突破历史最高水位273.5 m,为保证会商中心实时监测到小浪底库容变化情况,信息中心驻小浪底现场技术人员通过多方协调,现场查勘,紧急登上坝顶平台,选择最佳观察位置,顶着狂风完成两路摄像头的安装,保证第一时间将小浪底坝前水尺视频传送到会商中心。

为保障通信链路畅通,信息中心加强与地方公共通信运营商的沟通联系,向联通、移动、电信三大运行商发送函告,请求重点保障黄河防汛信息传输网络,力求公网和自建微波线路双通道高可靠、互为备份;对受灾严重、通信不畅的重点区域,协调运营商提供应急基站和无人机进行现场支援,秋汛期间通信链路畅通率达到100%。

为掌握一线通信设施运行状况,信息中心派出调研小组行程2 000多千米,深入黄河下游干流南北两岸、金堤河、入海第二流路刁口河等重点区域调研一线职工查险报险工作流程、通信电路保障情况,了解基层通信建设中存在的问题及相关需求,为后续完善通信保障措施提供相关资料。

第8章　新闻宣传

黄委新闻宣传出版中心(简称“宣传中心”)始终贯彻落实党的宣传工作方针、路线、政策,深入学习贯彻习近平总书记对防汛救灾工作的重要指示精神,统筹做好黄河防汛抗旱工作的新闻宣传报道,引领黄河保护治理舆论导向。在秋汛洪水防御期间,宣传中心组织调配10路记者,分赴防御局、驻郑单位及一线,全方位、多角度开展宣传报道,积极回应社会关切,成效显著。报、网、台开设“贯彻习近平总书记对防汛救灾工作重要指示精神 黄河在行动”“2021黄河秋汛”等4个栏目和“抗击黄河秋汛洪水专题”,共刊发防汛相关消息125条、通讯93篇、照片411幅,撰写抗击秋汛洪水综述评论4篇;以“5+1”分总结合的方式,高质量完成涵盖汛情、水文、值守、抢护、调度及全面展示黄委和流域各方决战决胜秋汛洪水的系列视频及专题纪录片6部,充分展现了一支具有政治担当、专业素质、团结作风和奉献精神的优秀治黄宣传队伍。

8.1　组织策划

汛情发生后,宣传中心高度重视,反应迅速,提前制订宣传方案,按照整体部署,对宣传的框架和重点工作进行细化分工,压实主体责任,明确责任人,确保顺利实施。先后多次召开会议细致研究,做好整体组织策划,密切关注黄委党组决策部署,积极对接防汛职能单位,加强与中央主流媒体联系,持续跟踪报道。

9月26日,黄委防汛会商结束后,宣传中心立即召开防汛应急宣传工作会议,传达黄委防汛会商会议精神,进一步强调做好黄河秋汛防御宣传工作。宣传中心要求各单位要认真贯彻落实习近平总书记关于防汛救灾工作的重要指示精神、李克强总理关于应对秋汛工作做出的重要批示,按照水利部、黄委党组的决策部署抓好黄河秋汛洪水防御宣传工作。要坚持正面引导、营造良好舆论环境的原则,宣传好流域机构贯彻落实习近平总书记重要指示的态度和决心,在防汛工作中滚动会商、及时研判、优化调度的专业支撑作用,突出报道好一线职工敬业、拼搏、奉献的精神。要时刻保持与防汛业务部门联系,坚持内外宣传相结合,运用好新媒体,做到第一时间准确发声。要密切关注相关舆情,第一时间上报及跟踪敏感舆情。

启动应急宣传机制。统筹人、财、物,统一调配业务骨干,发挥宣传中心整体力量,充分做好一线报道及相关后勤保障工作。在黄河连续出现2021年第1号、第2号洪水后,宣传中心全面启动应急宣传报道机制,接连召开2次防汛宣传会商,对近期黄河秋汛洪水防御宣传工作做出安排部署,全力抓好近期黄河秋汛洪水防御宣传工作。宣传中心主任要求,要严格防汛宣传纪律,加强舆情监测、信息报送和新闻宣传工作,按程序及时发布有关信息;要加强外出采访记者安全教育和疫情防控管理,切实保障职工人身安全;要加强后勤保障,确保在岗人员设备及生活物资保障工作。宣传中心派出多路记者分赴防御一线、防汛会商中心及有关单位，并预备了多路记者随时待命。

10 月 1 日，宣传中心纪委深入防汛宣传单位、机关保障部门开展监督检查工作。实地查看了各有关单位部门人员在岗到位、机器设备保障、网站及舆情监测系统运行等情况（见图 8.1-1），询问了相关防汛宣传计划及记者安排情况，对近期工作中存在的问题及困难提出建议解决方案。

图 8.1-1　检查组查看网站及舆情监测系统运行情况

发挥通联队伍作用。发动黄河中下游通联队伍，组织信息报送和资料拍摄，积极对接黄委防御局、水文局等防汛职能部门，紧盯防汛动态，内外宣结合，新老媒体联动，多平台滚动发声，为坚决打赢秋汛洪水防御攻坚战营造良好的舆论氛围。

开展新闻宣传会商。组织不同层级经常性会商，保证宣传工作有序进行。

8.2　内宣情况

8.2.1　坚守防汛主阵地

宣传中心精准安排，认真做好防汛宣传工作，调配多路记者持续跟踪报道黄委重大决策部署和防汛会商会。

黄河网开设专题“贯彻落实习近平总书记对防汛救灾工作重要指示精神 黄河在行动”（见图 8.2-1）。第一时间转载《习近平对防汛救灾工作作出重要指示 要求始终把保障人民群众生命财产安全放在第一位 抓细抓实各项防汛救灾措施》《李克强在国家防汛抗旱总指挥部主持召开抗洪抢险救灾和防汛工作视频会议》等文章。持续关注水利部防汛会商部署精神，转载《水利部会商部署黄河汉江海河等流域秋汛洪水防御工作》《水利

部专题滚动会商 对黄河秋汛洪水防御工作进行再部署》等文章。同时及时更新专题内“黄委行动”“各级落实”“一线纪实”栏目,宣传报道黄委抗击秋汛洪水工作动态。此外,黄河网还开设了“抗击黄河秋汛洪水”专题,见图 8.2-2。

图 8.2-1　黄河网开设“贯彻落实习近平总书记对防汛救灾工作重要指示精神 黄河在行动”专题

图 8.2-2　黄河网开设“抗击黄河秋汛洪水”专题

8 月 21—22 日,黄委主任汪安南连续主持召开防汛会商会,深入学习贯彻水利部视频会精神,对近期黄河流域暴雨洪水防御工作进行再部署、再落实。黄河报(网)立即安排精干力量,紧盯防汛会商会,将会商精神第一时间在全河宣传报道,在黄河报(网)发布《黄委学习贯彻落实水利部视频会精神 对近期暴雨洪水防御工作再部署》《黄委部署近期黄河中下游强降雨防范工作》等文章。

8 月 30 日 16 时,伊河东湾站再次出现 1 420 m^3/s 的洪峰流量。黄委发布黄河中下游汛情蓝色预警,启动黄河中下游水旱灾害防御Ⅳ级应急响应,积极应对伊洛河洪水过程。黄河报(网)记者提高政治站位,决不懈怠,积极与防汛相关部门对接,及时发布《黄委积极应对伊洛河洪水》《黄委终止黄河中下游水旱灾害防御Ⅳ级应急响应》《黄委部署渭河中下游洪水防御工作》《黄委精细开展水库调度 河口村水库蓄水位创历史新高》等新闻稿件,并向基层通讯员约稿,相继推出《戴村坝迎来今年入汛以来最大洪峰》《故县水库精准调度 筑牢防汛"铜墙铁壁"》等新闻稿件。

9 月 19 日 10 时,黄委发布黄河中下游汛情蓝色预警,启动黄河中下游水旱灾害防御Ⅳ级应急响应。黄河报(网)及时宣传黄委滚动会商、及时研判、优化调度的工作动态,第一时间发布《黄委发布黄河中下游汛情蓝色预警 启动水旱灾害防御Ⅳ级应急响应》《黄委部署大汶河洪水防御工作》等新闻稿件。当天下午,黄委主任汪安南赶赴洛阳、巩义等地检查水文测报、洪水防御等工作,黄河报社记者跟随前往,先后在伊河把口水文站龙门镇站和伊洛河把口水文站黑石关站详细采访检查情况。

9 月 27 日,记者从黄委获悉,12 时起,黄河中下游水旱灾害防御Ⅳ级应急响应提升至Ⅲ级应急响应,防汛形势十分严峻。黄河报(网)党员干部不分昼夜,24 h 坚守在工作岗位,随时待命。9 月 27 日,黄河出现 2021 年第 1 号洪水,当晚,黄河出现 2021 年第 2 号洪水,全河动员绷紧防灾弦,坚决打赢洪水防御攻坚战。黄河网站第一时间在黄河要闻栏目显著位置发布《黄河出现 2021 年第 1 号洪水》(见图 8.2-3),黄河报、黄河台相继发布新闻(见图 8.2-4)。

黄河报(网)党员领导干部走在前、作表率,做好值班值守,时刻关注黄委党组决策部署,及时撰写《汪安南连续主持召开防汛会商,强调全河动员绷紧防灾弦 坚决打赢洪水防御攻坚战》《黄河出现 2021 年第 2 号洪水 黄委发布黄河下游干流河段洪水蓝色预警》《黄委迅速贯彻水利部防汛会商会精神,强调细化措施 科学调度 有效防御 始终把保障人民群众生命财产安全放在第一位》等新闻稿件,向基层单位约稿发布《迎"峰"而战! 最大洪峰流量正通过三门峡水利枢纽》。9 月 28 日、29 日,黄委主任汪安南对渭河重点堤段、关键水文站点的防汛工作进行督导,记者跟踪报道一线雨情水情工情、巡堤值守等情况。

10 月 5 日,黄河出现 2021 年第 3 号洪水,宣传中心及时组织召开会议,贯彻落实水利部党组、黄委党组部署要求,整合报、网、台资源,优化分配宣传任务,严肃防汛纪律。记者们克服连日来的紧张疲惫心理,咬紧牙关,鼓足干劲,时刻紧绷防汛这根弦,扎实做好防汛宣传工作,及时发布《黄河出现 2021 年第 3 号洪水》《黄委部署 2021 年第 3 号洪水防御工作》等新闻稿件。

记者在山东济南、聊城、淄博、滨州、东营等黄河河段,故县、陆浑水利枢纽工程,连续报道黄委主任汪安南检查一线防汛情况,推出《汪安南检查黄河山东段秋汛防御工作》

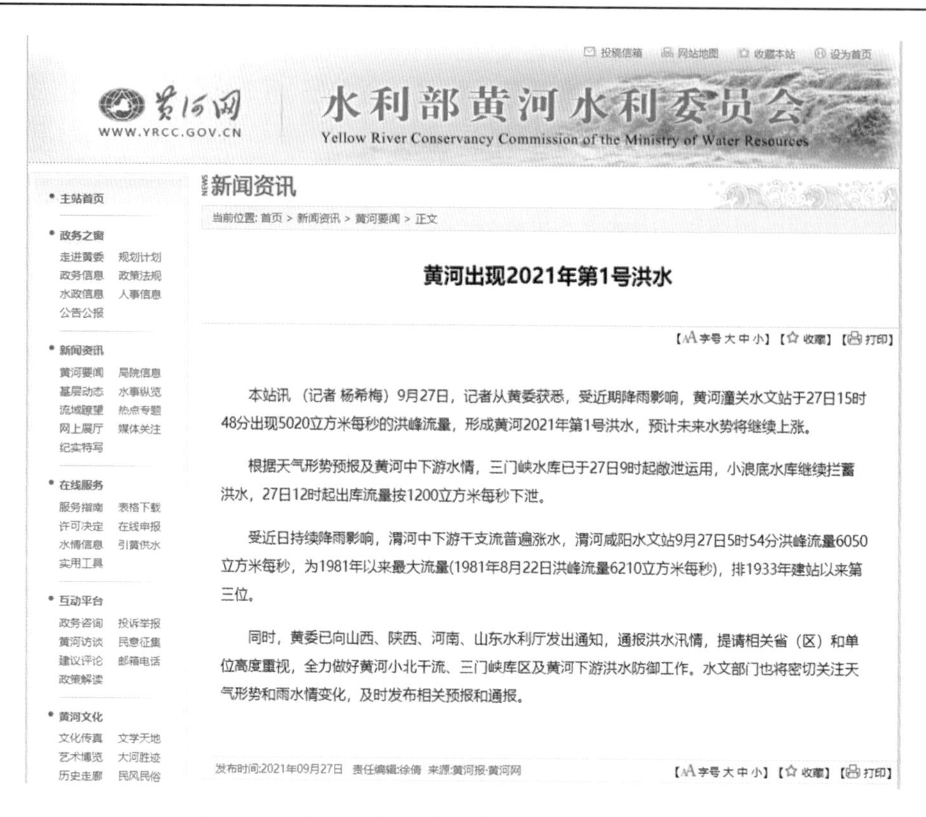

投稿信箱　网站地图　收藏本站　设为首页

黄河网 WWW.YRCC.GOV.CN　水利部黄河水利委员会 Yellow River Conservancy Commission of the Ministry of Water Resources

主站首页

政务之窗：走进黄委　规划计划　政务信息　政策法规　水政信息　人事信息　公告公报

新闻资讯：黄河要闻　局院信息　基层动态　水事纵览　流域瞭望　热点专题　网上展厅　媒体关注　纪实特写

在线服务：服务指南　表格下载　许可决定　在线申报　水情信息　引黄供水　实用工具

互动平台：政务咨询　投诉举报　黄河访谈　民意征集　建议评论　邮箱电话　政策解读

黄河文化：文化传真　文学天地　艺术博览　大河胜迹　历史走廊　民风民俗

新闻资讯

当前位置：首页 > 新闻资讯 > 黄河要闻 > 正文

黄河出现2021年第1号洪水

【字号 大 中 小】【收藏】【打印】

本站讯（记者 杨希梅）9月27日，记者从黄委获悉，受近期降雨影响，黄河潼关水文站于27日15时48分出现5020立方米每秒的洪峰流量，形成黄河2021年第1号洪水，预计未来水势将继续上涨。

根据天气形势预报及黄河中下游水情，三门峡水库已于27日9时起敞泄运用，小浪底水库继续拦蓄洪水，27日12时起出库流量按1200立方米每秒下泄。

受近日持续降雨影响，渭河中下游干支流普遍涨水，渭河咸阳水文站9月27日5时54分洪峰流量6050立方米每秒，为1981年以来最大流量(1981年8月22日洪峰流量6210立方米每秒)，排1933年建站以来第三位。

同时，黄委已向山西、陕西、河南、山东水利厅发出通知，通报洪水汛情，提请相关省（区）和单位高度重视，全力做好黄河小北干流、三门峡库区及黄河下游洪水防御工作。水文部门也将密切关注天气形势和雨水情变化，及时发布相关预报和通报。

发布时间:2021年09月27日　责任编辑:徐倩　来源:黄河报·黄河网　【字号 大 中 小】【收藏】【打印】

图 8.2-3　黄河网发布《黄河出现 2021 年第 1 号洪水》

图 8.2-4　黄河台报道黄河 2021 年第 1 号洪水

《汪安南夜查黄河聊城段秋汛防御工作》《汪安南检查水库防洪运用及河道工程防守工作》等新闻(见图 8.2-5)。

10 月 27 日 12 时,黄委终止黄河中下游水旱灾害防御Ⅳ级应急响应,汛情整体趋于平稳。宣传中心要求报、网、台记者切勿放松警惕,黄河下游河道处于退水阶段,河道工程仍有较大概率出险,必须坚守到最后一刻,才是防汛的全面胜利。

图 8.2-5　黄河台报道汪安南检查黄河山东段秋汛防御工作

黄委主任汪安南在与汛期下沉青年干部座谈时，勉励大家牢记嘱托，锤炼本领，脚踏实地，在黄河保护治理的新征程中奋勇争先、建功立业。黄委新闻宣传工作者也备受鼓舞，以实际行动证明了在关键时刻站出来、危险时刻顶上去，以新闻工作者高度的责任感和使命感，高质量完成好每一次宣传任务，营造了良好的舆论环境。

11 月 25 日，黄委 2021 年黄河秋汛防御总结表彰大会在郑州隆重举行，黄河报（网）荣获 2021 年秋汛防御先进集体荣誉称号。同时，为全面报道这次大会盛况，黄河报在 11 月 27 日特别推出"黄河秋汛防御总结表彰专刊"（见图 8.2-6），一版头条刊发消息《黄委召开 2021 年黄河秋汛防御总结表彰大会》，发表社论《保障黄河长治久安是黄河人的使命担当》，刊出黄委战胜新中国成立以来黄河中下游最严重秋汛全景纪实文章《致胜万里山河间》。2 版、3 版刊发 2021 年黄河秋汛防御总结表彰大会防汛督导组代表及受表彰的先进集体和先进个人代表发言选登，将相关单位秋汛防御中取得的经验做法供全河借鉴参考。

黄河报

黄河秋汛防御总结表彰专刊

黄委召开2021年黄河秋汛防御总结表彰大会

保障黄河长治久安是黄河人的使命担当

致胜万里山河间

图 8.2-6　黄河报《黄河秋汛防御总结表彰专刊》

自11月20日开始，黄河报还连载了黄委总工程师李文学撰写的《“作战室”日志》，共整版连载8期，约请专家撰写《应对黄河洪水，水利工程如何“排兵布阵”》等科普文章6篇。

8.2.2　直击防汛最一线

汛情就是命令，防汛就是责任！面对汹涌猛烈的洪水，记者们奋勇当先，冲锋在前，不舍昼夜，在黄河秋汛洪水防御战场上劈波斩浪，深入防汛一线采访，精思妙想出品了一系列有温度、有深度、有广度的优秀新闻作品。

根据黄委水文部门预测，9月27日下午，潼关站将出现黄河2021年第1号洪水。黄河报（网）记者立即收拾行李，马不停蹄赶往潼关站。在潼关站，记者向站上职工详细了解来水情况、洪水监测情况，与外业测验人员一起顶风冒雨在淤泥中艰难跋涉，现场了解测验人员对水深、流速、含沙量的监测过程和现代化、智能化仪器设备的应用（见图8.2-7），采访“黄三代”年轻职工与父亲并肩战斗护河安的大爱故事，撰写稿件《潼关秋雨夕》。

图8.2-7　记者在潼关水文站测船上采访

在河南焦作，采访车疾驰在河南焦作沁河武陟段左岸堤防上，一侧似汪洋大海，一侧是村庄田畴。在沁河老龙湾险工，记者采访了在清理堤肩排水沟、巡查坝岸的下沉职工，为了能够随时发现新闻素材，记者放弃休息时间与一线职工一起关注汛情，最终完成稿件《沁水之“解”——焦作河务局全力防御沁河秋汛洪水记》。

9月29日，记者来到花园口站，跟随水文测验人员坐上冲锋舟，体验现代科技为水文测验带来的高效、便捷，及时采写了通讯《20分钟，体验黄河水文速度》，以小切口展现黄河水文和智慧黄河建设的成果。

9 月下旬以来，记者持续跟进黄河秋汛洪水演进情况，每日参加黄委防汛会商会，并采访黄委防御局、水文局、黄河设计院相关负责人，最终撰写完成《诸库储水柜 众闸调河川——黄委科学调度黄河干支流水库应对秋汛洪水纪实》，展现黄委下足“绣花”功夫，精细调度干支流水库拦洪蓄洪的全过程。

9 月，受持续降雨影响，黄河、大汶河相继来水，东平湖管理局面对“西防黄、东防汶”双线作战的严峻局面，打响了一场人与水的“拉锯战”。9 月 30 日，记者采访了二道坡管理段段长和几名职工（见图 8. 2-8），详细了解巡堤查险工作情况和职工的后勤保障情况，记录他们不舍昼夜迎战洪水的故事。将山东省河地融合防汛多角度呈现，描绘了危急显担当、患难见真情、河地一家亲、共守河湖安的故事，体现了黄河儿女护卫河湖安澜的顽强斗志与必胜决心。

图 8. 2-8　记者在东平湖管理局清口门闸采访

10 月 8 日下午，蒙蒙细雨中，记者走进长垣河务局周营上延控导工程运行观测班，见到了已经 4 个月没回过家的职工，记者为了采访内容更加精准，来到值班室，查看《值班日志》《工程巡查记录》《险情观测日志》等 7 本记录本。在周营上延控导工程坝头上，记者与正冒雨巡河的下沉干部一起体验巡堤查险，以真情实感写下《大河小事》。

记者走进黄河小浪底站，发现了许多年轻的新面孔。记者以年轻职工为切入点，重点采访了 4 名女职工在秋汛期间逐渐掌握记录、接收、拍报、测验资料整理等技能，不断成长的故事，写下《洪流中成长的“新兵班”——汛期探访黄河小浪底水文站》。

10 月 12 日，在滨开河务局兰家管理段，记者见到放弃与家人团聚，毅然加入防汛队伍的孙德宝（见图 8. 2-9）。记者采访了滨开黄河纸坊控导 15 号坝，子埝修筑情况，以及几天前的除险加固情形，用温暖的笔触写下《万里抉择胸怀间》，展现防汛人员奋勇向前，坚守河岸保持 24 h 不间断巡查的坚定选择。

10 月 10 日，记者在小浪底水库采访了黄委防御局、水文局、黄河水利科学研究院负责人（见图 8. 2-10），了解小浪底水库削峰滞洪情况，来到小浪底管理中心水量调度室，看到各站点的数据源源不断传来，在电脑中不停闪烁，调度工作人员和现场操作人员 24 h 随时待命，及时接收来自黄河防总流量 50 m^3/s 最小调度单位的调度指令。采访结束后，

图 8.2-9　记者采访援青干部孙德宝(左一)

记者从专业角度出发,撰写稿件《小浪底水库 今秋这样削峰滞洪——写在小浪底水库蓄水达历史高值之际》。

图 8.2-10　记者采访小浪底水库工作人员

在陈山口站,记者对站上仅有的 3 名职工进行了采访,与他们一起,体验一天忙碌的测流过程,同时通过采访了解到陈山口站肩负着东平湖入黄河水量监测的任务。东平湖持续超警戒水位,闸门怎么开、怎么闭,他们提供的数据是重要考量。在山东水文局,记者参与了防汛会商会,紧张的会商现场令记者印象深刻;在艾山站,记者正在倾听为人父母的水文职工讲述事业和家庭如何兼顾的故事,水文职工的手机突然响起,电话中传来孩子的啼哭声,那一刻,记者流下了感动的泪水。记者将采访中难忘深刻的片段整理,最终写下文章《安澜的拼图——记秋汛中的山东黄河水文》。

在洪流滚滚的防洪抢险一线,黄河报(网)的记者们尽锐出战,第一时间直击真相,唱响黄河声音，渲染黄河力量。他们用手中的笔，记录了在洪水中度过防汛成人礼的“治黄萌新”、身先士卒砥柱中流的中坚骨干、老当益壮经验丰富的“老黄河”、刚柔并济铿锵绽放的“巾帼红”、共守安澜的“父子兵”和并肩御洪的“黄河伉俪”等鲜活的人物形象和生动的抗洪故事。他们书写着或涉险闯关的尝试，或慎之又慎的考量，或众志成城的担当，记录着幸福河建设的信念、勇气和智慧。在秋汛洪水防御期间，他们形成“一盘棋”“一条心”的团结局面，拧成一股绳、劲往一处使，写下《我在水中守护你》《夜巡潼河口》《闻汛必战，把人民护在身后》《秋风冷雨查坝记》《浩荡的渭河之秋》《夜空中最亮的星》《黄河沙场秋点兵》《“三线”之夷的背后》《众志成城护河安》《致胜万里山河间》等通讯 93 篇。

黄河报（网）新媒体微信公众号推送文章 170 篇、视频 225 条，多篇消息点击量过万，最高达 14.2 万次，推出原创系列海报及“黄河秋汛战洪图”（见图 8.2-11）；抖音号发布视频 115 条，1 号洪水抖音跻身当日热榜第一，2 号洪水抖音播放量超 150 万，《直击枣树沟控导工程坚守一线》抖音播放量近 275 万次、点赞数 2 万；学习强国黄河号发布 103 篇。

其中，推出《黄河洪水是如何进行编号的》等科普视频 16 条，最高播放量超 10 万，科普文章 3 篇（见图 8.2-12），反响良好，关注度高，既普及了黄河知识，又扩大了舆论影响力，深受大众喜爱。同时，黄河网站采取“系统+人工”方式，全天候 24 h 不间断监测舆情，平均每天监测上万条信息，共 593 402 条。每天编报舆情简报，编入最新舆情 453 条。无重大负面及敏感舆情，整体平稳。新闻宣传人员脚踏实地，心怀“国之大者”，肩负起服务大局的职责使命，团结、务实、开拓、拼搏、奉献，勠力同心，众志成城，共同筑就了防汛抗洪的坚强屏障！

黄河秋汛战洪图
黄河网 2021-10-06 20:03
点击关注
黄河秋汛
战洪图
他们运筹帷幄，审慎思量
他们无悔坚守，不舍昼夜
他们追峰逐浪，鏖战洪峰
他们科学验算，精准调度
涛声灯影，枕戈待旦，他们驻扎一线
栉风沐雨，守护家园，他们冲锋在前
01

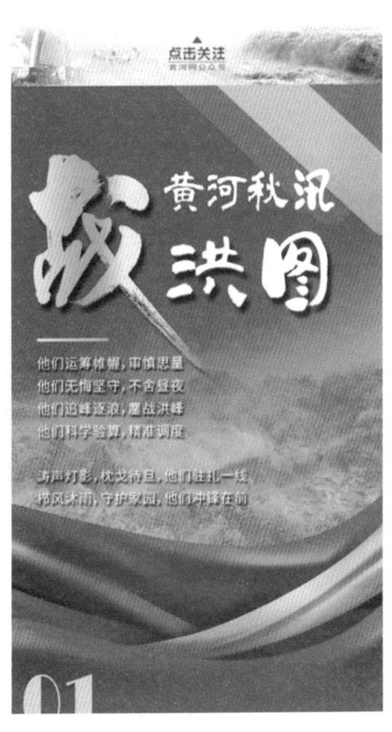

图 8.2-11　黄河网微信公众号推出“黄河秋汛战洪图”

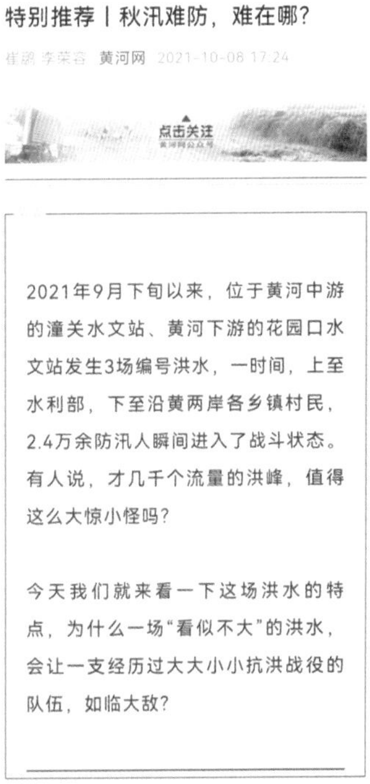

特别推荐丨秋汛难防，难在哪？
崔凯 李荣容 黄河网 2021-10-08 17:24
点击关注
2021年9月下旬以来，位于黄河中游的潼关水文站、黄河下游的花园口水文站发生3场编号洪水，一时间，上至水利部，下至沿黄两岸各乡镇村民，2.4万余防汛人瞬间进入了战斗状态。有人说，才几千个流量的洪峰，值得这么大惊小怪吗？
今天我们就来看一下这场洪水的特点，为什么一场“看似不大”的洪水，会让一支经历过大大小小抗洪战役的队伍，如临大敌？

图 8.2-12　黄河网微信公众号推出科普文章

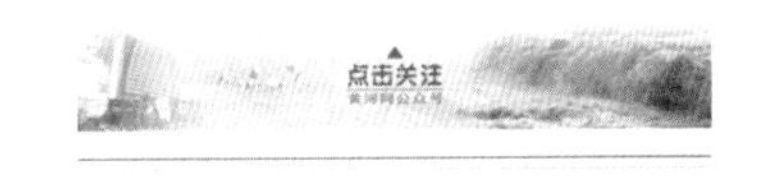

8.3 外宣情况

宣传中心主动与中央主流媒体及社会媒体联系沟通，向央视等媒体提供视频素材，《黄河发生今年第 1 号洪水 未来水势仍上涨》《黄河发生 2021 年第 2 号洪水》第一时间在央视多频道播出（见图 8.3-1）。《黄河出现 2021 年第 1 号洪水》《黄河出现 2021 年第 2 号洪水 黄委发布黄河下游干流河段洪水蓝色预警》等相关内容被人民日报、新华社、央视新闻、经济日报、光明日报等 200 多家媒体发布转载。

图 8.3-1 央视播出《黄河发生今年第 1 号洪水 未来水势仍上涨》

黄河报（网）记者积极对接中国水利报社（见图 8.3-2），提供采访素材，配合记者采写稿件《逆行的水文报汛人》，在中国水利报（网）发稿，发挥了有力的舆论引导作用。宣传中心充分彰显新闻宣传职责使命，全力展现了黄委各级在防御秋汛洪水中的政治担当、专业素质、团结作风和奉献精神。

中国水利 CHINA WATER 主办：中国水利报社

首页 部长之窗 新闻 流域 地方 建设 视觉 中国水利报 中国水利杂志

黄河

黄河出现2021年第2号洪水

2021-09-28

中国水利网站讯（记者 **黄峰 蒲飞**）9月27日晚，记者从黄委获悉，受近期降雨影响，黄河中下游干支流发生较大洪水，经水库群联合防洪调度后，黄河花园口水文站当日21时流量达到4020立方米每秒，根据《全国主要江河洪水编号规定》，达到洪水编号标准，形成黄河2021年第2号洪水。按照《黄河水情预警发布管理办法》，黄委发布黄河下游干流河段洪水蓝色预警。

受近日降雨影响，黄河支流伊洛河、沁河出现明显洪水过程。伊洛河黑石关水文站27日6时30分洪峰流量1560立方米每秒，沁河武陟水文站当日15时24分洪峰流量2000立方米每秒。

黄委将密切监视天气形势和雨水情变化，滚动发布相关预报和通报。同时，黄委已向河南、山东省水利厅发出通报，提请相关省份和单位高度重视，全力以赴做好黄河下游洪水防御工作。

来源：中国水利网站 2021年9月27日

作者：黄峰 蒲飞

责任编辑：李旸

图 8.3-2 黄河报记者在中国水利网发布稿件

以下为中央主流媒体稿件。

人民日报

防汛一线，跟访黄河测报员

本报记者　王　浩

编者按：今年8月中下旬以来，黄河干流先后出现3场编号洪水。风雨中有这样一群人，他们坚守防汛一线，在激流中测水位、测流量，把脉水情，为水库拦洪等决策提供数据支撑。本期“体验”栏目，带您走近黄河中下游干流的花园口水文站，走近防汛一线的水文测报员。敬请关注。

激流奔涌，浊浪拍岸。10月10日，黄河河南花园口段，洪水正在过境。

“出发！”

上午10点，记者随花园口水文站外业测验组组长李程等4名工作人员登上机声隆隆的冲锋舟，向洪水中的作业点挺进。

花园口水文站是黄河下游防汛“晴雨表”。水涨水落，关系百姓安危。水库如何拦洪、群众要不要提前转移……这些决策都离不开精准的水文数据。数据从哪来？就从李程他们实时实地测量中来。

冲锋舟横穿宽阔的河面，在离岸5千米处的河中央停了下来。阴云低垂，雨越下越密，呼呼的风卷起层层浪花，冲锋舟在河面上摇摆。“先测这个断面。”说罢，李程和队员们开始调试设备。我想搭把手，可船轻水急，水流顶托，刚一起身，晕船的感觉就直涌，一个踉跄，重重地扶在船舷上。大家忙叮嘱要小心，我暗自愧疚，“可别帮倒忙”。

李程身材魁伟，经验丰富，船来回晃得厉害，但他站得很稳。他抽出一根铁杆，横着搭在船上，抱起仪器，小心翼翼地走到船舱一侧，船身随之倾斜，河水迅速漫至船舷。我的心提到嗓子眼，但李程却从容地把仪器紧紧系在铁杆上，稳稳当当放入水中。

“这是声学多普勒流速剖面仪，有了它，高效多了。”冲锋舟牵引着仪器贴着水面滑行，“过去靠人工，一趟要六七个人，一两个小时才能拿到数据。”说起本行，李程打开话匣子，如今，从靠“人力”变成靠“算力”，声波水上水下往返，信号把水势转化为数据，会及时传送到会商大厅的屏幕上。

“河水含沙多，声波穿不透，观测条件不理想。”听到队员的报告，李程腾地站起来，仔细扫视四周水面。

“原路返回，再测一次！”常年跟河水打交道，李程对黄河脾气摸得很透，“水沙不平衡，河床一会儿淤积，一会儿冲刷，游荡不定。”

一趟下来，河水的含沙量依然很高。李程眉头拧得更紧了。“往前走走”“右岸咋样”……大伙儿七嘴八舌商议着。

李程定了定神，说："到河中间试一试。"冲锋舟转身掉头。风愈急、雨愈大，冷风吹透了救生衣，我双手僵硬、牙齿打颤。看到我的窘状，李程笑了，"干水文测报的，不管狂风暴雨还是激流险滩，照样出船。赶上大冬天，风像刀子刮，冰冷的河水打在身上，那才叫一个冷！"

测量还是不理想。风急雨大的河面上，冲锋舟一次次启动、调头，我早已分不清方向。

选定断面，搭铁杆、系仪器、发动冲锋舟……一次不行，换个地方再来一次，同样的程序，反反复复操作。

"船体再正点！""速度保持住！"

洪水裹挟着树干、树枝，从船旁流过。李程一边盯着仪器运行，一边及时提醒。

"每秒4 890立方米。"终于测到了实时的流量数据，李程表情凝重起来，"赶紧上报！"

预计20多分钟的测量，结果忙活了近两小时才返回岸上。我以为可以歇歇脚，喘口气，没想到李程和队员们一刻没停，固定冲锋舟、擦拭仪器、校准数字，忙得团团转，为下午出船做着准备。

出船测量，一天两次，终年不断。从2007年成为水文测报员以来，这样的作业，李程坚持了14年。"天气越是恶劣，越要出船实测，越是紧要关头，越需要精准数据。"李程说，今年黄河秋汛形势严峻，从9月26日以来，大家吃住在单位，全天候值守，一天三班倒，数据一小时一报。

有先进仪器，有在线设备，为啥还要这么辛苦地出船？"人工测报的数据更准确，还能和在线检测数据相互核校。"李程说，"现在，黄河水库调度精度要控制在每秒50立方米左右，我们得下足绣花功夫，测得越精细，预报越准确。"

"看病先要测体温、量血压，防汛得先测水位、流量、含沙量，为黄河防汛'把脉'，责任大，也光荣。"谈起水文，李程滔滔不绝。

上有老下有小，作为顶梁柱，总是不着家，担子都落在妻子肩上。说到"小家"，李程话不多："大伙儿都这样。"

新闻背景

今年8月中下旬以来，黄河干流先后出现3场编号洪水。水利部黄河水利委员会逐日滚动预测预报，周密组织、精细测报。截至10月5日，共制作发布重大天气预报通报39期、水情通报14期，降水预报128期、洪水预报249期，为防汛决策部署和水库调度提供重要参考和支撑。

防汛重点在防，各项举措都离不开精准的预报预测。一座水文站就像是一双"眼睛"，观测江河湖库雨水情变动。目前我国水文测站从中华人民共和国成立之初的353处发展到12万处，其中国家基本水文站3 265处。截至2020年，全国水文测站共装备在线测流系统2 066套，视频监控系统4 464套、声学多普勒流速剖面仪3 135套。越来越密的水文监测网、越来越先进的技术，为科学有序防汛提供了重要支撑。

作为黄河下游防汛的标准站，花园口水文站在黄河防汛中发挥关键作用。今年入汛以来，花园口水文站全员上岗，24小时值守，密切关注雨水情，加密预报频次，实施一小时一报。花园口水文站副站长张振勇介绍，水文站配置了水位观测及整编自动化、多船流速仪、声学多普勒流速剖面仪等先进设施设备，预报精准度不断提升。

人民日报中央厨房·蓝蓝天工作室

直击防汛一线:夜访黄河守堤人

记者　王　浩

近期,黄河干流先后出现3场编号洪水,黄河下游河段正面临长时间、高水位、大流量洪水考验。当前,在黄河下游,共有3.3万人奋战在防洪一线。他们守土有责、守土尽责,全力守护黄河安全。

位于河南省郑州市惠济区的马渡险工段,从8月中下旬以来便持续经历严峻洪水考验。堤防如何巡查?发现险情如何处理?10月9日晚,蓝蓝天工作室记者来到这里进行探访。

水声轰鸣、急湍甚箭,深秋十月的黄河很不平静。

黄河水利委员会惠金河务局工程管理科科长孙光伟和同事,手持手电筒,身穿救生服,正在巡查值守。一束束光线穿透夜幕,投射在水与堤的交界处。

孙光伟是一位有30多年经验的防汛"老兵"。几天前,孙光伟在巡查中发现一处险情:堤脚处出现裂缝!丰富的经验告诉他,裂缝意味着堤防的根石有可能被冲走。记录,上报,技术人员迅速拿出方案——"抛铅丝笼,加厚加固堤坝",最终解除了险情。

记者看到,不远处,随时待命的装载机轰鸣。铅丝缠绕,包裹一块块巨石,装制成每个3吨多重的铅丝笼。"13台机械设备、成吨重的土石等防汛物资,都提前备足了,以防不时之需。"孙光伟说。

巡查、发现险情、及时抢险,这是守护黄河大堤的有效举措。抢早、抢小,才能抢住。黄河水利委员会逐河段、逐坝夯实责任,人员24小时不间断巡查。

从9月26日开始,孙光伟一直没有回家,住在大堤上的临时帐篷里,"钉"在堤防上。"对于防汛人来说,汛情就是命令。作为老党员,更要冲锋在前。"他说。

深秋的夜晚,凉意已浓。一个个橘红色的身影,穿行在堤防上。5.5公里长的责任段,划分成18个巡查点,并配置巡查队伍。"1名技术人员加3名群防人员,每小时巡查一次。"孙光伟和同事们没日没夜地拉网式巡查。

巡堤是一件辛苦又细致的工作。孙光伟和队员们时刻绷紧弦,"吃饭换班时、天亮前、退水时,要格外小心。"

守堤,重要的是及时发现险情。孙光伟有诀窍——眼要尖,看有无裂缝、塌陷、渗水等;手要勤,要拨开杂草、移开障碍物查看;耳要听,河边有石头呼啦呼啦碰撞移动的声音,说明根石极有可能在被冲走。此外,铁锹、木棍等防汛工具得随身携带。

对于新加入的群防人员,如何让他们及时掌握技能?"我们开展汛期培训,发放明白卡,制定培训手册,让大家明明白白上岗。"孙光伟介绍。

河道防守压力还在增加。截至目前,黄河下游花园口站4 000立方米每秒以上流量已持续11天,下游河道流量大、水位高,65%左右坝段靠河,工程出险次数不断增加。黄河水利委员会全力做好河道防守,接下来重点在险工迎水段预置抢险力量、料物、设备,做好应急抢险准备,督促山东、河南沿黄各级地方政府强化责任落实,动员社会力量,加强滩区生产堤的防守力量。

洪水不退人不退!孙光伟和同事们还在坚守。夜幕里,他和队员们扛起铁锹,又开始了新一轮巡查……

新华社

洪水依然汹涌,黄河罕见秋汛如何防?

新华社记者　刘诗平　李　鹏

9天内发生3次编号洪水,小浪底水库水位屡创新高,下游部分河段洪水频频超警,今年的黄河秋汛非同一般。目前,黄河大流量过程仍在持续,防御形势依然严峻,罕见秋汛洪水的最后一程将如何防?

黄河防秋汛处于关键阶段

与黄河打了35年交道的袁东良没有想到,今年秋汛如此"凶猛":从9月27日到10月5日,9天之内黄河发生了3次编号洪水,导致骨干水库水位不断被推高,下游河段面临长时间、高水位、大流量行洪考验。

袁东良是水利部黄河水利委员会水文局副局长。他说,这次秋汛洪水场次之多、过程之长、量级之大罕见。潼关水文站发生了1979年以来最大洪水,花园口水文站发生了1996年以来最大洪水。黄河支流渭河、伊洛河、沁河、汾河都发生了有实测资料以来同期最大洪水。

"3次编号洪水发生之后,小浪底水库出现了建库以来最高水位273.5米。"黄委防御局副局长张希玉说,黄河中下游干支流河道大流量行洪时间长,目前大流量洪水还在持续。黄河干流下游孙口以下河段及支流汾河河津段的秋汛洪水仍然超警。

受大流量洪水连续冲击,黄河下游一些堤防和河势控导工程出险概率将会增加。与此同时,小浪底等骨干水库高水位运行,工程安全同样面临考验。

"目前,防秋汛仍处于关键阶段,防御形势依然严峻。"国家防总副总指挥、水利部部长李国英说。

测与报:做好水文"侦察兵",提供汛情"晴雨表"

作为黄河上的水文"侦察兵",水文站工作人员每天进行的水文测报,对防御秋汛洪水至关重要。

"从9月27日开始,潼关水文站全体工作人员昼夜轮转,加密测报频次,每1小时向各级防汛部门滚动发送最新水情数据。10月5日23时出现5 090立方米每秒的黄河2021年第3号洪水。"黄委潼关水文站站长张同强说。

潼关水文站及黄河水情部门及时发布的预警预报信息和实测数据，为黄河防汛决策部署和水库调度提供重要参考和支撑，是这次秋汛洪水防御体现水文作用的一个缩影。

要跑在暴雨洪水前面，必须强化“预报、预警、预演、预案”措施，摸清洪水演进规律，及时复盘洪水过程，使预测预报更为精准。

目前，黄河下游河段大流量洪水仍在持续。水文站及支援测洪人员仍需加密测报频次，精准做好洪水过程控制，助力下游水库科学联合调度，为防汛科学决策提供及时准确的水文数据支撑。

调与泄：算好“洪水账”，精确调度泄洪量

防御秋汛洪水，水库削峰滞洪作用突出。黄河干流的小浪底水库，右岸支流伊洛河的陆浑水库、故县水库，左岸支流沁河的河口村水库，是黄河下游防洪工程体系的重要一环。

记者 10 月 10 日在黄河中下游关键性控制工程——小浪底水库看到，水库正通过三条排沙洞和一条明流洞泄洪，往年这时则一般不存在泄洪情况。10 月 9 日 20 时，小浪底水库达到建库以来最高水位 273.5 米。

既要最大限度地泄洪，又要考虑下游洪水不漫滩，水库实施精准调度，对保证下游防洪安全至关重要。

水利部小浪底水利枢纽管理中心水量调度处值班员安静泊告诉记者，为保证防洪目标实现，这次调度实施历史上“精度最高的实时调度”，即按照下游花园口水文站流量 4 800 立方米每秒控制，以 50 立方米每秒、调度精度高于百分之一的量级对小浪底水库实施精准调度。

“黄河下游河道艾山水文站上下的卡口河段，目前的平滩流量约在 4 700 立方米每秒，这要求高水位运行的小浪底水库既大力泄洪，同时下泄流量又不能太大。”张希玉说，本次洪水调度在确保小浪底水库安全的前提下，保证下游洪水不漫滩，保护滩区百姓生命财产安全。

目前，小浪底水库水位有所回落，压力有所减轻。但是，下游孙口以下河段洪水仍然超警，大流量过程仍在持续，科学调度骨干水库，做好干支流水库联合调度，算好“洪水账”，依然是此次秋汛防御安全收尾的关键。

巡与守：巡查薄弱环节，守住安全底线

夜晚的黄河马渡险工段，黄委惠金河务局技术人员许光楠和 3 名协防队员身穿橘红色救生服，手持电筒巡查值守。

许光楠说，2013 年上班以来没见过今年这样的秋汛。他现在 6 小时轮一次班，每 1 小时巡查一次责任河段，他和同事日夜进行拉网式巡查。他从 9 月 26 日开始就没有回家，吃住在大堤上的临时帐篷里，巡坝查险，发现隐患和险情及时上报和抢险。

许光楠是众多日夜巡查在黄河大堤上的防汛人员之一。张希玉表示，黄委正持续加强黄河下游防守，夯实逐河段、逐坝责任制，在坝头设置值守点，实行 24 小时不间断巡查，对大堤临水段等防守重点重兵防守。

据黄委统计，目前，有 3.3 万人奋战在防洪一线。随着天气转凉、气温降低，防汛抗洪

人员长期奋战在一线，容易疲劳厌战。同时，受大流量河水连续冲击，堤防及河势控导工程出险概率增加；长时间高水位运行，水工程安全面临挑战。

对此，李国英强调，各相关人员要克服疲劳厌战思想和麻痹侥幸心理，发扬连续作战作风，不松懈、不轻视、不大意，坚决打赢防秋汛这场硬仗。

经济日报

全力以赴确保安全度汛——来自黄河防汛一线的报道

本报记者　吉蕾蕾

入汛以来，我国极端天气事件多发频发，多场暴雨洪水接踵而至。从 9 月 27 日至 10 月 5 日，黄河中下游 9 天时间发生 3 场编号洪水。10 日，黄河干流下游孙口至利津段及支流汾河河津段，海河南系共产主义渠合河段、漳河蔡小庄段及子牙河支流北澧河等秋汛洪水均超警戒流量。目前，洪水仍在向下游演进。

今年秋汛洪水为何如此汹涌？当前秋汛洪水防御形势如何？防秋汛面临着哪些困难？带着这些问题，记者来到黄河小浪底水库实地采访。

今年秋汛历史罕见

“今年秋汛比往年来得早，洪水量极大，持续时间长，影响范围广，历史罕见。”水利部黄河水利委员会防御局副局长张希玉介绍，8 月中下旬以来，黄河流域来水不断，中下游的渭河、汾河、伊洛河、沁河、大汶河 5 条支流并发秋汛洪水。其中，渭河、伊洛河、沁河均发生有实测资料以来历史同期最大洪水。黄河干流潼关站发生 1979 年以来最大洪水，同时也是 1934 年有实测资料以来同期最大洪水。

受持续来水影响，多个水库水位持续上涨并进入高水位运行。小浪底管理中心水量调度处处长李鹏表示，目前，受 3 号洪水影响，水库蓄水位不断创新高，10 月 9 日 20 时出现建库以来最高库水位，达 273.5 米。

据水利部汛情通报，10 月 10 日 7 时，漳河岳城水库水位快速上涨并出现历史最高 152.3 米；10 日 14 时，丹江口水库水位蓄至 170 米正常蓄水位，这是水库大坝自 2013 年加高后第一次蓄满。

“当前，黄河中下游干支流及漳河等河道大流量行洪时间长且将持续，受大流量过程连续冲击，堤防及河势控导工程出险概率将会增加。与此同时，小浪底、丹江口、岳城等骨干水库因拦洪运用均已蓄至建库以来最高水位，工程安全面临严峻考验，防秋汛工作处于最关键阶段。”国家防总副总指挥、水利部部长李国英在水利部防汛会商会上强调。

防汛面临极大考验

10 月 10 日 11 时左右，小浪底管理中心水量调度处值班室一片繁忙。既要降低水库水位保障安全,又要腾出防洪库容应对之后的来水,更要确保下游河道不漫滩。这中间,需要精细调度小浪底水库,使洪水防御更具针对性、可操作性,从根本上控制洪水威胁,有效保障黄河下游群众生命财产安全。

按照要求,实际下泄流量与调度指令流量的误差需控制在5%以内。如何精准调度?"这需要我们时刻守在操作系统旁,一旦下泄流量有明显的变化趋势,立即回调,控制闸门开度。"小浪底管理中心水量调度处值班员安静泊说。

防汛调度难在哪?黄河上的水库不仅承担着黄河汛期的防洪任务,还承担了非汛期的供水抗旱任务。因此,从水库防洪库容角度来说,同样规模的洪水,发生时间越晚,其威胁就越大。

"今年从 9 月 22 日开始,黄河中下游并发洪水,给调度留出的窗口期极短。"黄河水利科学研究院副院长江恩慧分析,在这期间,渭河、伊洛河、沁河 3 条河落水过程的水量,加上小浪底水库为下一场洪水预留空间需要腾出的库容,至少有 30 亿立方米左右的水量需要尽快输送入海。

对此,水利部门充分发挥水库群拦洪削峰作用,坚持每两小时滚动修订调度方案,精细调度,使花园口站流量控制在每秒 4 800 立方米左右。

"严控河道洪水流量是为了确保洪水不漫滩。"江恩慧告诉记者,一旦发生漫滩,一方面会危及滩区 190 多万老百姓的生命财产安全,不仅成熟的秋粮难以归仓,而且还会影响冬小麦播种;另一方面,漫滩洪水会快速向大堤前的堤沟河汇聚,形成顺堤行洪态势,对黄河大堤构成极大威胁。

严防死守抓好落实

目前,黄河下游花园口站 4 000 立方米每秒以上流量已持续 10 多天,下游河道流量大、水位高,65%左右坝段靠河,工程出险次数不断增加,河道防守压力进一步增大。

深秋的夜晚,黄河水利委员会惠金河务局技术人员许光楠和同事沿着黄河马渡险工段堤坝巡查值守。"今天巡查时就发现了两处水沟浪窝。"许光楠告诉记者。黄河水利委员会逐河段、逐坝夯实责任,巡查队伍 24 小时不间断巡查。

"在黄河下游,仍有约 3.3 万人奋战在防洪一线。"张希玉介绍,黄河水利委员会将全力做好河道防守,重点在险工迎水段预置抢险力量、料物、设备,做好应急抢险准备,督促山东、河南沿黄各级地方政府强化责任落实,加强滩区生产堤的防守力量。

据水利部会商预测,黄河流域降雨将持续至 10 月 16 日左右。届时,尽管降雨基本结束,但大流量行洪的状态还将持续很长时间,黄河秋汛时间预计到 10 月中下旬才会结束。

水利部要求,要严防死守黄河下游堤防、险工和河势控导工程,做好受洪水威胁区域人员转移预案。加强监测预报和堤防、河势控导工程巡查防守,确保河道及堤防行洪安全;漳卫河水系在确保防洪安全的同时,要统筹做好洪水资源调度利用。要利用南水北调工程济平干渠、八里湾船闸和泄洪闸等工程向小清河、徒骇河、南四湖外排黄河下游东平湖洪水,强化巡堤查险,落实防风浪措施,确保防洪安全。

"我们要继续绷紧防汛这根弦,改变对秋汛的传统看法,把秋汛当作夏汛来防,做到不松懈、不轻视、不大意,坚决打赢防秋汛这场硬仗。"李国英说。

中国水利报

记者一线|逆行的水文报汛人

记者 李博远 黄 峰 通讯员 王静琳

黄河落日，天色渐晚。

“4 080立方米每秒！收兵！”

9月29日18时21分，黄河水利委员会花园口水文站水文测报组结束了一天的测流工作，李程和同事收起ADCP，驾驶冲锋舟迎着夕阳向码头驶去。

连日来，受流域持续强降雨影响，黄河中下游渭河、沁河、伊洛河等支流出现明显涨水过程。9月27日一天内，黄河2021年第1号、第2号洪水接连形成，渭河咸阳水文站当日5时54分实测洪峰流量达6 050立方米每秒，为1981年以来最大流量。黄委于8时10分发布渭河下游河段洪水橙色预警，并决定于12时起，将黄河中下游水旱灾害防御Ⅳ级应急响应提升至Ⅲ级。

“你看，现在河面有600多米宽。”在测报码头上，花园口水文站副站长张振勇指着不远处的花园口村村口说，“河务局的同志守着村口不叫村民上堤——我们要和洪水抢时间！”张振勇的脸上，满是坚定。

作为黄河冲出中游峡谷后进入下游平原的把口控制站，花园口水文站的实测数据直接影响下游防汛抗洪的决策部署，其重要性不言而喻。自强降雨过程发生以来，不断上涨的流量水位数据时刻牵动着站长吴幸华的心。

“根据水利部的要求，自9月27日19时起，我们已将报汛频次提升至1小时1次。”在水情控制室内，刚刚开完视频会商会的吴幸华目不转睛地盯着大屏幕上的实时监控，“根据水位流量曲线以及水位计的实时变化，我们就能推算出花园口控制断面的即时流量，并报送给水文局进行数据分析。”面对迟迟不降的流量数据，吴幸华眉头紧锁。

近年来，随着水文信息化水平不断提升，花园口水文站也相继引入了新设备。“除了传统的铅鱼流速仪，我们又添置了手持流速仪和ADCP，将单次水文测报的时间由2小时以上缩短至20分钟左右。”李程怀里紧紧抱着ADCP，“有了它，我们的预报工作更精准了，但是这也意味着我们的责任更加重大。”带着对水文工作的热忱，花园口水文站每一位职工始终恪尽职守。

国庆将至，洪水过境，水文人作为防汛救灾的“排头兵”，又要牺牲节假日，值守一线。

“洪水？哪里有洪水？我们天天住在黄河边咋感受不到？”面对在村口阻止大家上堤的河务人员，花园口村村民发出疑问。远处的郑州市区万家灯火通明，节日的氛围愈发浓烈。眼前的黄河畔，水文人仍在昼夜鏖战。

第 9 章　认识与展望

2021 年是中国共产党成立 100 周年，是"十四五"开局之年，也是深入推动黄河流域生态保护和高质量发展的关键之年。坚决战胜黄河秋汛洪水，是保护人民生命财产安全、保卫流域经济社会发展成果，保障重大国家战略顺利推进的一场重大斗争，意义特殊，不容有失。在秋汛洪水防御的具体实践中，黄委深切体会到：在习近平新时代中国特色社会主义思想指引下，党中央、国务院的坚强领导和各级领导高度重视是秋汛防御胜利的根本保障，黄河防洪减灾体系是保证秋汛防御胜利的坚强基石，精准预报调度是支撑秋汛防御胜利的重要基础，秋汛防御工作的"五个转变"是取得秋汛防御全面胜利的关键之匙，新时代黄河精神是黄河保护治理事业的宝贵财富。

9.1　重要认识

9.1.1　党的坚强领导是秋汛洪水防御胜利的根本保障

面对历史罕见秋汛洪水，党中央、国务院高度重视黄河防汛工作。10 月 20 日，在秋汛决战决胜的关键阶段，习近平总书记亲临黄河河口，详细了解黄河防汛情况并做出重要指示；10 月 22 日，习近平总书记在济南主持召开深入推动黄河流域生态保护和高质量发展座谈会，发出"为黄河永远造福中华民族而不懈奋斗"的伟大号召，极大鼓舞了黄委夺取秋汛洪水防御全面胜利的信心和斗志。10 月 14 日，李克强总理专门就黄河秋汛洪水防御工作做出批示。国务院副总理胡春华多次对黄河秋汛洪水防御工作做出批示。国务委员、国家防总总指挥王勇汛期两次深入一线检查指导。国家防总副总指挥、水利部部长李国英 6 次连线黄委部署黄河秋汛防御，10 月 16 日亲自带队到河南、山东检查指导黄河下游秋汛防御工作。黄河防总总指挥、河南省省长王凯在关键时刻主持召开晋陕豫鲁 4 省副总指挥参加的防汛会商会部署防汛工作。

在习近平总书记和党中央的坚强领导下，在水利部党组的有力指导下，黄委积极践行"两个坚持、三个转变"防灾减灾救灾新理念，锚定"不伤亡、不漫滩、不跑坝"防御目标，科学制订洪水调度方案，在强化水库安全监测和库周巡查防守的前提下，充分挖掘水库拦洪运用潜力，控制花园口站流量 4 800 m^3/s 左右。3.3 万名党员干部和群众日夜坚守在黄河下游抗洪一线，上下游同心、左右岸同力、干支流同济，组织、指导、协调流域各地"一盘棋"合力抗洪。沿黄省、市、县（区）党委政府主要领导和分管领导躬身入局，靠前指挥，切实扛起主体责任和属地责任，组织群防队伍、调运设备、抢运料物，统筹协调应急、水利、交通、电力、气象、公安、自然资源、通信等部门按照各自职责，全力迎战黄河秋汛洪水，取得了全面胜利。

9.1.2　黄河防洪减灾体系是保证秋汛洪水防御胜利的坚强基石

经过 70 余年建设，黄河防洪减灾体系基本建成，保障了伏秋大汛岁岁安澜，确保了人民生命财产安全。基本形成了“上拦下排、两岸分滞”的下游防洪工程格局。先后修建了三门峡、小浪底、陆浑、故县和河口村等“上拦”水利枢纽工程，增强了拦蓄洪水、拦截泥沙和调水调沙能力；建设了 1 371 km 下游标准化堤防工程、502 km 河道整治工程等河防工程，巩固了“下排”能力；开辟了东平湖、北金堤滞洪区，加强了东平湖滞洪区防洪工程建设，提升了“两岸分滞”能力。加强了水文测报、洪水调度、通信、防汛抢险、防洪政策法规等防洪非工程措施和群防体系建设及下游滩区安全建设。本次秋汛洪水防御，黄委按照水利部提出的“系统、统筹、科学、安全”的黄河秋汛洪水防御原则，精心组织实施水工程精细调度，最大限度挖掘伊河陆浑水库、洛河故县水库、沁河河口村水库防洪运用潜力，利用刘家峡、海勃湾、万家寨等水库全力拦截河道基流，利用三盛公、南水北调东线等工程为下游洪水寻找分泄出路。同时，在工程巡查和险情抢护上狠下功夫，对控导工程、靠溜坝岸、坝裆、偎水堤防进行不间断巡查，对大溜顶冲、“二级悬河”发育严重的重点部位增派人员定点蹲查，确保了险情第一时间发现，实现了“抢早、抢小、抢住”。通过科学部署、精细调度、主动防御、全面防守，最大限度地减轻了洪水灾害损失，打赢了黄河秋汛洪水防御这场硬仗。

9.1.3　深化“四预”措施是支撑秋汛洪水防御胜利的重要基础

2021 年秋季天气形势变幻不定，黄河干支流洪水多发并发、后续来水接连不断、多区域洪水相互交织、多轮次洪水叠加演进，下游河道长时间维持大流量、高水位过程，水库安全运用、不跑坝、不漫滩多目标协同困难巨大。基于对汛情的科学研判，黄委努力将“防”的关口前移，坚持在预报、预警、预演、预案上下大功夫，做到科学应对、有序应对、有效应对。

(1)预报预警为洪水防御调度指挥提供了决策依据。黄委坚持“防大汛、抗大洪”的指导思想，及时启动防御大洪水工作机制，合理布置测次，滚动分析研判雨情、水情、工情，周密组织、滚动预报预警，以“走钢丝”的精神发布超常规的预测预报成果。应用无人机巡航、遥感解译等新技术手段，跟踪分析工情险情。发布黄河中下游洪水预报 52 站次、预警 15 次，按照《水文情报预报规范》评定，其中洪峰流量预报合格率为 86.5%，峰现时间预报合格率为 73.1%。秋汛关键期提供未来 7 d 洪水过程预报成果 280 余份，潼关站 7 d 水量预报合格率 84.4%，预报平均误差 10.2%。

(2)预演为秋汛洪水防御提供了重要支撑。宁可备而无用，不可用而无备。2021 年汛前，黄河中下游各部门、各单位针对黄河水旱灾害防御应急抢险开展了针对性演练。下游沿黄地市在演练科目设置上突出不同河段、不同险情相互观摩、相互交流，为“政府领导、应急统筹、河务支撑、部门协同、联防联控”的抢险机制提供了重要支撑。秋汛期间，黄委下足“绣花”功夫，精细调度水工程，每 2 h 滚动预演、修订调度方案，水库以时段 30 min、流量 50 m^3/s 为控制单元，精准对接花园口流量 4 800 m^3/s，充分发挥水库拦洪、削峰作用，实现了干支流水库群的精准时空对接，进一步拓展了黄河中游骨干水库群精细调度技术。

(3)预案在秋汛洪水防御中发挥了重要指导作用。按照《黄河水旱灾害防御应急预案(试行)》规定,自9月27日12时起,黄河中下游水旱灾害防御Ⅳ级应急响应提升至Ⅲ级应急响应。黄河水旱灾害防御应急响应机制启动后,黄河中下游相关单位按照水旱灾害防御应急预案的规定,组织做好监测预报预警、水工程调度、堤防和水库巡查防守、山洪灾害防御、值班值守等各项防御工作,确保了群众安全和工程安全。

9.1.4 实现“五个转变”是取得秋汛洪水防御全面胜利的关键

2021年的黄河秋汛防御过程中,黄河防总、黄委会同沿黄地方省委、省政府,依法防洪、科学防洪,实现了洪水防御工作的五个转变:

(1)行政首长负责制更加有实有效。行政首长负责制是防洪法规定的一项重要防汛制度。黄委发挥流域管理机构的协调监督职能,及时向地方通报汛情、沟通防汛需求、提出合理化建议、督促责任落实,促进行政首长负责制发挥了应有作用。汛前,沿黄1 500余名行政首长接受系统培训;汛情发生后,黄河防总召开四省秋汛洪水防御视频会商会,对落实行政首长负责制再部署、再督促;下游两省省委、省政府主要负责同志“既挂帅又出征”,多次组织会商,多次实地检查黄河防汛工作,统筹加强辖区防汛力量,逐级压紧压实防汛责任;各级行政首长闻汛而动、及时落位,全面熟悉情况,做到了对辖区防守重点了然于胸、对群防队伍组织有力有序;下游县区党委政府在大堤设立防汛指挥部,党政领导现场办公、逐日会商;派出纪检人员到一线跟踪督战,明察暗访防汛纪律执行情况。实践表明,防汛行政首长负责制是一项行之有效的制度安排。作为流域管理机构,充分利用黄河防总办公室平台作用,把黄河防总组织、指导、协调、监督职能发挥好,把行政首长负责制在防汛责任制中的核心地位凸显出来,把防汛主体责任的“能”和“效”激发出来,才能把防汛工作全面做实做好。

(2)防御力量从专业单元到群防群治拓展。黄河抗洪抢险是“为人民而战、靠人民而胜”的人民战争。黄委会同有关方面把“社会层面发动、不同行业联动”作为秋汛防御工作的重中之重,动员力度为多年来罕见,群防群治力量得到充分展现。在黄委和各级河务部门统筹推动和精准对接下,地方水利、应急、公安、交通、电力、通信等部门和企事业单位、民兵组织、消防救援队伍等扛起主体责任、属地责任和社会责任,公交车开上大堤充当临时休息所,国有公司刚买的载重汽车先去拉石头,通信运营商迅速架设应急基站,电力公司在沿黄投入数千人,几乎一夜之间点亮黄河两岸;腾讯等社会企业捐赠防汛物资,解一线燃眉之急。在抗洪最吃紧的关键阶段,及时协调地方补充防御力量,共计3.3万人的群防队伍日夜驻守,筑起了冲不垮的“人民防线”。群防群治既是2021年秋汛洪水防御的重要经验,也是推进黄河“大保护、大治理”的应有之义。作为流域管理机构,只有结合新形势新要求,把统筹协调作用发挥充分,不断拓展专群结合的广度、多方加强协同防御的深度,才能充分发挥中国特色社会主义制度集中力量办大事的制度优势,凝聚起万众一心、众志成城、战胜洪水的强大合力。

(3)防御任务从总体要求到责任落实细化。黄河防汛责任大于天,这份天大的责任必须由一个个部门、一个个岗位、一个个人共同扛起来。汛前,黄委落实了防御大洪水委领导职责分工和职能组设置,将职责明确到部门、单位和具体人员,坚决避免责任悬空。秋汛洪水期间,各级河务部门会同地方政府进一步细化分解各项防御责任,对巡堤查险和抢险工作实行网格化管理,制作了防汛明白卡,将责任细化为具体事项,把责任落实到河段、落实到坝垛、落实到堤段、落实到班组,实行全时段无盲点防御,实行严格的交接班制度,实行值守轮班轮换制度,做到上堤人员人人有责、人人明责、人人担责,确保了责任落实不挂空挡;采取"四不两直"方式检查一线履责情况,采取电话抽查方式督促淤地坝"三个责任人"上岗到位,真正做到了"帽子底下有人"。实践表明:只有构建清晰、明确、可追溯的防汛责任体系,形成上下贯通的责任链条,将责任落细落小落到人并实行严密严格的监督反馈,才能将防御洪水的总体要求转化为抓落实的具体行动和抓到位的成效。

(4)防御措施从被动抢险转到主动前置抢险。"凡事预则立,不预则废",洪水防御工作更是如此。入汛以来,防汛工作链条全天候保持"战时"状态,黄委坚持关口前移,把预报、预警、预演、预案措施挺在前面,打好洪水防御的"前哨战";秋汛洪水到来之前,全面完成 8 000 余处雨毁工程修复任务,在临河区域大规模铺设土工布进行截渗,预判出险部位提前抛石加固,预置抢险料物严阵以待,预置抢险力量整装待发,预置抢险机械随时启动,坚持主动作为,"把隐患当险情对待、把小险当大险处置","防重于抢"的要求得到全面落实,在与洪水的赛跑中始终领先一步,有效遏制了大的险情发生。实践表明:面对多沙河流、游荡性河道和"悬河"这一特殊河情,面对黄河流域天气反常性、突发性、不确定性日益突出的新情况,只有把困难考虑得再充分一些,把措施考虑得再周全一些,时刻绷紧弦、留足提前量,才能把防汛工作的主动权牢牢掌握在手中。

(5)防御目标从险工险段到全线全面防御延伸。黄河洪水常常从最易忽视的环节找到突破口,历史上"堤溃蚁穴,气泄针芒"的教训不胜枚举。在本轮秋汛洪水防御的过程中,黄委坚持"宁可十防九空、决不失防万一",全面防守、突出重点,开展 24 h 不间断巡查值守,对主流长期顶冲坝段、回流淘刷坝裆、"二级悬河"发育严重河段实行 24 h 蹲查,既抓好显性风险防范,也盯紧盯牢潜在风险,在千里长堤上全面布点设防,密切关注河势变化、预筹应对措施;在坝头与坝头之间的连接处、班组与班组之间的过渡处、辖区与辖区之间的交界处,做好防汛力量的衔接覆盖,做到彼此呼应、不留空白,形成了由点到线、连线成面、到边到底的全线防御态势。退水期慎终如始,不松懈、不轻视、不大意,留足防御力量,坚持严防死守。实践表明:面对变化无常的黄河洪水,只有克服侥幸心理,在突出重点防御的同时实施全线全面防御,才能有效避免黄河防汛中的"灰犀牛""黑天鹅"事件发生。

9.1.5 新时代黄河精神是黄河保护治理事业的宝贵财富

在这次秋汛洪水防御斗争中,3.3 万名党员干部和群众用实际行动表明,人民治黄队伍听党话、跟党走的红色基因永不褪色,治理水患、造福人民的信心决心坚定如磐,特别能吃苦、特别能战斗的作风代代相传,在传承中丰富了黄河精神的时代内涵。

(1)彰显了坚决做到"两个维护"政治定力。黄委牢记"国之大者",在防御黄河洪水的实践中感悟习近平总书记的为民情怀、忧患意识和责任担当,践行习近平总书记防灾减灾救灾重要指示。牢记"始终把保障人民群众生命财产放在第一位"的嘱托,坚持人民至上、生命至上,无论防洪形势如何复杂严峻,始终坚持"不伤亡、不漫滩、不跑坝"的防御目标不动摇,用赤胆忠心和智慧汗水巩固起冲不垮的巍巍长堤,把洪水挡在前面,把群众护在身后;牢记"领导干部要身先士卒"的要求,委党组示范引领、靠前指挥,夜以继日地会商调度、马不停蹄地开展检查指导,7个正厅级领导带队的督导组分片包干、巡回督导,委机关88名处级以上干部和5 000多名基层职工驻守一线;牢记"从减少灾害损失向减轻灾害风险转变"的要求,用大概率思维应对小概率事件,对洪水始终保持高度的警觉,把可能当发生对待、把隐患当险情对待、把小险当大险处置,始终跑在洪水的前面,赢得了防汛先机、争取了工作主动、实现了决战胜利。把防御洪水的战场当作进一步坚定"四个自信"、增强"四个意识"、坚决做到"两个维护"、始终捍卫"两个确立"的特殊考场,用实际行动体现政治担当,交出了合格答卷。

(2)彰显了全河一家团结奋斗精神。防汛是流域管理机构的天职,汛情就是集结号。秋汛洪水发生后,黄委迅速形成兵团化作战态势,迸发出巨大的凝聚力和战斗力。各级机关下沉人员与一线职工同吃同住同劳动,拧成一股绳、劲往一处使;山东、河南、山西、陕西黄河河务局和黄河上中游管理局、三门峡黄河明珠集团等单位把抗洪抢险作为压倒一切的任务,尽锐出战、守土尽责,力保重点工程和重要部位不出差池;水文局、黄河设计院、黄科院、信息中心等支撑单位的技术人员,夙兴夜寐、连续奋战,发挥专长辅助防汛决策;黑河流域管理局、经济发展管理局、古贤办、移民局、河湖中心等单位也主动参战;委属媒体派出多路骨干记者,挺立风口浪尖,捕捉感人画面、宣传先进事迹、鼓舞人心士气;机关服务局、黄河中心医院开展体贴周到服务,全河职工家属大力支持,为一线将士营造了"温暖的后方"。大汛当前,全河上下勠力同心,前方后方步调一致,涌动起团结抗洪的澎湃热潮,构筑起共御洪水的铜墙铁壁,为夺取最终胜利提供了强大的精神动力。

(3)彰显了强大卓越治黄专业精神。面对形势错综复杂、防御难度极大的黄河汛情,黄河人之所以能战而胜之,打下一场漂亮的硬仗,不仅靠满腔热血,更靠专业精神,靠实干巧干。综观整个秋汛防御过程,系统、统筹、科学、安全的原则贯穿始终,从降雨、产流、汇流到洪水演进,从后续来水估算到精细调度小浪底等水库蓄泄,从确定花园口流量控制目标到下游防洪工程防守,从确保防洪工程安全到加强涉河行为管控,从24 h巡坝查险到全天候除险加固和专家队伍、专业抢险队伍无缝隙支撑,从保障水库高水位安全运行到编制退水期调度方案,防汛工作环环相扣、步步为营、忙而不乱、有力有效。这其中凝结的是黄河人70多年处理黄河水患的经验,体现的是专业思维、专业素养、专业能力和专注精神。背后依托的是"空-天-地"一体化的支撑手段,是水情、工情、险情全要素观测的保障措施,是"三条黄河"和"四预"技术的创新进步,是抢险队伍、抢险方法、抢险能力的大幅提高。

(4)彰显了可歌可泣的无私奉献精神。无私奉献,是共产党员的优秀品质,也是党领导下人民治黄队伍的精神特质,这种特质越是在抗洪抢险的重大关头越展现得淋漓尽致。全河广大党员干部奋勇争先、冲锋在前,发出"洪水不退、我们不退"的铮铮誓言,为沿河群众做出了榜样;全河职工国庆期间放弃休假坚守岗位,机关许多同志把床铺扎在了办公室,许多一线防守人员枕戈待旦;有的交流干部回家探亲时了解到单位需要人手,当即义无反顾投入到抗击洪水的斗争中;有的同志不顾个人安危,跳入洪水激流校正水尺,在深夜顶风冒雨测流；有的同志默默地带病坚持工作，直到累倒在岗位上；有的老同志已经年近七旬，拖着带病之躯，主动请缨为黄河再站一班岗、再出一份力；许多女职工和男同志一样担负起巡堤查险任务，顶起迎战秋汛的"半边天"；更多的同志立足本职，以"干惊天动地事，做隐姓埋名人"的觉悟认真履责，当好防汛抗洪的"螺丝钉"。黄河人舍小家、顾大家，越是艰险越向前的身影，成为金秋黄河上最动人的风景，映照出黄河人忘我奋斗、不负人民的精神境界。

这"四种精神"，体现了新时代黄河人的精神风貌，是黄河保护治理事业的宝贵精神财富，是深入推动黄河流域生态保护和高质量发展的不竭动力和底气，必须持之以恒，大力弘扬。

9.1.6　保障黄河长治久安仍面临风险和挑战

当前，受全球气候变化复杂深刻影响，极端天气多发频发，黄河发生大洪水的风险正在累积增加。经对 2021 年郑州"7·20"特大暴雨分析演算，若暴雨中心向西偏移 100～200 km，主雨区将全部进入黄河流域，天然情况下花园口将出现 31 800～37 300 m^3/s 的洪水，即便经过上中游水库联合拦蓄，花园口洪峰流量仍将超过 20 000 m^3/s，接近下游 1 000 年一遇设防标准；黄河是一条多沙河流，虽然近些年来沙量大幅下降，但无论从现在来看还是从长周期视角研判，黄河水沙关系不协调的特点并未改变。同时防洪工程措施还存在突出短板，"上拦"工程还不健全，规划的黄河干流 7 大控制性骨干工程，还有古贤、黑山峡、碛口水利枢纽工程尚未建设，不能有效控制中游大洪水；三门峡、陆浑、故县等水库库区人口多，大洪水防洪运用压力大；"下排"工程不完善，高村以上 299 km 游荡性河段河势尚未有效控制，"二级悬河""动床"形势依然严峻，易发生"横河""斜河"，危及堤防安全；黄河下游滩区防洪运用和经济发展矛盾突出，小浪底水库拦沙库容淤满后，兼顾下游滩区保安能力大大降低，滩区洪水淹没风险高；"分滞"工程启用难，东平湖蓄滞洪区老湖区洪水淹没风险高、淹没损失大，金山坝以西仍有 3 万多人，分洪运用难度大，实际运用问题突出。

本次秋汛洪水再一次为我们敲响了警钟，让我们深深感到，黄河水害隐患犹如一把利剑高悬在头顶，黄河下游滩区仍有近百万人生活在洪水威胁中，黄河下游游荡性河道和"悬河""动床"的特殊河情，一旦决口不仅威胁 12 万 km^2 保护区内 1.3 亿群众的生命财产安全，还会造成大范围生态灾难。

9.2　展　望

黄河安澜是中华儿女的千年期盼。当前黄河流域生态保护和高质量发展已经上升为重大国家战略，流域人民美好生活的需求对防洪保安提出了更高的要求。

习近平总书记在 2021 年 10 月 22 日召开的"深入推动黄河流域生态保护和高质量发展座谈会"上，把"加快构建抵御自然灾害防线"列为"十四五"推动黄河重大国家战略实施的五大任务之首，为做好黄河防汛工作指明了方向、提供了根本遵循。黄委将牢记习近平总书记的嘱托，扛牢保障黄河长治久安的使命，扎实做好新时代黄河防汛工作。

一要提高政治站位,增强做好黄河防汛工作的责任感使命感紧迫感。2021年的严重汛情再次印证了习近平总书记的科学论断,也再次给人们敲响了警钟。作为流域管理机构,黄委必须清醒地认识到,随着重大国家战略的深入推进,黄河流域在新发展格局中的战略支撑地位日益凸显,同等量级洪水灾害造成的社会影响和经济损失较以往更大,更加"淹不得"也"淹不起"。同时,黄河发生超标准洪水的风险累积增加,极端天气带来的致灾风险不容低估,黄河水沙关系不协调的特性并未改变,黄河防汛依然存在突出短板。黄河虽安,但忘战必危、怠战必败。防汛工作必须树牢底线思维,保持"如履薄冰、如临深渊、戒慎恐惧"的心态,从最不利的情况出发,未雨绸缪做好防大汛、抗大洪、抢大险、救大灾的各项准备,坚决避免黄河防洪发生系统性风险,坚决防范好黄河流域最大的"灰犀牛",以实际行动做到"两个维护"。

二要及时查漏补缺,补好黄河防汛基础设施短板。在深入推动黄河流域生态保护和高质量发展座谈会上,习近平总书记明确要求补好防灾基础设施短板。要结合近年来的抗洪实践进行梳理研究,做到对历史欠账和现实短板心中有数、手上有账、推进有策。要分清轻重缓急,突出工作重点,不断完善黄河流域防洪工程体系。加快推进古贤等重大战略性工程开工建设,完善水沙调控体系,更稳更牢牵住水沙关系调节"牛鼻子",更好发挥骨干水库联合调度蓄水拦沙、调水调沙的效能,确保河床不抬高;推进黄河下游标准化堤防现代化提升,开展下游"二级悬河"治理和河道综合整治,保持河道主槽稳定,减小或消除滩区横比降,增强堤防和控导工程安全防御洪水的能力,提升工程强度和韧性,确保堤防不决口;统筹加强上中游干流、中小河流防洪薄弱环节建设,加固堤防、整治河道,实施必要的护滩和护岸工程,增强河道泄洪排沙能力;大力推进病险水库除险加固,加快实施淤地坝除险加固,加强城市防洪排涝体系建设,增强抵御灾害能力。

三要坚持需求牵引,补好黄河灾害预警监测短板。习近平总书记多次强调加强灾害预警监测的重要性。2021年的洪水防御工作让防汛工作者更加深切地感受到,应对极端天气影响、处理防洪调度的复杂局面,都亟须加快提升洪水防御的智慧化水平,提升监测预警能力。要围绕提升预报、预警、预演、预案能力的目标,加强流域水文站网体系建设,提升多要素、多手段、全覆盖的监测能力,提高水雨情预报精度,延长洪水预报期;按照"需求牵引、应用至上、数字赋能、提升能力"要求,以数字化、网络化、智能化为主线,以数字化场景、智慧化模拟、精准化决策为路径,全面推进算据、算法、算力建设,建立起实体黄河及其影响区域的数字化映射,加快建设数字孪生黄河,构建洪水防御应用场景,实现原型黄河、数字黄河、模型黄河深度联动,提高信息感知、情景模拟、会商决策等现代化水平,为科学防御洪水提供更加有力的支撑。

四要立足长远和根本,解决特殊区域的防洪安全问题。习近平总书记对黄河滩区居民迁建、保证群众安居乐业高度重视。防汛工作要坚持以人民为中心的发展思想,立足从根本上解决滩区居民防洪安全问题,结合乡村振兴战略实施,大力推动滩区居民迁建,逐步将城镇空间从滩区的河湖空间中调出,指导河南、山东两省加快滩区综合提升治理,支持引导滩区走现代生态农业发展之路,为滩区高质量发展创造有利条件。积极推动三门峡、故县、陆浑三个水库设计水位以下居民搬迁,在摆脱洪水威胁的同时,进一步打开水库防洪运用空间,为更广区域的群众创造安居乐业的环境。要加快研究东平湖、北金堤蓄滞洪区定位和布局，推进东平湖滞洪区综合整治，确保蓄滞洪区“分得进、蓄得住、退得出”。

五要深化依法防洪，完善流域防洪体制机制法治管理。黄河水旱灾害频繁，防汛任务艰巨，预防洪水，减轻洪涝灾害，维护人民生命财产安全，保障经济社会健康运行，必须依靠制度、依靠法治。黄河保护立法就是贯彻习近平生态文明思想，贯彻新发展理念，把习近平总书记指示要求和党中央决策部署充分体现到法律条文中，把实践证明行之有效的黄河保护治理的政策、机制、制度予以立法确认。深化依法防洪必须强化法治意识，防洪既是政府行为，又涉及全民利益，既是政府的管理责任，又是全民义务，必须强调依法规范防洪各项活动；必须依法落实防洪责任制，强调各级政府统一领导，动员全社会力量参与，明确各部门在防洪工作中的职责；必须维护防洪法及防洪规划的严肃性，依法管理涉水工程，全力保障防洪安全。

做好黄河洪水灾害防御工作，是深入推动黄河流域生态保护和高质量发展的重大任务，是流域管理机构的神圣职责。黄委将沿着习近平总书记指引的方向，咬定目标、脚踏实地，埋头苦干、久久为功，加快构建抵御黄河自然灾害防线，在迈向幸福河的新征程上当好开拓者、建设者和守护者，为黄河永远造福中华民族而不懈奋斗！